中国古代园林史纲要

汪菊渊 著

中国建筑工业出版社

图书在版编目（CIP）数据

中国古代园林史纲要 / 汪菊渊著. -- 北京：中国
建筑工业出版社，2023.2
ISBN 978-7-112-27955-5

Ⅰ.①中… Ⅱ.①汪… Ⅲ.①古典园林－建筑史－中
国 Ⅳ.①TU-098.42

中国版本图书馆CIP数据核字（2022）第174352号

责任编辑：杜　洁
责任校对：王　烨

中国古代园林史纲要

汪菊渊　著

*

中国建筑工业出版社出版、发行（北京海淀三里河路9号）

各地新华书店、建筑书店经销

北京富诚彩色印刷有限公司印刷

*

开本：787毫米×1092毫米　1/16　印张：18¼　插页：1　字数：298千字

2023年10月第一版　2023年10月第一次印刷

定价：**68.00**元

ISBN 978-7-112-27955-5

(39719)

前言

　　我国是拥有五千多年悠久文化历史的国家，创造了光辉灿烂的古代文化，有丰富的艺术遗产和优秀传统并产生了许多伟大的艺术匠师们。中国的园林发展，如果从殷周时代的囿算起，也已有三千多年的历史。

　　简单说来，我国园林的兴建是从殷周开始的，而且是以囿的形式出现。到秦汉两代，发展了在囿的基础上以宫室建筑为主的建筑宫苑。从汉开始，不但帝王贵族有囿苑，就是新兴的地主阶级和富商也可以有他们自己的园林，其形式跟贵族的囿苑在本质上并没有什么不同。

　　经东晋，由于文学艺术上崇尚歌颂自然和田园生活，园林上也受这种思想主题的影响产生了一种新的园林形式，特称为自然山水园。这种自然山水园的发展转过来影响了宫苑形式的转变。从隋代的宫苑，特别是西苑，已可看出这种开始转向以山水为主题的变化；同时，由于建筑艺术的进一步发达，宫室的和园林建筑的技巧也达到了一个高峰，它在园林中也有了新的发展。这个时期的宫苑，在山水布置中兴建宫室，可称作山水建筑宫苑的一个新的宫苑形式正在孕育。

　　到了唐宋两代，特别是唐代，我国独特的国民艺术达到了空前的繁荣和高度的成就。特别是山水画的发展，影响到园林创作上，以诗情画意写入园林，把自然山水园向前推进了一步。这种新的园林，不只是反映自然本身的美，而且用艺术的手法来加强它，用诗情画意来美化它，并注重意境的表现，我们特称它为写意山水园（或称文人山水园）。这种写意山水园也同样反映在宫苑的内容中而有北宋山水宫苑的产生。明清两代的园林只是继承前代所完成的山水园形式再加以发展，但在园林艺术的技巧上较以前更为发达了。同时清代宫苑特别是圆明园的修建空前发展了山水建筑宫苑这个形式。

　　具有我们民族独特的特点，称作山水园的园林形式，从元代开始就远传到欧洲而著称于世界园林之中。17、18世纪欧洲对中国的艺术有一种热爱狂，仿中国式艺术作品的浪潮风靡全欧洲，中国的园林形式也成了当时统治阶级想效法的对象。当时欧洲的园林艺术家并不真正了解中国园林的形式和内容，仅从商人和传教士写回国的书信报告和传说中知道一点。虽然在他们的园林中有仿中国式建筑或局部仿作时，都是不伦不类，但我国山水园的"妙极自然宛自天开"这种园林艺术思想确对当时欧洲的园林创作产生重大的影响。

我国园林发展的历史过程中积累下来的丰富和优秀传统从来还很少有人进行系统的全面的研究。就是对于明清修建迄今尚存的园林也缺少深入的调查研究。毛主席《在延安文艺座谈会上的讲话》中指出："我们必须继承一切优秀的文学艺术遗产，批判地吸收其中一切有益的东西，作为我们从此时此地的人民生活中的文学艺术原料创造作品时候的借鉴"（《毛泽东选集》第三卷，1953年版，第882页）。清理祖国园林艺术遗产和优秀传统是十分必要的，同时也是一项复杂而艰巨的工作，有待于我们园林工作者今后不断的努力。毛主席又说："但是继承和借鉴绝不可以变成替代自己的创造，这是绝不能替代的。文学艺术中对于古人和外国人的毫无批判的硬搬和模仿，乃是最没有出息的最害人的文学教条主义和艺术教条主义"（《毛泽东选集》第三卷，1953年版，第882页）。

随着国家经济建设的发展，已经出现了许多新的工业区。无论是依靠旧的城市扩建、改建的或完全是新建的，都必须按照社会主义城市的标准改造和建设，把它们建设成为充分反映劳动人民利益的完全新型的城市。为了保证城市有最良好的卫生条件和改善地方气候，为了使城市美化和为了城市居民有优美的休养、休息、运动的场所，这就必须进行城市园林绿化，建立各种类型的绿地园林。社会主义城市的各个不同类型的绿地园林都是作为园林绿化系统的组成部分互相协调地并且有机地组合在城市总体规划的结构内，也就是说，要跟城市建筑规划以及地形、水面、森林等等相协调。

园林建设就是具体实现社会主义城市建设中所规划的各种不同类型绿地园林的基本建设。在社会主义经济建设过程中，我们要在发展生产的基础上逐步提高人民物质生活和文化生活的水平。因此一个城市的园林绿化事业必须随着这个城市的国民经济的发展和城市建设的程序，分别轻重缓急，有计划有步骤地进行。

今天，社会主义的现实要求民族形式有新的创造。社会主义社会的新型园林要能够体现新的社会主义的内容和新的任务。这种新型园林必须是"内容上是社会主义的，形式上是民族的"。要创作社会主义内容的新的民族形式，就必须科学地了解民族形式，因为"艺术存在的具体的历史形式，就是民族形式"。

中国的园林形式，通常称作山水园，是我们民族所特有的和独创的整个历史总和的园林形式。中国园林艺术的传统包括了民族文化中园林创作发展所特有的体裁风格、形式和手法等整个历史的总和。因此，创造社会主义内容的新的民族形式就必须研究中国园林形式的历史发展和文化遗产，不但要直接继承中国的而且是世界古典园林艺术的优秀传统，同时，我们的研究也是为了创造新的民族形式。在优秀传统基础上继续发展和创造，运用社会主义现实主义创造方法来创造表现我们时代的社会主义内容的生动的民族形式。但是新型的民族形式园林不能从理论研究中产生（虽然这种理论研究是根本），必须从我们实际创作中产生出来（这是开花结果）。我们要通过具体园林创作的过程，总结吸收遗产的经验，只有这样做才能真正掌握民族形式的历史遗产，才能够真正对创作新型园林有所帮助。

目 录

导　言

结束语

后　记

导言

学习文化遗产的必要性

马克思和恩格斯在《德意志意识形态》一书中写道："历史不过是相异时代的承续，每一时代都利用前头一切时代所传给它的那些材料，资本形式和生产力。因此一方面在完全变更过的情况之下，继续进行传统的活动。另一方面用一种完全变更过的活动来改变旧有的情境"（马克思与恩格斯，《德意志意识形态》第 38 页）。这就是说，现在是在过去的基础上发展而来的。没有继承就没有发展。我们可以设想一下，要是没有传统活动的继续进行，每一时代都得要从生存的最低阶段另起炉灶，那么社会就不可能不断地向上发展了。所以，传统对于社会和生活的每一方面，包括艺术的形式和内容在内，都是基本的。

研究和掌握过去人类所创造的一切文化包括艺术在内，并吸取其精华是建设新文化新艺术必不可少的。列宁在《青年团的任务》中说："……只有确切通晓人类全部发展过程所造成的文化，只有改造这种已往的文化，才能建设无产阶级的文化。……无产阶级文化并不是从空中掉下来的。也不是……臆想出来的。……应当是人类在资本主义社会、地主社会、官僚社会压迫下所创造出来的知识总汇发展的必然结果。"（《列宁文选》(两卷集)，莫斯科外文书籍出版局，1949 年版，第二卷）。

以艺术创作来说，任何一位艺术家的即使是一件独创的艺术作品，也不能离开吸收过去的成就，即过去时代社会的和前辈匠师们的艺术实践中累积起来的经验和总结所给予他的创作原理和方法。一个人的一生是短促的，一般来说，不过几十年的寿命。艺术家要想在短促的一生中提高到人类花了许多世纪来准备成的创作水平，就必须在承受传统的基础上，再加以多年的训练，才有可能达到。所谓"创造性"只是相对的说法，就某些方面来说总有一定的传统关系。我们不能割断历史孤立地谈创造，创造是革新，是继承的发展。

艺术的发展首先是由艺术创作即艺术作品来决定的。没有作品就没有艺术。在艺术实践即具体创作的基础上，对艺术创作所积累的经验加以综合产生了艺术理论。艺术理论跟具体作品不同，它是用范畴、概念和科学抽象形式表现出社会及其阶级的艺术观点。由于艺术理论使我们能够了解艺术的实质、艺术的发生、发展规律及其在社会中的作用，艺术理论本身一旦产生，就会影响社会的艺术发展，影响作家、诗人、艺术家的创作，并活在千万人的意识之中。所以，通过艺术实践即艺术创作产生艺术理论，而艺术理论一旦产生就又转过来影响艺术创作，这样相互关联的发展就形成艺术思想的历史发展。过去所有艺术发展对艺术创作是有很大影响的。正因为如此，研究文化遗产和优秀传统是完全必要的。

对待遗产的正确态度

马克思在《政治经济学批判》一书的"导言"中写道："随着经济基础的变更，于是全部庞大的上层建筑中也就会或迟或速地发生变革"（人民出版社，1957年版，第111页）。这就是说上层建筑不是不变的；"上层建筑是同一经济基础存在着和活动着的一个时代的产物，因此，上层建筑的生命是不长久的，它要随着这个基础的消灭而消灭，随着这个基础的消失而消失"（斯大林，《马克思语言学问题》，人民出版社，1955年版，第5页）。"当产生新的基础时，那么也就会随着产生适合于新基础的新的上层建筑"（同上，人民出版社，1955年版，第2页）。

这是不是说基础的消灭实际引起它的艺术这一上层建筑的消灭？当然，不是这样，不是机械地消灭，而只是意味着这个上层建筑在历史上已不可能存在了。古代艺术不可能也没有在封建社会或资本主义社会的条件下再生出来。一定的艺术形式会随着它的基础的消失而消失。实际上是在一定倾向上创作的可能性消灭了。在一定的时期内一定的艺术派别，一定的艺术形式退化了、解体了、崩溃了或堕落了，但并不是一切都消灭。过去时代把所有积累下来的创作经验、理论，所有在当时条件下创作出来的艺术珍品作为遗产留给后代。许多古典艺术作品，一直保持它的意义，它的审美价值，并且对于今天的我们还保持着它的意义和继续供给我们以艺术的享受。这主要是在这艺术形式中，表现出来了民族的和人民的特点，是由于它们的内容。

前面说过，每一时代的艺术都是立足在过去基础上，从过去发展而来的。艺术所以能进展，继承过去艺术发展中传统是有极大影响的。艺术发展的一个历史时代被另一个历史时代所代替，并不是要取消过去艺术的进步传统、优秀的传统，相反的是要发展那些进步的、优秀的传统。继承艺术遗产并不是意味着保持所有旧的东西，以为旧的一切都好。也绝不是意味着企图模仿古典范例来创作自己的作品，而是指继承和发展过去人类在艺术领域里已创造出来的一切进步的、民主的、有益的东西。马克思列宁主义要求我们用批判的创造的态度来看待整个文化遗产。

问题是在必须以正确的态度对待遗产。毛主席在《新民主主义论》中就给我们指出了"中国的长期封建社会中创造的灿烂的古代文化。清理古代文化的发展过程，剔除其封建性的糟粕吸收其民主性的精华，是发展民族新文化提高民族自信心的必要条件；但绝不能无批判地兼收并蓄"（《毛泽东选集》第二卷，人民出版社，1952年版，第79页）。

为此，我们接受遗产不是无条件的，而是有批判地创造性地继承。长期封建社会中创造的古代文化，必然包含有封建毒素。遗产、传统当然不可能是切合当前现实所需要的东西，我们接受时必须经过分析、经过批判，有所选择，有所保留，有所发扬，也有所抛弃。关键就在"批判地吸收"其中一切有益的东西，创造性地继承和革新的辩证的统一。

或者认为文化遗产是封建时代的产物，充满麻醉人民毒害人民的东西，除了加以排斥之外，没有什么可以接受的。这种轻率的粗暴的对遗产加以拒绝的态度是不对的。或者认为可以接受的是形式，至于内容都是封建时代的产物，就没有什么可以接受的，这种看法也是不对的，因为它忽视了古代艺术内容中的人民性和含有积极的健康的部分。

社会主义现实主义艺术是过去整个进步艺术的发展而不是再现，我们必须向遗产学习，学习前人现实主义的创作方法和创作经验，学习他们如何取得内容和形式的统一，思想性和艺术性的密切结合，学习他们为什么能够创作出符合一定时期能够正确而生动地反映自然和生活的作品，符合群众欣赏要求的作品等等。

同时，我们还要批判地吸收世界文化艺术遗产和优秀传统。文化艺术发展过程中，国际的影响也起着重大的作用。从我国古代的文化艺术发展过程中，特别是唐代独特国民艺术达到了空前的繁荣和高度的成就，也可以看出由于对外交通贸易发达和文化交流的结果而互相发生影响。为此，我们还应当认识到不但要直接继承祖国的文化遗产而且要吸收世界的文化艺术遗产和优秀传统。毛主席在《新民主主义论》中明确地指出了："中国应该大量吸收国内外的进步文化，作为自己文化食粮的原料"（《毛泽东选集》第二卷，人民出版社，1952年版，第678页）。当然这种吸收是批判的吸收，吸收进步的东西，这种吸收是作为民族文化的原料，经过发展而成为自己的文化食粮。

园林形式的分法

从来对于园林形式的分法，往往根据园林题材配合的方式和题材相互间的关系，或称式样，把它们分为三类。这就是：整形式、自然式和混合式。一般书上谈到园林形式时，也常用这种分法而且认为含义广泛，可以概括各种园林形式。

所谓"整形式"，是指一切园林题材的配合，在构图上成几何形体的关系，或者说它的图式是几何形体的。凡是在平面规划上大抵依一个中轴线的左右前后对称地布置，园地的划分大多成为几何形体的；苑路多采用直线形；广场、水池、花台群等形体多采用几何形体图形；植物的配合多用对称式，多用修剪成整齐模式的树木……具有这样一类外貌上特点的园林都归到"整形式"范畴。整形式又有"规则式""建筑式""几何式""对称式"等别称。

凡是园林题材的配合不是上述的方式，在平面规划和园地划分上随形而定，园路多用弯曲的弧线形；广场、水池等形体是自由的；树木的配合，株距不等，多用自由的树丛或树群方式；花卉的配合多用自然丛植方式……具有这样一类外貌上特点的园林都归到"自然式"范畴。自然式又有"不规则式""非整形式""风景式"等别称。

欧美各国的园林工作者就是从这种题材的配合，式样或图式上的区别分为两派，争论甚烈。主张园林应当采用整形式的一派人们，认为不规则式、自然式就是没有式样的代名词，认为不具有对称均齐的格局就不能成为优美的园林作品。但是主张自然式的一派人们，认为观察自然界的风景形象中，并没有成几何形体的或对称均齐的格式。他们认为优美的园林作品不应是表现人为的形式的美而应当是模仿自然，表现自然的美。

争论中又有一派人感到整形式的矫揉造作，过于人为，未免失之呆板；而自然式又过于朴素，失之单调寂寞。于是就有人主张把两派的优点兼容并用，大抵在入口附近、建筑物周围采用整形式，离建筑物远的园地部分采用自然式。有在以自然式为主的题材配合中加入模样花台和其他整形式景物，或有以建筑式为主的题材配合中联络有风景式园地。这种园林式样就称做混合式，又叫做折中式。

其实上面所指所谓的形式，不过是指式样或体裁的意思。上述的这种分法，只看到形式的外表，从平面规划的图式上，题材配合的式样上来区分。图式和式样仅仅是艺术的形式的一个非本质的条件。比如说我国封建帝王在禁宫内修建的内苑，由于建筑关系都是依中轴线而左右对称，格局严正整齐，但很难说成它同法兰西整形式宫苑是同一风格。把英国的自然式风景园和中国的山水园说成是同一风格的园林形式，显然也是不确当的。一切东西的形式原是不能脱离内容而独立存在的；脱离内容而单独抽出来，就是抽象的范畴了。上述的那种园林形式的分法，没有从结合一定内容的固有的形式出发，而把形式当作静止的东西来看待。把某个形式范畴看作上下古今中外都可适用而不是把形式当作一定的历史条件的规定下所产生的艺术形态。

任何国家的园林作品总是包含有民族性的。人们看了热河的避暑山庄、北京的颐和园、苏州的拙政园就晓得是中国风格的园林，看了桂离宫就觉得是日本风格的园林，看了凡尔赛宫就觉得是法兰西风格的园林。这些特殊的个别的风格，或则论民族形式，当然都由于它们是为特殊的内容所决定的缘故。这些风格的不同，不是由于什么地理环境的不同，题材配合的方式不同等等，而是由于各民族的文化传统不同，各个民族都有她自己的具体的历史生活、社会发展、政治制度、风俗习惯以及精神活动的各种现象。形式原是不能脱离内容而独立存在的，如果脱离内容来看形式，它就成为抽象的不切实际的东西，是艺术的内容决定艺术的形式，而艺术存在的具体的历史形式就是民族形式。

因此，园林形式的分法首先是中国的、古埃及的、古希腊的、意大利的、法兰西的、英格兰的、日本的……都是这一民族所特有的园林传统上整个的历史总和的形式。但是民族形式是一个历史的范畴，它是随着社会生活中所发生的变化而改变的。就以意大利的庭园形式的历史发展来看，15世纪文艺复兴初期和中期的庭园跟16世纪末叶到17世纪的所谓巴洛克式，不仅在体裁上不同，在内容上也是不同的。

另一方面，我们又可看到16世纪末叶到17世纪初叶的法兰西庭园以及后来所谓洛可可式跟意大利的文艺复兴后期的庭园以及后来所谓巴洛克式，在风格上又有相似的东西。因为形式是一个社会的产物，形式依据于社会的发展，社会的经济基础，以及当时盛行的社会、政治、经济、科学和艺术各方面的思想意识形态（上层建筑）。这一切，影响到形式的发展。其当时法兰西国家的社会经济基础跟意大利相近，统治阶级的生活、习俗、崇尚也相似。当时法兰西的艺术就受文艺复兴时期意大利艺术的交流和相互影响。在欧洲，文艺复兴启蒙运动的现象并不限于一个国家或一个民族，而是一个普遍于全欧洲的现象，虽然其发生时间有稍前或稍后。从意大利文艺复兴期"台地园"一变而为模样和人工意匠各种方式更加显著的"巴洛克式"流传到法国之后，逐渐形成法兰西特有的"洛可可式"。这两种形式在风格上表现出来的特征特点上有所类似，是一定的历史时期内，在思想和生活经验上彼此近似的艺术家所表现的基本思想和艺术特征的统一性。

再例如日本的庭园跟中国的庭园在风格上有相似的东西，这是因为日本在过去受我国文化艺术的交流影响，特别是从中国的唐代起，受唐宋写意山水园的影响而有日本民族所特有"山水的庭"并发展有茶庭、枯山庭等。

更进一层考查时，我们还可看到就是同一民族在同一国土或同一时代，也常因地域的不同，也就是受自然条件的、地形的、气候的、植物题材的、风景类型的诸般影响而可有不同的风格表现。以我国的山水园来说，北方的和江南的庭园相比，可以看出又各具有不同的风趣。

为了具体地研究园林作品而分析园林形式时，需要有关于园林特殊构成形式的分类。从以上的论述，可以肯定仅仅从形式的外表上，即式样或体裁上的分法是不恰当的。作为园林特殊构成形式的分法必须是形式和内容统一的历史的科学的分类，园林形式的分类首先是具体的历史形式，即民族形式。它是指这一民族所特有的园林传统上整个的总和的形式。

第一章

殷周朴素的囿到秦汉建筑宫苑

一

园林起源和最初形式——囿

我国明清刊印的一些类书，如《玉海》《渊鉴类函》《古今图书集成》等，在录载各类园地的文字资料时，分别归到宫室、苑囿、庭园、园林、居处等部，就因为当时还没有一个通用的可以概括这些对象的专门用语。至现代由于社会生活的发展，不但有庭园、宅园、花园、公园，还有场园（英文为 Square，俄文为 Скверь，有人译做街心花园或小游园）、植物园、动物园、体育公园、森林公园、风景游览区等等类型。近年来又出现一个新用语叫做"绿地"，它是从俄文 Зеленые насаждения 翻译过来的，一般报刊上常可看到园林、绿地的用语，有时连称，有时分用。绿地和园林，就其概念来说，属于同一范畴，但是又有区别。绿地这一用语的外延，比园林要广泛得多，包括街道树带、街坊绿地、学校机关工厂等内部绿地、防护绿地等。通常我们称做园林的用地，就其功能来说，是为了劳动人民的游息、文化生活和身心健康的发展而创作的美的自然和美的生活境域，主要指场园、花园、公园等类型。在这些境域里可以通过多种活动进行社会主义教育，为无产阶级政治服务。

从什么时候起，我国开始有园林的兴建呢？这一问题，无须像艺术起源那样追溯到旧石器时代的原始社会。因为，作为游息生活境域的园林，营造时需要相当富裕的物力和一定的土木工事，即要求较高的生产力发展水平和社会经济条件。在旧石器时代的原始社会，由于生产力很低，人们连生活资料的获得也很困难，不可能开始造园。在依渔猎和采集来维持生活的氏族社会，或进展到由于地区的自然条件还不宜于农业发展而只宜于游牧的部落时代，人们过着一种游移不定、逐水草而居的生活，同样不可能有造园的开始。只有到了已大量饲养牲畜，定居生活已相当巩固，农业生产已占主要地位，有了脱离生产劳动的特殊阶层的出现，上层建筑的社会意识形态（文化艺术）开始发达的阶段，才有可能兴建以游息生活为内容的园林。具备这样一种客观条件的社会发展阶段，一般说来，相当于奴隶占有制社会。

恩格斯在《反杜林论》中指出："当人类劳动的生产率还十分地低，除了必需的生活资料以外，只能提供极其微小的多余东西的时候，生产力的增长、交换的扩大、国家和法的发展、艺术和科学的创造，这一切都只有通过进一步的分工，才有可能。这种分工的基础是从事单纯体力劳动的群众和领导劳动、经营商业和管理国事、后来从事于科学和艺术的少数特权分子两方面之间的大规模分工。这种分工的最简单的完全自发地形成的形式，就是奴隶制度。"

随着奴隶经济的日益发展，奴隶主财富的不断增加，更刺激了他们要过奢侈享乐的生活。因为奴隶主的地位发生了变化，他们的思维和趣味也就起了变化。他们贱视劳动，宁愿游手好闲，把精力消耗在寻欢作乐上。由于奴隶社会的统治阶级抱有这样一种心理，同时既有奴隶经济基础的剩余生活资料可供使用，又有较发达的土木工事技术和可供驱使的劳动力，这就有可能为了满足他们奢侈享乐生活的需要而营造以游息为主的园林。

我国有直接史料的历史是从商朝开始的。"商是国家机构已经形成的朝代""它有政治机构，有官吏，有刑法，有牢狱，有军队，有强烈的宗教和迷信，有浓厚的求富思想"。根据今日历史学家对商殷遗墟出土物和甲骨文的研究，大都认为盘庚迁都后的殷已是奴隶制度占主要地位的时代，畜牧业已发展到很高的水平，农业也是相当发达的。在中国历史上殷人以能饮酒而驰名，酿酒业的发达乃是农业比较高度发展的证明。从甲骨文中谷类有"禾""麦""稷""稻"等之分和求禾、求雨、祈年等农业占卜记载很多，而占卜畜牧的记载已很少，都说明当时农业的重要性已超过了畜牧业。商殷手工业种类很多而且分工也细。由于分工的发展，殷人的商业也发展起来了，还兴建了许多城市。以殷都来说，面积十里见方。《史记·殷本纪》载："纣时稍大其邑，南距朝歌，北距邯郸及沙丘，皆为离宫别馆"。

从郑州和安阳的商殷遗墟的发掘来看，当时的建筑技术已有相当的成就。"郑州商代遗址面积，断续地分布了东西八里、南北八里之广。其中并有一个大的方形夯土墙址，在墙址之外又有制铜器制陶器制骨器的场所"。从出土的铜器来看，无论是铸造技术上、造型上或装饰花纹上都已有高度成就。安阳的殷墟遗址面积也相当宏大，并有宫室、门庭、庙宇等大小夯土版筑的土木工事，也发现有石工、玉工、骨工、铜工等场所。"殷代遗留下来的建筑遗址，是排列整齐的夯土台，台上留有成行列的柱础，其中最大土台面积超过一千平方米。……由于邯郸赵王城中一个夯土台遗址的发掘证明，土台原来是梯级形的，可能沿着梯级的每层都有木构建筑，那么它的外观大致是逐级退缩的高楼形状，可能就是古代记载所称的台榭"。

从上述情况来看，商殷确已具备营造园林的社会经济和技术条件。我们再从甲骨文中有园、圃、囿等字来看，从商殷开始有园林兴建的可能性是很大的。

然而，我们不能因为甲骨文中有"园"字就断定商殷已有园林了。郭沫若在《屈原思想》一文中写道："不要为方块字的形声所迷惑，而要就方块字所含的内在意义上去选择和断定我们所要开始的研究"。这段话很有启发性。甲骨文的园、圃等字在彼时所含的内在意义是什么应当首先弄清楚。从《周礼》上："园圃树之果瓜，时敛而收之"，《说文》上："园，树果；圃，树菜也"等解释（这里的"树"作栽培讲），可知园、圃是农业上栽培果、蔬的场所，并非游息的园。再从《周礼·地官》："囿人……掌囿游之兽禁，牧百兽"和《说文》上："囿，养禽兽也"的解释以及后人对周朝灵囿的描述，可以知道囿是繁殖和放养禽兽以供畋猎游乐的场所，恰好是游息生活的园地。为此，我们要开始研究的起点既不是上古时代的园，也不是上古时代的圃，倒是囿。《史记·殷本纪》："（帝纣）好酒淫乐……益收狗马奇物，充牣宫室，益广沙丘苑台，多取野兽蜚（飞）鸟置其中"，说明殷时已有囿苑。到了秦汉时候，囿演变为苑。《汉制考》囿人注："囿，今之苑。疏：此据汉法以况古，古谓之囿，汉家谓之苑"。我们可以这样说：中国的造园是从商殷开始的，而且是以囿的形式出现的。

有人认为，我国园林的最初形式"以豨韦之囿，黄帝之圃为滥觞"。依据是《淮南子》载："昆仑有增城九重……，悬圃、凉风、樊桐在昆仑阊阖之中，是其疏圃；疏圃之地，浸之黄水"，并加按语："足证地位优越，面积广袤，为我国大规模造园之始"。另一依据是《山海经》载："槐江之间，惟帝之元圃"，并加注解："按元圃即为悬圃，即黄帝之圃也"。又一依据是《穆天子传》载："春山之泽，水清出泉，温和无风，飞鸟百兽之所饮，先王之所谓悬圃"，并加按语："盖亦天然之温泉场焉"。这些古籍的引证和按语，看起来似乎振振有辞，言之有理，其实所引古书是后人根据传说和神话并加己意而写成，不能据以作为信史。

据近人研究，《山海经》这部记述许多离奇怪诞事例的古书大抵是战国时人和西汉时人所写。从书中所述的社会情况看来，大部分是指"野蛮时期"的社会，同时还掺杂有写书人当时的阶级社会意识和物质条件、写书人的推想以及凭己意而伪造的部分。近人研究，认为《穆天子传》一书中所述，"除去大部分对游牧社会"有所说明外，中心问题完全重在有利的商品交换上。……或系关于殷代商人们的一种传说，或系关于春秋战国时代的一种传说。至《淮南子》则系汉朝人刘安撰写的。这样一些采录了远古的传说和神话并夹有写书人当时情况的书，显然不能作为可考的史料。中国史前期所谓三皇、五帝（太昊、少昊、伏羲、黄帝、颛顼），只是神话传说时代的神化人物。因此，认为在传说的野蛮时期、游牧部落时代或原始公社制的黄帝时期，就开始有大规模的园林，也是不符合历史真实的。

此外，引者对原文所加的解释和按语，也有断章取义的地方。先就《淮南子》卷四原文来看："……有九渊。禹乃以息土填洪水以为名山，掘昆仑虚以下地（许慎注：掘犹平也，地或作池），中有增城九重，其高万一千里百一十四步二尺六寸。……悬圃、凉风、樊桐在昆仑阊阖之中（许慎注：阊阖，昆仑虚门名也；悬圃、凉风、樊桐皆昆仑之山名也），是其疏圃。疏圃之池，浸之黄水。黄水三周复其原，是谓丹水饮之不死。河水出昆仑东北陬，贯渤海，入禹所导积石山……"。很明显，悬圃并不是什么黄帝造的园圃，更不是园林。悬圃、凉风、樊桐都是传说中大禹治水疏导的圃地，把黄水浸入疏圃之地（或作池）。《淮南子》卷四还有这样一段文字，说明悬圃等是昆仑之山名："凡四水者，帝之神泉，以和百药，以润万物。昆仑之丘，或上倍之，是谓凉风之山，登之而不死。或上倍之，是谓悬圃，登之乃灵，能使风雨。或上倍之，乃维上天，登之乃神，是谓太帝之居"。总之，就原文来说，无论如何也没有说到或证明"足证地位优越，面积广袤，为我国大规模造园之始"。

次就《穆天子传》卷之二原文来看，"季夏丁卯，天子北升于春山之上，以望四野。曰：春山，是唯天下之高山也。……曰：春山之泽，清水出泉，温和无风，飞鸟百兽之所饮，先王所谓悬圃"。原文后段的大意是：在春山的汇集水的地方（泽地），有泉出清水，那里温和无风，所以飞鸟百兽都到那里饮水就食，这个地方就是先王所称的悬圃，不是什么"盖亦天然之温泉场焉"。《穆天子传》里，在上引文的下面还有这样一段文字，"曰：天子五日观于春山之上，乃为铭迹于悬圃之上，以诏后世"，大意是说穆王登高山眺望后，就在悬圃刻石表记功德以告知后世。

如果要引用《穆天子传》来说明园林的最初形式，那么卷之二倒有这样一段文字："癸丑，天子乃遂西征，丙辰至于苦山西膜之所谓茂苑。天子于是休猎，于是食苦"。这段文字倒说明了苦山西麓有一个囿叫茂苑，天子到了那里就歇住休息并畋猎，而且吃了苦菜（苦草名，即苦菜，可食）。

有人认为台是中国园林的开端，我们认为这一说法也是不恰当的。商殷时候确已有了台的营造，如纣的鹿台。台是夯土而成的，"台，持也。筑土坚高能自胜持也"（《尔雅·释宫室》）。也有利用天然高地而成。古人所谓"四方而高曰台"（《尔雅·释宫》）。如果其上有木构建筑，则称台榭，所谓"高台榭，美宫室"。

为什么要建台？据郑玄对《诗经·大雅》灵台篇所作的注解："国之有台，所以望氛祲，察灾祥，时观游，节劳佚也"。这说明营台的目的是观天文，察四时；是为了农业生产的丰欠进行农事节气的观察；同时也可眺望四野，赏心悦目，或作游乐，调节劳逸。这样，台就成为供帝王游乐和观赏享受的设施。然而，单独一个台只是一种构筑物，有时也成为囿中设施之一（如殷沙丘的苑、台并称），但并不成为园林的形式。

囿就不同了。它是帝王贵族们时常前往畋猎和游乐的用地，这倒是符合于称做园林的一个最初形式。有人会问；为什么我国最初的园林形式会是以畋猎和游乐为内容的囿呢？我们从一般艺术史和艺术起源的研究中可以了解到：当一个氏族在已转移到另一生活方式后，常在艺术活动中去再经验过去生活方式的事实。商殷固已转到农业生产占主要地位的阶段，但为了再现他们祖先过去的渔猎生活，得到再经验一次欲望的满足，把渔猎作为一种游乐和享受而爱好囿游，这是十分可能的事。恩格斯在《家庭、私有制和国家的起源》一书中指出："在旧世界，家畜驯养与畜群繁殖，创造了前所未有的富源，并产生了全新的社会关系。……打猎，在从前曾是必需的，如今则成为一种奢侈的事情了"。打猎，既然不再是社会生产的主要劳动，就成为脱离生产的贵族们的礼仪化、娱乐化的行事和一种享受了。

我们再来看看殷代贵族社会的生活情况。"殷代贵族的生活之奢侈是惊人的。我们在古籍中可以看到连篇累牍的叙述""殷代奴隶主……宁愿把他们的精力消磨在寻欢作乐上面……在这种享乐主义的精神的指导之下，酗酒和畋猎形成了殷代社会最突出的特征""卜辞中关于畋猎的贞卜多至不可胜数……《殷契粹编》第959片……此片所卜都是关于逐麋的事情，天天贞卜，连跨两月"，可见殷代贵族对于畋猎的嗜好确是惊人的。囿游成为当时统治阶级极为欣赏的一种享受，于是供畋猎和游乐这一实际活动用地的囿就大量地兴建起来。这种需要就决定了当时园林的内容和形式。

综合以上论证，我们可以得到这样一个断语：我国园林的最初形式是囿，它在商殷末期已相当发达了。

上古时代囿的内容究竟是怎样的呢？古籍中关于囿的文字记载很少，也非常简略。《诗经》中有关于周朝灵台、灵囿、灵沼的简略记载，这里可略为介绍。《诗经·大雅》灵台篇共五章、每章四句。第一章和第二章前两句："经始灵台，经之营之；庶民攻之，不日成之""经始勿亟，庶民子来；……"。意思是说，开始筑造灵台，"庶民像儿子替父亲做事那样踊跃，很快就筑成，这很不像是奴隶替奴隶主服役的景象。封建制度的进步时期，却可以有这种景象"。灵台是否仅是一个夯土而成的台，还是上有榭的建筑，就不清楚了。据《三辅黄图》载："周文王灵台在长安西北四十里，高二丈，周回百二十步"。但未说到上有台榭。

第二章后两句和第三章："……王在灵囿，麀鹿攸伏""麀鹿濯濯，白鸟翯翯，王在灵沼，于牣鱼跃"（据毛苌的注解："囿，所以域养禽兽也"，可见囿是圈划了一定的地域养育禽兽的用地）。灵囿章的大意是说，周文王在灵囿游乐，看到了麀鹿自由自在地伏在那里，看到了皮毛光亮的雌鹿和洁白而肥泽的白鸟等活生生的情态。灵沼是养有鱼类的池沼，鱼盈满其中，因此文王可以欣赏鱼在池中跃跳出水面的景象。灵沼究竟是天然的还是人工挖掘的呢？据刘向《新序》上的说法，"周文王作灵台，及于池沼……泽及枯骨"说明因挖池掘得死人之骨，文王更葬之，所以说"泽及枯骨"。沼的挖掘也许就因为筑台用土而掘土，台成，沼亦成。

由此可见，灵囿不只是供畋猎而已，同时也是欣赏自然界动物生活的一个审美享受的场所。再据《孟子》载："文王之囿，方七十里，刍荛者往焉，雉兔者往焉，与民同之"。可知灵囿的规模约七十里见方，灵囿是天然植被丰富，并有许多鸟兽繁育的地域，这段文字也印证了荒废耕地让麋鹿禽鸟生育以供畋猎囿游的说法。

顺便指出，所谓"与民同之"并不真像有些人所说与民同乐，"开近世公园之滥觞"。因为"民"在周朝时候就是奴隶，认为在奴隶社会的西周，天子（奴隶主）和奴隶共同享受囿游的说法是难以想象和成立的。据《周礼》"囿人……掌囿游之兽禁，牧百兽"这段文字来看，既然用了"禁"字，那么就是"蕃卫之禁，不得侵取"的意思了。但是为什么又说"刍荛者""雉兔者往焉"而且"与民同之"呢？清朝孙星衍对《三辅黄图》中后人妄附《孟子》中这段文字的校注中，认为"与民同之"即"与民同其利也"的说法是较近实情的。这就是说，文王之囿在一定时期，在帝王不去游猎的时候，可以允许樵人、兽人（猎人）前去打柴草猎雉兔，但要与他们同分所获物。至于《周礼》上"牧百兽"这一句，是指在囿中还收养着各种鸟兽的意思。李嘉会的注解："兽既供于兽人，又供于囿人，盖兽人所得或生而致之，则养之于囿人，故曰牧"。这就是说兽人或获有活的鸟兽，就交给囿人放养在囿中。

商殷末期和周朝，不但帝王有囿，就是方国之侯也都可有囿。据毛苌对《诗经》灵台篇的注解："囿……天子百里，诸侯四十里"——可见诸侯也有囿，只是规模较小罢了。

当生产力十分低下、在人们生活资料的获得都很困难的社会阶段，不可能有园林的创设。只有到了奴隶社会，才有可能兴建以游息生活为内容的园林，因为园林的兴建需要一定的生产力发展水平和一定的社会经济条件。

我国有园林的兴建，是从奴隶经济已相当发达的商殷开始的，最初的形式为囿。当畋猎不再是社会生产的主要劳动，为了重温过去的生活方式，为了得到再经验一次的享受，于是畋猎成为当时脱离生产的贵族们的一种礼仪化、娱乐化的行事。这种对于统治阶级来说颇属需要的活动和享受，规定了园林的畋猎和游乐的内容，以及囿的形式。

总起来说，囿是就一定的地域加以范围，让天然的草木和鸟兽滋生繁育，还可挖池筑台，以供帝王贵族们狩猎和游乐的用地。简单地说，囿就是畋猎园，在这种囿中，除有夯土筑台、掘沼养鱼外，都是一片天然的景象，因此可称为上古朴素的囿。

二

先秦宫城宫室建筑的发展

我国古代的城市

在我国，完整而具规模的城市，大抵是随着封建制度的发展而兴起的。城市成了手工业、商业、行政和文化的中心，许多城市同时也是要塞，有城墙，供在战争时保卫城市居民之用。从文字记载了解，周公旦在杀武庚、诛三叔、攻灭奄等十七国以后，把被虏俘的殷贵族（称献民或顽民）迁到洛邑至洛水之间（今洛阳地区），并召集殷旧属国替顽民筑城造屋，这个城的名字叫做"成周"。同时，也召集周属国，在成周五十里筑城，叫做"王城"。王城的具体规划是怎样的，虽没有直接资料可证，但从《周礼·冬官》所载，可以知道周代的王城规划的情形（图1-1、图1-2）。《考工记》载：匠人营国（这里的国是指王城而说的），方九里，旁三门（即每边有三门，共十二门）。国中九经九纬（自南到北的路称经，

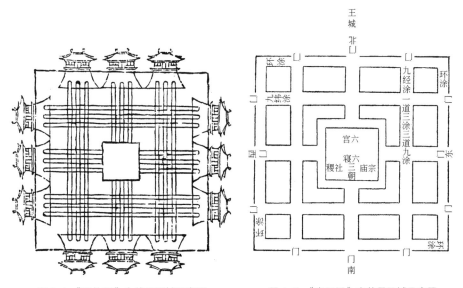

图 1-1 《三礼图》中的周王城示意图　　　　图 1-2 《考工记》中的周王城示意图

017

自东到西的路称纬，各有九条），经涂九轨（就是说经路的宽度有古代战车九个那样宽，合今制共宽约72市尺）。左祖右社，前朝后市，市朝一夫（正中是王宫，左面即东面有家庙，右面即西面有社坛，王宫前有朝廷和衙署所在地，王宫后面就是市集所在地，都是为了帝王一个人的）。

从这段叙说里可以看出周代都城以天子为中心的设计思想。都城的平面规划是严整的，纵横各九条道路，秩序井然，街坊也就是整形的了。对于用地的区划也有一定的安排，帝王的宫室位居中央，左庙右社，前朝后市。宗庙代表了家天下的族权，社坛代表了帝王是上天的儿子的神权，理朝政的衙署代表了统治阶级的政权。市集是手工业者出售自己劳动产品的地方，是保证城市和乡村交换商品的固定市场。这种规划样式成了历代都城的一个模式，虽然有时也有一些变动。

秦是中国历史上首次建立中央集权的大帝国，建都咸阳（在今西安市的西北）。但咸阳城的规划是怎样的已不可考（图1-3）。从关于信宫朝宫等记载来推想，秦建都城大抵因势而筑（随着自然形势来筑造），并用宏伟壮丽的建筑来表示帝王的尊严和极权。如营朝宫时"表南山之巅以为阙，络樊川以为池"这种因势筑宫室的气魄是多么雄伟，那么筑城又未尝不是如此（图1-4）。从《三辅黄图》关于信宫的记载中有"引渭水灌都，以象天河。横桥南渡，以法牵牛"，可见咸阳都城实跨渭水，"北至九嵕甘泉（山名），南至鄠杜（地名鄠县和杜原），东至河，西至汧，渭（水名）之交，东西八百里，南北四百里，离宫别馆，相望联属。"

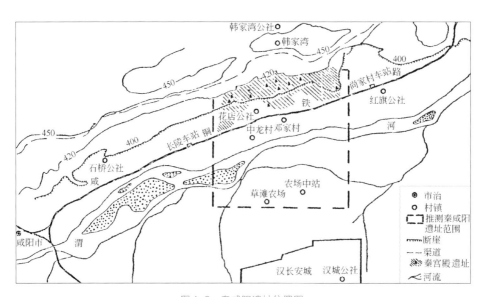

图1-3　秦咸阳遗址位置图

图 1-4　秦咸阳宫一号遗址建筑复原图

　　刘邦在和项羽决战未结束前，就曾利用秦的一个离宫故基筑长乐宫城，后来又筑长安宫城，但城制狭小，惠帝（刘盈）时候曾加以扩建。萧何筑的壮丽的未央宫就在它的西面。《三辅黄图》载："高祖七年筑长安宫城，自栎阳徙居此城，本属离宫也。初本狭小，自惠帝更筑之，高三丈五尺，下阔一丈五尺，上阔九尺，雉高三坂，周回六十五里，城南为南斗形，北为北斗形，至今人呼汉旧京为斗城是也。"大抵因为长安城是逐步扩建的，因此就城市规划说并不是严正的，城的外形也不整齐。城南为凸形，城北梯级形，可能一方面是由于地形关系，一方面也由于仪天象北斗星宿的迷信而这样制作的。《汉旧仪》载："长安城中，经纬各长三十二里十八步，九百二十七顷，八街、九陌、三宫、九村、三庙、十二门、九市、十六桥。水泉深二十余丈，城下有池周绕，广三丈深二丈，石桥各六丈，与街相直。"当时宫城外面有坊里，即当时居住区，规划整齐，坊里街巷修直，街道宽狭有度。

　　当时采用里的制度，每里有四门，穷家入巷、富户临街，每夜坊门关闭，这种制度一直沿用到唐朝。

　　汉长安故城中可考查的宫名有长乐宫在城东南隅，未央宫在城西南隅，明光宫在长乐宫之北，还有桂宫北宫在城西北隅。汉武帝刘彻所筑的建章宫在长安城外面，但有周围复道跟未央宫相通（图 1-5）。

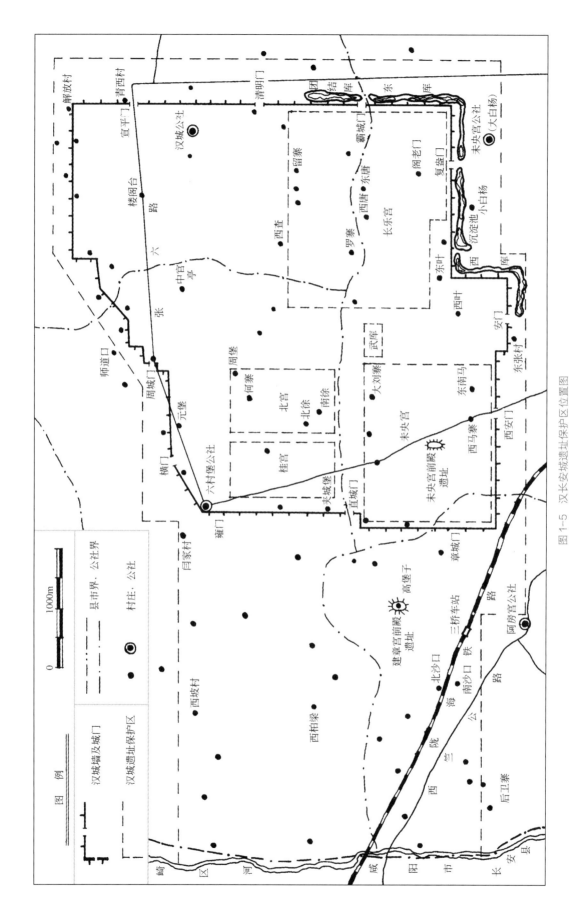

图1-5 汉长安城遗址保护区位置图

春秋战国时代宫室

殷代的宫室，据《周礼》上说，是"重屋四阿"。所谓重屋，根据邯郸赵王城夯土台遗址的发掘来看，如前所说明，可能是沿着梯级形的土台的每层有木构建筑，外观看来大致就成为逐级退缩的高楼形状，古代所称"台榭"可能就是这样。到了周朝，特别是战国时代，建筑有了进一步发展，已有砖瓦出现。在河南辉县战国墓中发掘出的铜鉴，山西长治战国墓中发掘出的铜匜，内部都刻有精细的房屋图画，可以看出当时所用的柱梁结构方法，也可看出是一种台榭式建筑。这种建筑的背面是依附着夯土台的。"楼"在周秦两代也不只指二层或二层以上的建筑，而是指台上的建筑物而说的。最初叫做榭，又叫做观，后来叫做楼。至于把楼当作"堂高一层者是也"，那是汉以后的事。汉时开始把二层以上的建筑叫做阁，汉代以后人们才把二层的建筑叫做楼。

西周晚期到春秋初期，由于戎、狄、夷、蛮族的外患，战争很多，国家混乱。各地方的诸侯国，在盛行兼并过程中，没有发展成熟，在艺术上就呈现了一时衰微的现象，春秋后期到战国时代，冶铁技术更见进步，有些地方如楚国、韩国开始能炼钢，当时农业已盛用牛和铁犁来耕田，已知道深耕多施肥的好处（孟子曾说到），一年能收获两次（荀子屡次说到）在农业技术上是一大进步。战国时代生产力比春秋时期显然是提高了，但是，战争的破坏，粮食的征发，贵族的奢侈，游士的供养，这种巨大的耗费都得人民来负担，统治阶级不顾农时，随意浪费民力物力的事例是举不胜举的。无论天子或诸侯大都要出郊游猎以快心神，昏乱的国君更好营造台榭宫室。且不说西周末期的周厉王（姬胡夷）和周幽王（姬宫涅），单道吴王夫差，据《述异记》上载："吴王夫差筑姑苏之台，三年乃成，周旋诘屈，横亘五里，崇饰土木，殚耗人力，宫妓数千人，上别立春宵宫，为夜长之饮。""吴王于宫中作海灵馆、馆娃阁、洞沟玉槛，宫之楯槛，珠玉饰之。"由此可以想见当时宫室相当宏大，也极其华丽。

从近些年来发掘的战国遗址和遗物上约略可以推想到当时的建筑已不简单，梁柱上面都有了装饰，墙壁上也有了壁画，砖瓦的表面都模制出精美的图案花纹和浮雕图画。至于《诗经》上形容周代天子的宫殿式样是"如翚斯飞"，这句话的意思是描写宫室的四宇飞张，好像正起飞时的雉鸡两翅张开的样子。这句话也说明我国宫室屋顶的出檐伸张在周代已经有了，这些文物史料足以证明春秋战国时代的宫室建筑，下有台基，顶为四宇伸张，梁柱墙壁砖瓦等都有精美装饰的情况。

据记载，吴王夫差曾造梧桐园（在吴县）、会景园（在嘉兴）。据称"穿沼凿池、构亭营桥，所植花木，类多茶与海棠。"可见当时的筑园已另辟蹊径，有了组成风景的设施，既然穿沼凿池，也就会有土山或台，自然的山水主题已见端倪。既然构亭营桥，园林建筑的借景而设也已具备，又种植花木，这样跟我们所说园林的主要组成要素已具备，已不是简单的囿了。

三

秦汉建筑宫苑

秦统一中国和大建宫室

秦在周代时候本是中国西部一个小国，到春秋时代称霸西戎，到秦孝公（嬴渠梁）时发愤图强，用商鞅新法，才成强国。公元前221年，秦始皇（嬴政）完成了统一中国的事业，建立了前所未有的民族统一的大帝国。秦朝在物质经济思想制度等方面作了不少统一的工作。在经济上改革亩制，兴建水利，农业生产发达，物质财富雄厚。在政治上建立皇帝独裁，自称"朕"表示惟我独尊。立郡县制，官制，订定文字称为小篆，统一全国度量衡等。秦朝的武功还有击匈奴赶走胡人，取河南地，开辟四十四县，击南越，开桂林、南海、象三郡（广西、广东、越南等地），疆域也扩大了。早在战国时期，接近外族的诸侯国各筑长城一段，防御异族侵略，内地诸侯国为了内战也筑长城，秦统一后一概拆毁，筑新长城，西起临洮到辽东，长一万多里。

秦始皇想世世代代永统天下，惟恐诸侯联络富豪兼并土地积累财物，号召民众叛变，就把各国豪富十二万户迁徙到咸阳并分散到巴蜀各地。全国的富豪都集中到都城，必然要征集天下匠师来都城营造宅第。据《史记·秦始皇本纪》记载："秦每破诸侯，写放其宫室（即照样画下），作之咸阳北阪上（照式建筑在咸阳的北坡上），南临渭（水名），自雍门以东至泾渭（水名），殿屋复道，周阁相属，所得诸侯美人钟鼓，以充入之。"各国的建筑必然有各自的特色，写放六国宫室，照式建筑在北阪上（按：有宫室一百四十五处），可说是集中国建筑之大成，建筑艺术自然要空前发达了。

嬴政，在称皇帝之后短短的一二十年内，为了独夫的安富尊荣和穷奢极侈的生活，驱使了千百万人民充当夫役，连续不断地营建了许多的

"宫"，大小不下三百多处，后人也不能一一具考。这里只能就《史记》和《三辅黄图》上记载的最著称的几个宫，加以摘要的叙说，以此研究秦代宫苑的特色。

这里附带提到一下秦代驰道的修筑。秦代的事功之一是修筑全国通行的大道。《史记·秦始皇本纪》："（始皇）二十七年（公元前220年），……治驰道。"治就是修筑的意思，驰道就是天子道，即皇帝行车的路，蔡邕曰："驰道天子所行道也，今之中道。"又据《汉书·贾山传》上载："（秦）为驰道于天下，东穷燕齐，南极吴楚，江湖之上，滨海之观毕至。道广五十步，三丈而树，厚筑其外，隐以金椎，树以青松。汉令诸侯有制，得驰道中者行旁道，无得行中央三丈也。不如令，没入其车马"。驰道宽五十步（按秦制六尺为步，十尺为丈，每尺合今制27.65厘米），路边高出地面，埋有铁椎，路中央宽三丈的部分是天子行车的道，每隔三丈种植青松，标明路线，不但人民禁止行走，就是诸侯也只允许行车旁道，不得在中道行驰。那时所修的驰道在中国东部几乎各处可到，想见当时驰道工程的巨大，而且道旁种有树，行道树可说从这个时候就开始有了。

信宫和阿房宫

《史记·秦始皇本纪》载："（始皇）二十七年（公元前220年），焉作信宫渭南，已更命信宫为极庙，象天极。自极庙道通骊山，作甘泉前殿。筑甬道，自咸阳属之"。《三辅黄图》载："始皇穷极奢侈，筑咸阳宫（注：信宫也叫做咸阳宫），因北陵营殿，端门四达，以制紫宫，象帝居，引渭水贯都，以象天汉；横桥南渡，以法牵牛。咸阳北至九嵕、甘泉（山名），南至鄠、杜（地名鄠县和杜原），东至河，西至汧、渭（水名）之交，东西八百里，南北四百里，离宫别馆，相望连属，木衣绨绣，土被朱紫，宫人不移，乐不改悬，穷年忘归，犹不能遍。"信宫的规模宏大得未曾有，是可以从这段文字中想见的。同时也可看出利用原始信仰和星宿的迷信来显示帝王是天之子，帝居是地上的天宫来表示帝王的至尊。

秦始皇接着又营造了史书上著称的朝宫、阿房宫（图1-6）。《史记·秦始皇本纪》载："……乃营作朝宫渭南上林苑中。先作前殿阿房，东西五百步，南北五十丈，上可以坐万人，下可以建五丈旗。周驰为阁道，自殿下直抵南山，表南山之巅为阙。为复道，自阿房渡渭，属之咸阳，以象天极，阁道绝汉抵营室也。阿房宫未成；成，欲更择令名名之。

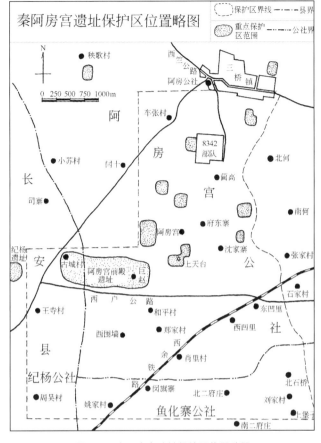

图 1-6　秦阿房宫遗址保护区位置略图

作宫阿房，故天下谓之阿房宫。"据《三辅黄图》载："阿房宫亦曰阿城。惠文王造，宫未成而亡。始皇广其宫，规恢三百余里，离宫别馆。弥山跨谷，辇道相属，阁道通骊山八百余里，表南山之巅以为阙，络樊川以为池。作阿房前殿，东西五百步，南北五十丈，上可坐万人，下可建五丈旗，以木兰为梁，以磁面为门，怀刃者止之"。

《史记·秦始皇本纪》又载："……隐宫徒刑者七十余万人，乃分作阿房宫，或作骊山（建始皇陵墓），发北山石椁，乃写蜀荆地材皆至（'写'当运输讲），关中计宫三百，关外四百余，于是立石东海上朐界中，以为秦东门。因徙三万家丽邑，五万家云阳，皆复不事十岁（不从事营生十年）。"

三百多里范围内，弥山跨谷，都是宫室，规模多么宏伟，在终南山顶上建阙，把樊川的水用来作池，气魄又是多么雄壮。按宫门外高耸的建筑物，其上可居，登之可观的叫做"阙"，登之可以远观所以又可叫做"观"。或说"人臣将朝，至此则思所阙"（见《古今图书集成》《考工典》《宫殿汇考》），所以叫做"阙"：把北山的石料都背了来，把楚蜀的木材都运了来，使用犯人七十多万来建筑宫室陵墓，又是多么浩大的工程。但工程没有完毕秦始皇就死了。他的儿子胡亥又继续兴修，仅就这几项造宫室修陵墓的工程来看，耗费这样大的人力、物力，而当时人民在战国时代之后还没有很多的积蓄，是无法负担的。全国人民在这样的暴政下只有起义革命才能保持生存。陈涉揭竿而起，各处响应，后来项羽破章邯，引兵入关，屠咸阳，烧秦宫室，火三月不熄，所谓"楚人一炬，可怜焦土。"（杜牧：《阿房宫赋》）

总的说来，秦始皇好宫室建筑，规模宏伟，前未曾有，所谓离宫别馆相望，弥山跨谷复道甬道相连，往往数百里。这些宫室建筑即是"殿屋复道，周阁相属"，因此所谓宫是指由各种不同的单个建筑物组合而成一个建筑群的总称。也就是说不是在一个大建筑物内按照要求来布置平面，而是在一个总地盘上布置着互相连属的一群建筑物。至于秦代这些宫的总平面布置是怎样的，由于记载简略，难以推想。汉代宫室记载较详，可以得到较清楚的了解，后面就要论及。

秦始皇的好营宫室，一方面由于综合性的建筑群从它的宏伟壮丽上最能显出专制帝王的惟我至尊和极权的淫威，所以每破诸侯，写放其宫室作之咸阳北阪上以示威，同时也用来陈放胜利品（美人钟鼓）。另一方面也和他的穷奢极侈的享乐生活密切相关。为了要想永远坐享"安富尊荣"的生活，就想长生不死，因此，秦始皇迷信方士炼丹之术，想吃长生不老的仙丹。但他浪费了很多财物想寻求仙芝灵药并无结果，并感叹仙者弗遇。《史记·秦始皇本纪》说到有位方士卢生，既欺诈了他，又劝他要隐秘居处方能得不死之药。卢生说："……人主所居而人臣知之，则害于神……愿上所居宫毋令人知之，然后不死之药殆可得也"。于是始皇曰："我慕真人，自谓'真人'不称'朕'"。乃令咸阳之旁二百里内宫观二百七十复道甬道相连，帷帐钟鼓美人充之，各案置不移徙。行所幸，有言其处者，罪死。秦始皇的多造宫室，受方士之惑也是原因之一。

汉代文化艺术和建筑

秦代，从始皇二十六年统一中国起到秦二世胡亥降汉止，仅仅十五年，是一个很短的朝代。由于秦代对人民的压迫剥削是非常残酷的，所以秦就崩溃得很快，但在各方面完成的统一的事功，却替盛大的汉朝打下了巩固的基础。刘邦战胜项羽后，建都长安，国号汉，习惯上把刘邦到王莽篡位的时期（公元前206-公元8年）称为前汉或西汉。

西汉初期，统治阶级执行了休养民力的政策，大概有六七十年的安定。朝廷积累起极大财富而十分繁荣，官僚、地主、商人都很富庶；但大多数农民却穷困地卖田宅妻子，破产流亡，形成了严重的阶级对立。汉武帝刘彻是一位怀抱雄才大略的皇帝，他想和缓社会内部尖锐的矛盾，利用积累的雄厚财力和人力发动对外战争，用战争来缓和国内的矛盾。他北逐匈奴，南征南粤，东灭朝鲜，迫使西域降汉，开拓广大疆土，奠定了地大物博的现代中国的基础。刘彻时期，国力发展到最高点，对外贸易很发达，中国文化传播到附近各民族地区；另一方面佛教、音乐、艺术和西方文化也从西域、南海流传入中国。两汉艺术也就在这样的基础和影响下发展起来繁荣起来。

在社会思想方面，基本上可说是儒、道两家学派思想互相消长，西汉初期，统治阶级采取黄、老、刑名的学说，用权术严刑来统治，虽立博士但对儒学并不重视。根据周代老聃（书名老子）的遗说所创立的学说叫做道家。老子提出天地万物的最初的根源是道，他不信鬼神，否定了上帝，反对前知。道家还专讲君主怎样统治臣民的方法，但春秋战国时代的所谓方士，并非道家，他们幻想海中有神山，山上有与天地同寿的仙人，专讲炼丹（不死药），炼黄金秘法，房中术等。后来人利用老庄学说中神秘主义部分，创道教并穿凿附会地说黄帝、老子是神仙，给拉到道教去当祖师，道士的名称是从东汉才开始有的。

到了汉武帝刘彻初年，儒家采用了阴阳五行的运命论，三纲五常尊君、一统、伦常的学说，它可利用以支配人心，适合统治者的需要，因此刘彻就罢黜诸子百家独尊儒家。

儒道两家的思想意识必然反映在各种艺术样式上。当时盛行的壁画只能从文字记载上来了解。除此之外，还可从发掘的汉墓中壁画和石刻画、画像砖等来认识汉代绘画。这些作品里所画的题材或则表现统治阶级的尊贵威严以及功臣、孝子、贞女、烈女、圣贤、侠义之类的人物故事为封建说教巩固统治；或则表现统治阶级的奢侈享乐生活如宴会、乐舞百戏、车列骑从等，使我们能看到贵族的生活图景和汉代人的真实形象；或则是灵怪神仙思想的表达。统观汉代的绘画雕刻等，明显的中心思想是劝善戒恶为封建说教，题材以现实生活为主，基本上以写实手法表现。虽然存在着许多宗教神话的内容，但就是这些神仙灵怪的形象也

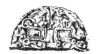

战国瓦当

秦、汉瓦当

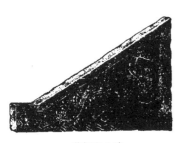

墓门空心砖

条砖

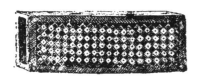

空心砖

模印花纹的汉砖

铺地砖

图 1-7　战国、秦、汉砖瓦纹样

是取之于观察，继承了春秋时代的传统，形成了当时繁荣而丰富多彩的艺术。

战国末期到汉代是我国建筑史中一个新的发展阶段。秦始皇在咸阳大建宫室，集中各地匠师进行大规模的建筑活动必然使建筑技术和艺术有了进一步发展。周代末期出现的砖瓦，到汉代更得到巨大的发展，砖瓦已具有一定的规格，除了一般的筒板瓦、长砖、方砖外，随着砖瓦技术的成熟还烧制出扇形砖、楔形砖和适应构造和施工要求的定型空心砖（图 1-7）。从汉代的石阙、砖瓦、明器、房屋和画像石等图像来看，表明框架结构在汉代已经达到完善的地步。有了框架结构，使建筑的外形也逐渐改观。各种式样的屋顶如四阿、悬山、硬山、歇山、四角攒尖、卷棚等在汉代都已出现，屋顶上有博脊、正脊，正脊上有各种装饰。用斗栱组成的构架也出现，而且斗栱本身不但有普通简便的式样还有曲栱柱头、铺作和补间铺作。不但有柱形、柱础、门窗、拱券、栏杆、台基等而且本身的变化很多，门窗栏杆是可以随意拆卸的。总的说来，汉代在建筑艺术形式上的成就为我国木结构建筑打下了坚实的基础，以至这种建筑的外形一直传承下来，在整个长期的封建社会中始终没有大的改变（图 1-8、图 1-9）。

抬梁式结构
河南荥阳汉墓明器

抬梁式结构（屋檐下用插栱）
四川成都画像砖

干阑式构造
江苏铜山画像石

穿斗式构造
广东广州汉墓明器

井干式构造
云南晋宁石寨山铜器

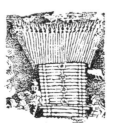

井干式构造
云南晋宁石寨山贮贝器

干阑式构造
广东广州汉墓明器

图 1-8　汉代几种木结构建筑

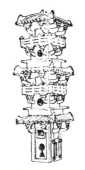

望楼 山东高唐汉墓明器　　望楼 河北望都汉墓明器　　望楼 河南陕县汉墓明器

阙 四川成都画像砖

（坞堡内的房屋）

坞堡 广东广州汉墓明器

建筑组群 江苏睢宁画像石

建筑组群 江苏睢宁画像石

庭院 山东沂南石墓石刻

建筑群 江苏徐州画像石

图 1-9　汉代建筑的几种形式

长乐宫和未央宫

汉代宫殿以长乐宫、未央宫、建章宫为大，而且"皆辇道相属，悬称飞阁，不由径路"(见《汉武故事》)。以外有长杨宫、五柞宫、甘泉宫、集灵宫等，班固所谓离宫别馆三十六，神池灵沼往往在其中，朔庭神丽，宫室光明，张千门而立万户。关于汉代这些宫殿的记载资料较多，从《史记》《汉书》《三辅黄图》《西京杂记》《关中记》《长安记》《雍录》各书所载来研究，尚可辨及各宫室的前后方位，画出平面想象图。我们就以长乐、未央、建章三个宫作为对象加以研究，对于宫的内容也可了解得更清楚(图 1-10、图 1-11)。

刘邦先在栎阳居住，高祖五年(公元前 202 年)开始在秦的兴乐宫故址修建长乐宫。二年后长乐宫落成就搬到长乐宫居住临朝，等于"正宫"。根据上述各书中记载和《关中胜迹图志》上的描图，可以画出长乐宫平面想象图。长乐宫位置在长安故城的东南部分。《三辅旧事》载："在长安城中，近东南杜门"，就是说近城东部，直通杜门(即覆盎门)。《关中记》载："长乐宫周延二十余里，有殿十四"。从平面图可以了解到叫做"宫"的，实是许多殿屋和周阁复道所组成的建筑群，在这一大组建筑群的外面，围有宫垣，四面辟有宫门，宫垣之外另筑有城垣并有阙的

图 1-10　汉长安城探测图

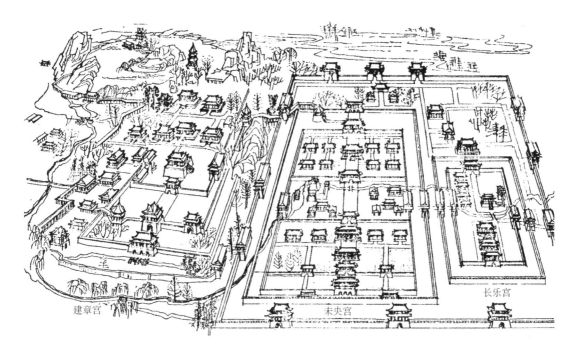

图 1-11　汉三宫建筑分布图

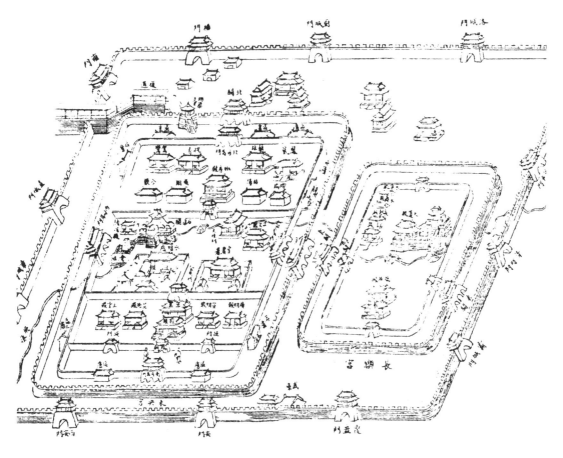

图 1-12　汉长乐宫、未央宫鸟瞰图

设置，长乐宫不是四面设阙，仅有东阙和西阙。从整个长乐宫的总体看来，虽然叫做宫，其实是一个小型的城，因此更确当的叫法是"宫城"。

从长乐宫南面的宫门进去，先是前殿，它是上朝处理国事的宫殿，"东西四十九丈七尺，两序中二十五丈，深十二丈"（见《三辅黄图》）。前殿的后面是临华殿，这是后来汉武帝增建的，再进，走过跨王渠的石桥来到大厦殿，殿前置有铜人，"秦作铜人，立阿房殿前，汉著（注：即置字）长乐宫大厦殿前"（《三辅旧事》）。长乐宫的东部有池有台。据《三辅黄图》载："庙记曰长乐宫中有鱼池、酒池，池上有玉炙树，秦始皇造，汉武帝行舟于池中。"但《水经注》作者认为"长乐殿之东北有池，池北有台沼，谓是池为酒池，非也。"《三辅黄图》又载："长乐宫有鸿台，秦始皇二十七年筑，高四十丈，上起观宇，帝尝射飞鸿于台上，故名鸿台。长乐宫西部有后妃所居的殿，有长信、长秋、永寿、永宁四殿。"《三辅黄图》载："长乐宫汉太后长居之，按〈通灵记〉，太后成帝母也。后宫（皇后的宫）在西，秋之象也；秋主信，故宫殿皆以长信、长秋为名。又永寿、永宁殿，皆后所处也。"《长安志》载："又长乐宫有长定、建始、广阳、中室、月室、神仙、椒房诸殿。"合前长信、长秋、永寿、永宁和前殿共十四殿。

总的说来长乐宫的布局是严正的，在中轴线上主要宫殿有前殿、临华殿和大厦殿，其余各殿分布左右，殿屋都是正向朝南，排列疏朗。此外只是在东部有池和鸿台。

《汉书·高祖本纪》载："高祖七年（公元前200年），萧何治未央宫，立东阙、北阙。"宫城规模宏大，宫室华丽。刘邦"见其壮丽太甚，怒曰：天下汹汹，劳苦数岁，成败未可知，是何（为什么）治宫室过度也？"萧何的回答是"天子以四海为家，非令壮丽，无以重威德……。"这就是说，天下是帝王私有的家，那么帝王居住的宫殿，必须宏伟壮丽，不这样不足以显示至尊无上的威严，只有这样才可使人民慑服在重威下作顺民。这一段话确是道破了封建帝王宫室建筑的思想主题。

未央宫（图1-12）在长安故城的西南，据《三辅黄图》载："周回二十八里。"《关中记》的说法是三十三里，《西京杂记》上的说法是二十二里九十五步五尺，街道周回七十里，只有东阙和北阙。《汉书·高祖本纪》颜师古注："未央殿虽南向，而尚书奏事，谒见之徒，皆诣北阙，公车司马具在北焉，是则以北阙为正门。"宫垣的四面设有司马门，颜师古曰："司马门者，宫之外门也。卫尉有八屯卫侯司马，主微巡宿卫，每面各二司马，故谓宫之外门为司马门。"

未央宫城的布局怎样，有哪些宫室？《三辅黄图》载："未央宫有宣室、麒麟、金华、承明、武台、钧文等殿。又有殿阁三十二，有寿成、万岁、广明、椒房、清凉、水延、玉堂、寿安、平就、宣德、东明、飞雨、凤凰、通光、曲台、白虎等殿。"（注：《西京杂记》上记载台殿四十三，其三十二在外，其十一在后宫。池十三，山六，池一山一，俱在后宫，门共九十五。）这样众多的殿室，以及池、山、门阙不能一一具考。总的说来，在布局上未央宫城的建筑群体是由三个部分组成，并有宫墙横隔。第一部分是以未央前殿为中心的前宫区；第二部分是具有几个建筑组群的中宫区；第三部分是以椒房为中心的后宫区。

前宫区：进宫正门叫端门，左右各有掖门。据《三辅黄图》载："营未央宫，因龙首山以制前殿。"又说"未央宫前殿，东西五十五丈，深十五丈，高三十五丈。"这就是说依藉龙首山的地势来建筑前殿，也可能就是搜山为台殿，不假版筑，就可高出。前殿的建筑十分华丽，"至孝武，以水兰为棼撩（注：棼就是短的梁，撩即椽子），文杏为梁柱，金铺玉户（用金铺锦扉上，用玉装饰门户），华榱壁珰（榱是屋上的椽子，珰是上挂的珠玉饰物），雕楹玉碣（楹即柱子、碣即柱础），重轩镂槛，青琐丹墀（青琐即窗子，墀即殿阶），左碱右平（左边是为徒步而上登用的，作成阶级叫做碱，右边是可以乘车而上的道，因此要平）。"前殿有宣室，"宣布政教之室，盖其殿在前之侧，斋则居之"（《长安志》），在正室前殿的左右有相对称的殿，每边有两殿，"宣明广明皆在未央殿东，昆德、玉堂皆在未央殿西。"这个区主要是帝王上朝理政布教的地方，因此格局严正跟一般宫室同。

中宫区：由几组建筑组成，一组称"宫者署"，它是皇帝召臣子侍读的处所；一组是"承明殿"，它是著述写作的场所；这两组建筑列在左右相对称。东北的一组有天禄阁和温室殿。天禄阁是扬雄校书处；温室殿据《西京杂记》载："以椒涂壁（用花椒和泥涂壁），被之文绣，香桂为柱，设火齐屏风，鸿羽帐，规地以罽（毛织的地毯）宾氍毹（毛织的毯子）。""冬处之则温暖也。"（《三辅黄图》）这一组建筑可说是宜冬居的地方。西北的一组，恰恰相反，适宜夏季息住，有石渠阁、清凉殿、沧池和渐台。《三辅黄图》载："石渠阁，萧何造，其下砻石为渠以导水，若今御沟，因为阁名，藏入关所得秦之图籍。""消凉殿……夏居之则消凉也"。《汉书》曰："清室则中夏含霜，此也。""沧池"言水为苍色，故曰沧池，池中有渐台，沧池水的来龙去脉，据《雍录》载："……凡汉城

（长安城）之水，皆诸昆明（池）……，注未央宫西，以为大池，是渭沧池。沧池下流，有石渠，陇而为之，以导此水（注：其上即石渠阁），既周偏诸宫，自清明出城，即王渠是也。"

后宫区：以椒房为中心。"皇后殿，称椒房，以椒涂室主温暖，除恶气也。"（《汉官仪》）"武帝时后宫八区，有昭阳、飞翔、增城、合欢、兰林、披香、凤凰、鸳鸯等殿，后又增修安处、常宁、茝若、椒风、发越、蕙草等殿为十四位"（《三辅黄图》）。也就是十四位昭仪、婕妤居住的殿室。《汉官仪》又载："婕妤以下皆居掖庭。有月景台、云光殿、光华殿、鸿鸾殿、开襟阁、临池观，不在簿籍，皆繁华窈窕之所栖宿焉。"

此外见于载籍但位置不详的殿室，有高门殿、玉堂殿、金华殿、晏昵殿、漪兰殿、白虎殿、曲台殿、飞羽殿、敬法殿、通光殿、钓弋殿、寿成殿、万岁殿、水延殿、寿安殿、平就殿、宣德殿、东明殿、神明殿、延年殿、四车殿、宣平殿、长年殿等等。有凌室"藏冰之室"，有东西织室，织作文绣郊庙之服，有暴室"掖庭主织作染练之署，谓之暴室者，取暴晒为名耳"。还有弄田"燕游之田，天子所戏弄耳"，有兽圈彘圈（注：彘为猪的别名），兽圈上有楼观。凌室、暴室、织室是各有用途的专室。弄田是说天子为了重农，在宫中有块农田，闲散时或一时兴致，到田里弄几下作为游戏。兽园是牧养百兽的地方，为了赏玩，有时把猛兽放到圈里行动，人们就在楼上观看。有时让猛兽互斗，甚或人和猛兽格斗。

上林苑和建章宫

汉武帝（刘彻）时期，国力富裕，他不仅把财富和人力用在战争上，而且大营宫苑、奢侈浪费。就在张骞出使西域的那一年（公元前138年），把本是秦的一个旧苑，即上林苑，加以扩建，苑中有苑有宫。

上林苑在长安县西南，跨长安、咸宁、周至、鄠县、蓝田五县县境。《汉书》载武帝建元二年（公元前138年）开上林苑，东南至蓝田（县名）、宜春（苑名，在咸宁县）、鼎湖、御宿（河川名，也是苑名），昆吾（苑名）旁南山而西至长杨（宫名，在周至县）、五柞（宫名，在周至县），北绕黄山历渭水而东，广三百里，离宫十七所，皆容千乘百骑。可见上林苑规模十分宏伟。我们从东方朔《谏除上林苑疏》中了解到上林苑是建在物产富饶的地区。疏称："其山出玉石金银铜铁，豫章檀柘，异类之物，不可胜原，此百工所取给，万民所仰足也。又有粳稻梨粟桑麻竹箭之饶，土宜姜芋，水多龟鱼，贫者得以人给家足，无饥寒之忧，故鄠鄗之间，号为土膏，其贾（注：同价）亩一金"。把这样富饶地区开作上林苑的后果将会怎样呢？疏上说："今规以为苑，绝陂池水泽之利，而取民膏腴之地，上乏国家之用，下夺农桑之业，弃成功就败事，损耗五谷，是其不可一也。且盛荆棘之林，而长养麋鹿，广狐兔之苑，大虎狼之墟，又坏人冢墓，发人室庐，令幼弱怀土而思，耆老泣涕而悲，是其不可二也。斥而营之，垣而囿之，骑驰东西，车鹜南北，又有深沟大渠。夫一日之乐，不足以危无堤之舆，是又不可三也。故务苑囿之大，不恤农时，非所以疆（强）国富人也。夫殷作九市之宫而诸侯畔（注：同叛），灵王起章华之台而楚民散，秦兴阿房之殿而天下乱……"这段文字确是道破了：自古以来无论哪朝帝王就是在盛平之世，其大营宫苑的后果都是人民受灾难，国家遭祸殃。

上林苑的内容有些什么呢？《汉书·旧仪》载："上林苑中广长三百里，苑中养百兽，天子春秋射猎苑中，取兽无数，其中离宫七十所，容千乘百骑"。从这段文字也可证明"古谓之囿，汉谓之苑"的史实。苑中养百兽供射猎，这个游乐的传统仍然继承着，但苑的主要内容已不在此。《关中记》载："上林苑门十二，中有苑三十六，宫十二，观三十五（注：《后汉书》载：宫十一、观二十五）。"由此可见苑中有苑，而且苑中有众多的宫、观，也就是说宫室建筑是苑中主体了。所有这些组成上林苑的苑或宫或观，它们本身的规模也有大有小，并各有它的特色。

所谓"中有苑三十六"的各苑，其名见于载籍的宜春苑、御宿苑、思贤苑、博望苑、昆吾苑等都是。例如御宿苑在"长安城南御宿川中，汉武帝为离宫别馆，禁御入不得往来，游观止宿其中，故曰御宿。"可见是在上林苑中往来游乐时的一个休息住宿所在。博望苑是武帝为太子立，使通宾客；思贤苑是汉文帝（刘恒）为太子立，以招宾客，也就是搜罗人才招待宾客的苑；思贤苑中有屋六所，客馆皆高轩广庭，屏风帷褥甚丽。

宫名见于载籍的，据《关中记》录有：建章宫、承光宫、储元宫、包阳宫、尸阳宫、望远宫、犬台宫、宣曲宫、昭台宫、扶荔宫、蒲陶宫，这些宫之中以建章宫为最大，它本身就是一个宫城，而且宫中有宫，有殿有池有台，下面将另段叙述其内容。至于有些宫只是一小组建筑。例如在上林苑中的犬台宫，此外有走狗观，它可能是看赛狗的场所，鱼鸟观、走马观大抵也是同一性质的场所。宣曲宫，《三辅黄图》载："在昆明池西，宣帝（刘恂）晓音律，常于此度曲因此名宫"。这就是说，宣曲宫是宣帝演奏音乐和唱曲的宫室。至于蒲陶宫可能是种植葡萄的宫室；扶荔宫是种植荔枝等亚热带植物的宫室；"汉武帝元鼎六年（公元前111年）破南越，起扶荔宫，以植所得奇花异木，菖蒲、山姜、桂、龙眼、荔枝、槟榔、橄榄、柑桔之类"。上述这些植物，大都不能在露地过冬，扶荔宫可能是由暖房花坞一类建筑组成，但建筑形式要讲究些。

观名见于载籍的，《三辅黄图》上录有："昆明观、茧观、平乐观、远望观、燕升观、观象观、便门观、白鹿观、三爵观、阳禄观、阴德观、鼎郊观、樛木观、椒唐观、鱼鸟观、元华观、柘观、上兰观、郎池观、当路观，皆在上林苑。"这些观名有功能用途，据《汉书·武帝本纪》载："元封六年夏（公元前105年），京师民观角抵于上林平乐观。"可见平乐观是大作乐表演场所。《汉书·元后传》注："上林苑有茧观，盖蚕茧之所也。"由此可见，鱼鸟观大抵是养有各种珍奇鱼类和鸟类的场所；走马观是饲养和观看赛马的场所；观象观、白鹿观是饲养和观赏大象和白鹿的场所等。

上林苑中还穿凿有许多池沼。池名见于载籍的，有昆明池、镐池、祀池、麋池、牛首池、蒯池、积草池、东陂池、当路池、太一池、郎池等。建章宫中有太液池、唐中池，除了建章宫中的池将在下段中叙述外，这里把可以具考有记载的几个池叙述如下：昆明池，《三辅黄图》载："武帝元狩四年（公元前119年）穿，在长安西南，周四十里。"《史记·平准书》载："越欲与汉用船战逐，乃大修昆明池，列观环之，治楼船高十余丈，旗帜加其上，甚壮。"《关中记》载："昆明池，汉武习水战也。"这些记载说明昆明池是很大的人工湖泊，用来教习水战的。《三辅故事》又载："昆明池，三百二十五顷，池中有豫章台及石鲸。刻石为鲸鱼，长三丈，每至雷雨，常鸣吼，鬐尾皆动。立石牵牛织女于池之东西，以象天河。"又载："昆明池中有龙首船，常令宫女泛舟池中，张凤盖、建华旗，作棹歌，杂以鼓吹。帝豫章观，临观焉。"可见昆明池也用以载舟载歌，游乐临观。关于其他池沼，《三辅黄图》载有："牛首池，在上林苑西头。蒯池，生蒯草以织席，陂郎一水名（指东陂池、西陂池和郎池都是水名）。"《西京杂记》上载有："积草池，中有珊瑚树，高一丈二尺，一本三柯，上有四百六十二条，南越王（赵）佗所献，号为烽火树，至夜，光景常欲燃。"

据《西京杂记》中叙说，上林苑中的植物种类是很多的。"初修上林苑，群臣远方各献名果奇树，亦有制为类名，以标奇丽。梨十（注：原载有十个品种名称，这里省略，下同），枣七，栗四（注：原载品种包括榛子），桃十（注：原载品种包括桃、核桃、樱桃，都归为桃类），李十五，奈三（奈是花红一类），查三（注：即山楂），楟三，棠四（棠系指海棠一属的种类），梅七、杏二，桐三（注：原载椅桐、梧桐、荆桐，实是三个不同的种），林檎十株（以下所列树种的后面都记有株数，这里省略），枇杷，橙，安石榴，楟，白银树，黄银树，槐，千年长生树，万年长生树，扶老木，守宫槐（可能是龙爪槐），金明树，摇风树，鸣风树，琉璃树，池离树，离娄树，白俞，**梬**杜，**梬**桂，蜀漆树，楠，枞，栝，楔，枫"等。这些树种，据《西京杂记》作者云，只是就记忆所及而录出的，"余就上林令虞渊得朝臣所上草木名二千余种，邻人石琼就余求借，一皆选弃，今以所记忆，列于篇右"。单是朝臣所献就有二千多种，加上宫中自有的，想见当时上林苑中植物种类的丰富。但究竟种植在什么地方，怎样配置的，都无从考查了。

总的说来，上林苑是一个包罗着多种多样生活内容的园林总体，苑中有苑，有宫，有观，有池，各种宫观苑池又各有其功能用途，或居住或游息，或竞走，或赛奇；也有具有经济上的意义的（但主要为欣赏和独夫的享用），例如蒲陶宫、扶荔宫等；也有具有文化休息生活意义的（但主要为游乐），例如宣曲宫、平乐观等。但是整个上林苑的总体布局是怎样的，地形水系池沼的布置，各个建筑组群的布置，以及植物苑路系统等是怎样规划的，因限于资料，都难推想了。

建章宫是上林苑最重要的一个宫城，而且有关建章宫的记载也较详细，可据以画出平面想象图和鸟瞰图（图1-13、图1-14）。建章宫，汉武帝太初元年造（公元前104年），《三辅黄图》载："周围二十余里，千门万户，在未央宫西，长安城外。"《三辅黄图》又载："武帝于未央营造日广，以城中为小，乃于宫西跨城池作飞阁，通建章宫，构辇道以上下。"可见建章宫在长安城外的西面，与未央宫隔城相望，因此跨城有阁道使相通，尤其特殊。从整个的宫城布局来看，建章宫的居住部分在宫城的东南，以阊阖园阙、前殿、建章宫形成宫城的中轴线，外围以阁道，间置宫室，宫的西部为唐中庭和唐中池；宫的北部为太液池，池中有蓬莱、瀛洲、方丈象征海中神山。

建章宫部分：《三辅黄图》载："宫之正门曰阊阖（宫门名阊阖者以

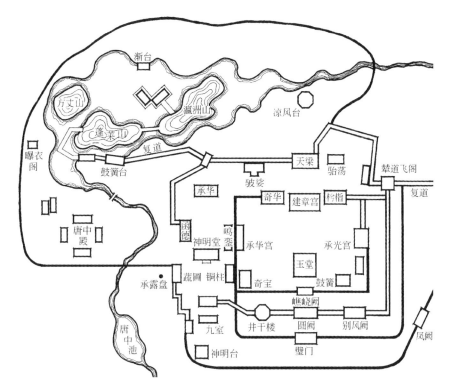

图 1-13　建章宫平面示意图

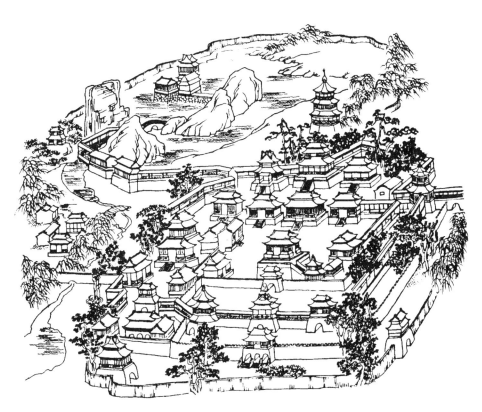

图 1-14　建章宫示意鸟瞰图

象天门也），高二十五丈，亦曰璧门。"为什么又叫璧门？《汉书》载："建章宫西有玉堂，璧门三层，台高三十丈，玉堂内殿十二门，阶陛皆玉为之。铸铜凤，高五尺，饰黄金，楼屋上下，又有转枢，向风若翔，橼首薄以璧玉，固名璧门。"可见这个正门是十分高大的，下为台也就是一般城关的样式，上有玉堂三层，屋顶上有铜凤，可以随风转动，好比是有装饰物的指风针。在璧门的东边有凤阙，西边有神明台。《三辅黄图》载："璧门左（注：即东边），凤阙高二十五丈，有神明台。"《史记·封禅书》载："建章前殿度高未央，其东则凤阙，"阙上有金凤高丈余。《庙记》载："神明台，武帝造，祭金人处，上有承露盘，有铜仙人舒掌捧铜盘玉杯，以承云表之露，以求仙道。"《长安记》："仙人掌七大围，以铜为之。"《汉宫阙疏》："神明台高五十丈，常置九天道士百人。"从以上这些记述可以设想阊阖是建章宫的宫垣正门，又叫璧门。璧门的东边有凤阙，西边有神明台，都在宫垣以外，但在宫城的城垣以内。

《三辅黄图》在"亦曰璧门"一句下接着又载："又于宫门北，起圆阙，高二十五丈，上有铜凤凰，赤眉贼坏之。"《西京赋》："圆阙耸以造天，若双阙之相望是也。"这样看来，璧门和圆阙都有铜凤的设置。《玉海》载："阊阖门内未出现有凤阁，一名别风。"《三辅黄图》载："别凤阙对峙井干楼，各高五十丈，辇道相属。"由此，我们可以设想圆阙的左边有别凤阙，西边有井干楼相对峙。《汉宫阙统》载："井干楼，积木而高为楼，若井干之形也。井干者井上木柱也，其形或四角或八角。"所以井干楼大抵是建在台上的八角形高楼。圆阙内另有一阙叫嶕峣阙。《庙记》载："建章宫有嶕峣阙"，薛综注："次门女阙也，在圆阙门内二百步。"然后才是度高未央的前殿。

"建章宫有函德、承华、鸣鉴等三十六殿"（《三辅黄图》），这些宫殿的位置已不能具考。见于载籍位置说明的有：鼓簧宫"周匝一百三十步，在建章东，旁有承光宫等。奇华宫在建章宫旁，四海夷狄、器服、珍宝、火浣布、切玉刀、巨象、天雀、狮子、宫马充塞其中，又有奇宝殿"（《三辅黄图》）；有枌楠宫，"枌楠木名，宫中美木茂盛也"；有骀荡宫，"春时景物，骀荡满宫中也"；有馺娑宫，"馺娑，马行疾貌，马行迅速，一日之间遍宫中，言宫之大也"；有天梁宫，"梁木至于天，言宫之高也。"

西部唐中庭：《史记·封禅书》："建章宫西则唐中数十里"，《汉书·郊祀志》："建章宫西则商中数十里"，商中与唐中同，但这个区的布置情况，限于资料，不详。至于唐中池，据《三辅黄图》载："周回十二里，在建章宫太液池南。"

关于太液池，据《三辅黄图》载："太液池在长安故城西，建章宫北，未央宫西南，太液者言其津润所及广也。"可见太液池的面积一定是很广大的，池中还有海上三岛。《史记·封禅书》："……命曰太液池，其中蓬莱、方丈、瀛洲，象海中神山。"池中还有渐台，《三辅黄图》载："渐台，在建章宫中太液池中，高二十余丈，渐，浸也，言为池中所浸。"《史记·封禅书》："建章宫置大池（注：即太液池）、渐台（注：即渐台）。高二十余丈。"《西京杂记》又载：有孤树池，"在太液池西，池中有一州，上楗树一株，六十余围，望之重重如车盖，故取为名。"又有彩蛾池"武帝凿以玩月，其旁起望鹄台以眺月，影入池中，使宫人乘舟弄月影，名彩蛾池，亦曰眺蟾台。"此外，太液池畔有雕塑物装饰，《三辅故事》载："池北岸有石鱼，长二丈，广五尺，西岸有龟二枚，各长六尺。"《西京杂记》更有关于太液池畔植物和禽鸟情况的记叙："太液池边皆是雕胡、紫萚、绿节之类。菰之有米者，长安人谓之雕胡，葭芦之未解叶者谓之紫萚，菰之有首者谓之绿节。其间凫雏雁子，布满充积，又多紫龟绿鳖。池边多平沙，沙上鹈鹕、鹔鸪、鸧鹒、鸿凰，动辄成群。"

汉代宫苑总说

总的说来，到了汉武帝时期，一个新的园林形式——建筑宫苑，已经成熟。这种苑的形式是继承了古代囿的传统而向前发展的。例如上林苑也是圈定了广大的自然地区，苑中养百兽，以便天子在秋冬时候射猎取乐，这就是说囿的狩猎娱乐的内容是保存着的，上林苑也像灵囿那样辟有灵沼神池，如昆明池、陂池、郎池、太液池等十多处。这种苑如上林苑规模宏大时，苑中有苑、有宫（指宫城），有宫观。它正如班固所描写的"离宫别馆三十六所，神池灵沼，往往在其中，阙庭神丽，宫室光明，张千门而立万户。"这种苑，宫室建筑占重要的地位而成为宫苑了。就是应当叫做宫城的宫如建章宫，它本身也是一个宫苑，宫中有内苑、有池沼、有神山，"聚土为山，十里九坡，种奇树"。

我们叫做宫苑的宫，它的建筑群的平面布置跟一般的禁宫是不同的。禁宫的体制，为了表现帝王的至尊和威权，其格局必然是严正的，有中轴线，左右前后，均齐对称。受朝贺的大殿必高居在崇台的基础上，为了令人望而生畏。所以禁宫中的宫室常受一定的法制所限缺少变化。但是离宫别殿的布局另是一种格式了。以建章宫为例，虽然日常居住的殿室，仍然居中在中轴线上，但是其殿室的安排，为了便于游息鉴赏就不拘泥于均齐对称而有错落变化，大抵都是依势随形而筑。各组宫室之间有辇道复道相通。复道的制作，有曲有折，更可说明是由于形势的关系，这些辇道复道不但使各组的宫室得以相连而成为一个建筑群体，而且也便于游息，即使雨天也可以去各处游息。

随着社会经济的发展，一般美术以及建筑技术的进步，这些阙庭宫室，无疑都是金碧辉煌，神丽光明。从汉墓发掘中出土的各种器物以及画像石、画像砖看来，可见当时在建筑上雕刻精美，使建筑更为生色。同时，苑中有刻石为鲸鱼，为龟，立石作牵牛织女；还有不少铜铸的雕像如屋上的铜凤，有铜仙人舒掌捧铜盘玉杯，雕刻作品也成为园林中的添景。当时建筑的类型也丰富起来了。温室殿、椒房殿有冬季取暖的设施；有为了演奏乐曲的宣曲宫；有为了培育亚热带果木、花木的扶荔宫；有为了饲养动物加以赏乐的观象观、白鹿观、鱼鸟观、走马观、犬台宫等。

大抵帝王的宫苑中，其居住部分总是在前，而内苑部分在后，建章宫也是如此。内苑部分继承了古代自然山水的形式，例如建章宫内苑，聚土为山，十里九坡，种奇树，穿沼引水为池，池上有神山仙岛蓬莱、瀛洲、方丈三岛，而且这种海上神山仙岛的布局格式成为后代宫苑中理水模式之一。据《汉宫典职》载："宫内苑……激上河水，铜龙吐水，铜仙人衔杯受水下注。"所有这些说明在风景艺术的创作上有了很大的进步。

简短的结语。整个说来，就其规划内容来说宫苑是一个包罗着复杂内容的总体。秦汉的宫苑是在圈定的一个广大地区中的囿和宫室的综合体。在苑的范围内有天然滋生的植被并养育着禽鸟百兽，以供狩猎之游；继承了古代囿的传统，同时向前推进了一步，苑中有苑、有宫城、有宫观，所谓离宫别馆相望，周阁复道相属，宫室建筑群成为苑的主体，也就是说神丽光明的阙庭宫室是秦汉宫苑的特色，我们特称之为秦汉建筑宫苑。

贵族和地主富商的园囿

我国土地的自由买卖，在春秋末期已经开端，到了战国时代，名田制度（土地归私人占有）已经盛行。自从秦统一中国后，名田制度更成为定制；到了汉朝土地兼并更加剧烈，土地集中到少数人手中。皇帝是最大的地主，宗室外戚、诸侯王公都是大地主。地主阶级靠着剥削农民而十分富裕起来，也好营宫室苑囿之乐。《西京杂记》载："梁孝王（汉武帝刘彻之弟）好营宫苑囿之乐，作曜华之宫，筑兔园。园中有百灵山，山有肤寸石、落猿岩、栖龙岫，又有雁池，池间有鹤洲凫渚，其诸宫观相连，延亘数十里，奇果异树，瑰禽怪兽毕备。王日与宫人宾客弋钓其中。"

从秦朝开始，统治阶级已经重视大商人，到了汉朝，商业更为发达。富商大贾，非常有钱，生活奢侈不下王侯，也好营园囿。《西京杂记》载："茂陵富人袁广汉，藏镪巨万，家僮八九百人。于北邙山下筑园，东西四里，南北五里，激流水注其内，构石为山，高十余丈，连延数里。养白鹦鹉、紫鸳鸯、牦牛、青兕，奇兽怪禽，委积其间。积沙为洲屿，激水为波潮，其中致江鸥、海鹤、孕雏产觳，延漫林池。奇树异草，靡不具植。屋皆徘徊连属，重阁修廊，行之移晷，不能遍也。"

仅就这两个园的叙述来看，当时贵族地主富商的园囿跟帝王宫苑的内容和形式，没有什么基本不同，只是名称上叫做园，规模上较小罢了。

魏晋南北朝到隋唐的宫室建筑、佛寺和宫苑

一

魏晋南北朝的宫苑和佛寺

魏晋南北朝的文化艺术

在中国历史上，从魏、蜀、吴三国开始，有过一个长期的混乱时代。西晋统一，只不过二三十年间稍为安定，接着有八王之乱，引起匈奴、羯、鲜卑、氐、羌"五胡乱华"，造成了大混乱局面。外族侵入黄河流域之后，西晋后裔司马睿只是依靠名门大族的拥戴，方得继承西晋帝统，在建康（即今日南京）建立东晋王朝。北方成了外族所立十三国和汉人建的三国共十六国所瓜分的混乱局面（十六国即成汉、前赵、后赵、前燕、后燕、南燕、北燕，前秦、后秦、西秦、夏、前凉、后凉、南凉、北凉、西凉）。到了公元 5 世纪初叶，北方由北魏的拓拔圭统一，南方由刘裕篡晋称梁，于是形成了南北朝的政局。南朝又经宋、齐、梁、陈四个朝代；北朝有北魏、东魏、西魏，北齐和北周。到了后来，杨坚推翻北周建立隋朝，并灭南朝的陈，中国才又统一起来。

在这三百六十多年（公元 220–581 年）大混乱时代里，中国社会的生产力和经济基础受到大破坏，社会发展呈现出严重的停滞。由于落后民族的流入，使汉族的经济文化也呈现出动荡。外族侵入后的残乱荒荡的影响所及，天下滔滔，人民遭殃，儒家思想的纲纪观念，法家思想的法理观念，渐渐失去了效力，所谓"荡然无存"。一般知识分子处在这样一个乱世，大都力求解脱，就是不管现实世界的混乱痛苦而沉醉在另一种梦幻的世界中，佛教思想就容易盛行。一般人民因为受尽现实的痛苦，也容易受骗接受来生享福的幻想。另一方面，入侵中原的外族本没有什么文化，对于讲报应修功德的佛教迷信正合他们安富尊荣生活的口胃，同时讲五戒、十善、忍辱、宿命、修来世福等佛教教义正好利用以麻醉人民，于是佛教就蓬勃地发展起来了。佛教思想首先侵入哲学领域，老庄和儒家学派都受它的影响而把佛教思想的一部分融合起来。

西晋末年，中原士族逃奔江东拥戴司马睿建立东晋政权。此后南朝又历经宋、齐、梁、陈四个朝代，始终是名门大族掌握着政权。当时做高官的必须出身士族，朝代改换，士族地位不变。他们在政治上、经济上既享受特殊的权利，生活也非常优裕，坐享安乐，对文化和艺术有很大的发展。因之，黄河流域的文化移植到长江流域，不仅保存文化遗产而且有极大发展，产生以华美为特色的文化，中国古代文化极盛时代，号称汉唐两朝；唐朝的文化和艺术是继承南朝文化艺术的更高发展。

伴随佛教而来的信奉宗教的美术传入后，中国的美术发生了大的变化。佛教这种社会意识形态从本质上说是唯心的，是一种模糊人的阶级意识，削弱人的阶级斗争意志的宗教。作为信奉宗教的美术也宣传了一些消极思想，产生了一些消极影响。但另一方面，这个时代里佛教艺术的发展过程中，就创作方法上说却发展了现实主义的创作方法。从遗存下来的作品上可以看到当时著名艺术家的创作能从内容出发，从写实入手而又注意典型性，在其形式上能合乎这些意图，和内容要求一致，一定程度地反映了时代的现实。在佛教造像盛行之下，使中国雕塑艺术有了显著的发展变化，还吸收了外来风格。在人的身体比例上，造像技巧较前代进了一大步。甘肃敦煌的莫高窟、山西大同的云冈石窟和河南洛阳的龙门石窟，都是中华民族美术史上的巨制，就是在这个时期产生的。

这个时期，在绘画艺术上也出现了繁荣的新面貌。著名的画家，有的还兼雕塑家，渐次产生。最著称的有顾恺之（图 2-1）、王羲之、戴逵、戴颙、陆探微、宗炳、王微、谢赫、萧绎、陶弘景、张僧繇等，都富有艺术修养，能改革旧作风，创造新意境。当时，在绘画技巧上产生某种程度的写实作风，而且在艺术上讲求洒脱、清俊、华丽，这是好的一面。但是当时的艺术批评讲求超脱世俗习气，也就是为艺术而艺术，在客观上被空想的颓废的内容所支配，接近于自然主义的风格。

魏晋南北朝的宫苑和建筑

魏晋南北朝这一长期大混乱时代中的帝王和统治阶级，大都不顾人民的穷困痛苦和生死，暴虐而又奢侈，生活放荡腐朽。就在三国时代，魏明帝曹睿夺取了广大农田作为养鹿的囿苑地而筑芳林园。晋司马炎登

图 2-1　顾恺之　洛神赋图卷

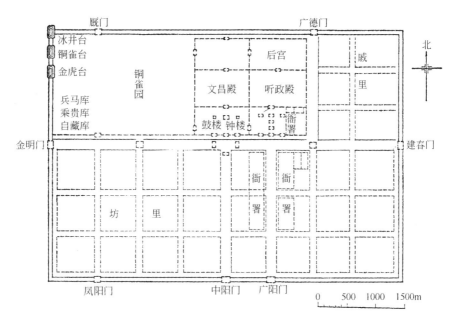

图 2-2　曹魏邺城平面想象图

皇位后营造的苑囿有琼圃、灵芝、石祠、平乐、桑梓苑等,此后的各个王朝都曾大营宫室台殿,穷极技巧。这里叙述一些在历史上著称的台和宫苑的情况。

　　三国时代曹操筑的铜雀台,因有赋而更著名,台在邺城(今河北临漳)(图 2-2)。这个邺城,东西七里、南北五里,面积虽然较小,但从城市规划上看,显然较前代进了一步。邺城是一个长方形的城市,南边有三个城门,东西面仅各一门相对,北面双城门。从南面正中的城门引伸出来的路直对王城的宫殿,形成了明确的中轴线,由于南北和东西的道路相交,区域划分整齐,北部是王城,南半是坊里和市集,也较集中,这些都是邺城规划上的一些特点。曹操在公元 210 年筑三台(包括铜雀台)于邺。《三国志·魏志·武帝纪》写道,台在“邺城西北隅,因城为基。铜雀台高十丈,有屋一百二十间周围弥覆其上。金凰台有屋百三十间,冰井台有屋百四十五间,有冰室三与冻殿。三台崇举,其高若山,与诸殿皆阁道相通。”可见三台都是在其高若山的崇台上建筑殿阁。台的面积之广可容一百数十间屋,三台之间又有阁道相通。到了十六国的后赵时候,石虎又“崇饰三台,甚于魏初”。《邺中记》载:“于铜爵(注:同雀字)台上起五层楼阁,去地三百七十尺,……作铜爵楼巅,高一丈五尺,舒翼若飞,南则金凤台,置金凤于台巅。……北则冰井台,上有冰室……三台相通,各有正殿,……并殿屋百余间。三台皆砖筑,相去各六十步，上作阁道如浮桥，连之以金屈成，画以云气龙虎之势，施则三台相通，废则中央悬绝也”。这时（后赵）在铜雀台上的建筑不是一般的正殿而是筑起了五层的楼阁，顶置铜雀好似汉代建章宫的凤阙、圆阙那样的了。值得注意的是三台之间设有可以置放或卸下的像浮桥那样的阁道而且有机械设备，开动就可相通，想见当时工程技术上的进步。

当时，十六国的宫室建筑也是穷极技巧。就以石虎所筑几个宫殿为例。《晋书·石虎纪》上写道，石虎在襄国（今河北邢台）“起太武殿，基高二丈八尺，以立石绊之，下穿伏室，置卫士五百人于其中。……漆瓦金铛；银楹金柱，珠帘玉壁，穷极技巧”，想见当时宫室的豪华奢侈。《邺中记》更载有“窗户宛转，画作云气，拟秦之阿房、鲁之灵光……以五色偏蒲心荐席……悬大绶于梁柱，缀玉璧于绶。”又载：“金华殿后，虎皇后浴室，三门徘徊反宇，揸擗隐形，雕采刻镂，雕文灿丽，……沟水注浴时；沟中先安铜龙疏（注：即筛）其次用葛，其次用纱，相去六、七步断水，又安玉盘受十斛，又安铜绳秒水。……显阳殿后，皇后浴池，上作石室，引外沟水注之室中，临池上有石床”。石虎又曾纳沙门吴进的上言，发近郡男女十六万，车十万乘，运土筑华林苑（公元 347 年）。

北朝也有不少宫苑的营建。《册府元龟》记载了北魏道武帝拓拔圭在天兴二年（公元 399 年）春二月“以所获高车众，起鹿苑，南因台，北距长城，东包白登（地名），属之西山广逾数十里，凿渠引武川水，注之苑中，疏为三沟，分流宫城内外。”后燕慕容熙曾大兴土木，在公元 403 年筑龙腾苑，广袤十余里，役徒二万人起景云山于苑内，基广五十步，峰高七十丈，又建逍遥宫、甘露殿，连山数百，观阁相交，凿天河渠引水入宫。又为他的妻子符氏凿曲光海、清凉池。北齐后主高纬在武平四年（公元 573 年）曾大兴土木，造仙都苑，穿池筑山，楼殿间起，穷奢极丽。

从上面的举例可以看出，南北朝的宫室建筑无非是极力追求豪华奢侈。在建筑艺术上特别是细部手法和装饰图案方面，吸取了一些外来因素，卷草纹、莲花纹等图案花纹逐渐被消化到传统形式中，并且使它丰富和发展。

宫苑的营造上“凿渠引水，穿池筑山”，山水已是筑苑的骨干，同时“楼殿间起，穷华极丽”，为隋代山水建筑宫苑开其端。掇山的工程已具相当技巧，如景云山“基广五十步，峰高七十丈”。

南北朝的佛寺丛林

随着佛教勃兴，佛寺建筑大为发展。塔，是南北朝时期的新创作，是根据佛教浮图的概念用我国固有建筑楼阁的方式来建造的一种建筑物，早期时候，大都是木结构的木塔，在发展过程中砖石逐渐代替了木材作为建塔的主要材料。有的砖塔在外形上还保留着木塔的形式。

自从北魏奉佛教为国教后，大兴土木敕建佛寺，据杨衒之《洛阳伽蓝记》所载，从汉末到西晋时洛阳只有佛寺四十二所，到了北魏时候，洛阳京城内外就有一千多所，其他州县也多有佛寺。到了北齐时代全国佛寺约有三万多所，可以想见当时佛寺的盛况。在佛教兴盛时代，因为宗教宣传和信仰的关系，过去仅限于帝王贵族使用的宫殿式建筑，得用在大量佛寺建筑上，而且普遍开来。这些佛寺的建筑，尤其是帝王敕建的，都是装饰华丽金碧辉煌，跟帝王居住的宫城一样豪华。例如北魏胡太后所建的永宁寺在当时最有名。据《洛阳伽蓝记》载："在宫前阊阖门南一里御道西。……中有九层浮图（注：即塔）一所，架木为之，举高九十丈，有刹复高十丈，合去地一千尺，去京师百里，已遥见之。……刹上有金宝瓶，容二十五石，下有承露金盘三十重，周匝皆垂金铎（注：铃铛）；复有铁锁四道，引刹向浮图四角锁上亦有金铎，铎大小如一石瓮子。浮图有九级，角皆悬金铎，合上下有一百二十铎。浮图有四面，面有三户方窗。户皆朱漆，扉上有五行金钉，合有五千四百枚，复有金环铺首，殚土木之功，穷造形之巧，……浮图北有佛殿一所，形如太极，殿中有丈八金象一躯，中长金象十躯，绣珠象三躯，织成五躯，作功奇巧，冠于当世。僧房楼观一千余间，雕梁粉壁，青锁绮疏，难得而言。栝柏松椿扶疏拂檐，聚竹香草，布护阶墀。……寺院墙皆施短椽，以瓦复之，若今墙也。四面各开一门。南门楼三重，通三道，去地二十丈，形制似今端门。……拱门有四力士、四狮子，饰以金银，加之珠玉，庄严焕炳，世所未闻……"。四门外树以青槐，护以绿水，不但寺塔宏伟华丽，而且有松柏槐椿、箭竹香草的配置，使寺院好似在丛林中一样。

梁武帝（萧衍）也大兴佛法并曾舍身同泰寺。所谓舍身并不是真正舍弃了皇位出家，他以舍身为名叫群众出钱一万万赎皇帝出寺，前后三次，这样穷人都加重了出钱三万万的负担。萧衍晚年浪费更大，贪心更甚。终于有侯景乘梁人民穷困怨恨而叛，攻破京城。侯景宣布萧衍等罪状的一段话可以代表当时人民的思想。他说皇帝有大苑囿，王公大臣有大第宅，僧尼有大寺塔，普通官吏有美妾满百，奴仆数千，他们不耕不织，锦衣玉食，不夺百姓从何得来？

历来佛寺的建筑，即使位在城中心区地段，也要有树木的点缀；在近郊的总有丛林的培植和花木之胜；或则建在风景优美的地区，更是树木森森。统治阶级的帝王大臣各造苑囿宅园独享其乐，至于穷苦的庶民只有到佛寺丛林去，既朝佛进香又逛庙游息，佛寺成为平民的一个游息场所。往后更有所谓庙会等，会期时十分热闹。但人民是承受了极大的负担的，因为所有的寺庙全是百姓的血汗建成的。

二

隋唐时代的建筑和宫苑

隋唐的都城和建筑

北朝周的最后一位皇帝宇文阐，荒淫残虐，在位二年死。皇后的父亲杨坚入宫总揽大权，废太子自立为帝，国号隋。这时南朝的梁，在萧衍死后侯景自立为帝，又被陈霸先攻灭，立陈朝。陈朝的后主陈叔宝也是一位荒淫无度的皇帝，兵临城下，仍然和嫔妃们在饮酒作乐。杨坚在公元581年灭陈，南北朝从此统一，社会经济得到发展的机会。杨坚在位时对于政治和经济，都进行了改革，他整顿币制，制定隋律，废郡立州，并小为大，存要去闲，地方行政组织得以定型，人民因此减轻了负担。杨坚在位二十四年始终爱惜物力，对贪官污吏刑罚极严，对人民剥削有所减轻，因而社会经济得以顺利地发展，三十年间人口大量增加，说明到隋朝又走上繁荣的途径。

唐是汉以后一个伟大的朝代。在全盛时期，它的疆域，东北到高丽，北越大漠，西邻波斯，南有安南，要是把朝贡者也包括在内，范围更广。在唐代三百年中，工商业尤其是商业一直是向上发展的，因为疆域扩大，国内外贸易很发达，国内增加了许多商业城市和新兴的富商大户。这种繁荣发达的经济和长期安定的局面就是唐代产生伟大的文化艺术的基础。

隋代开国之初，就在长安故城（即斗城）的东南，建新都叫做大兴（图2-3、图2-4）。这个都城的范围，南及南山的子午谷，北据渭水，东临灞水，西枕龙首山。依山傍水，因势筑城，东西十八里半，南北十五里。东面、南面、西面各三门，北面一门。城分宫城、皇城、城廓三部分，宫城是帝王居住的区域即大兴宫，宫城的正殿就是大兴殿，其后为中华殿，又有临光殿等。宫城前，左庙右社跟周朝王城制同，但前市后

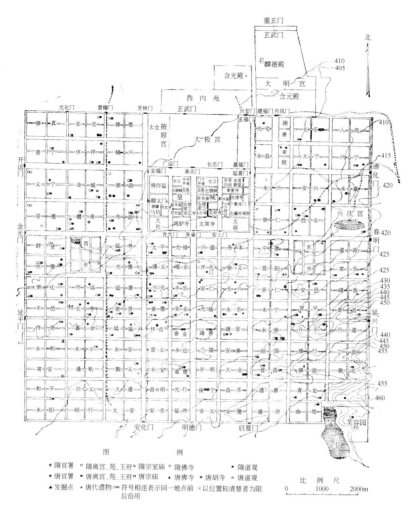

图 2-3 隋大兴、唐长安城布局的复原想象图

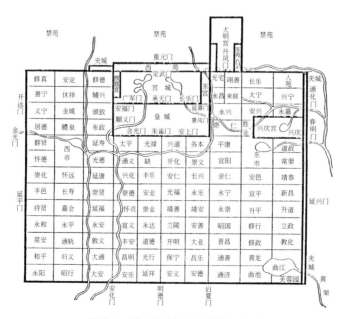

图 2-4 隋大兴（唐长安城）坊里分布图

054

朝又跟周制不同。市集有东西两市。皇城是官府衙署所在地，《长安志》载："皇城亦曰子城，东西五里一百五十步，南北一百四十步，城中南北七街，东西五街，其间并列台省寺衙。自西汉以后，至于宋齐梁陈，并有人家在官阙之间。隋文帝以为不便，于是皇城之内，唯列市府，不使杂人居止。"皇城外的廓城部分，城东为贵族统治阶级的居住区，城西为居民的里坊，阶级的划分极为明显。

从平面规划上看，朱雀大街是全城的中轴线，正对宫城。皇城和廓城是由分为四类大小不同的一百零八个里坊组成，坊有门，夜晚即关闭，同汉制，整个规划整然有序。

唐仍承用隋大兴为都城，改名西京。唐时西京城中的帝王宫苑兴建日盛。由于佛教发达，西京城内的寺庙也很多并建有多座塔。当时兴建的慈恩寺大雁塔，荐福寺小雁塔，兴教寺玄奘塔，香积寺十三层塔迄今尚存。官僚地主的私人园林也极一时之盛，想象当时的西京，塔寺林立，使城市的建筑面貌独具特色，并且处处有园林和豪华的都市建筑，必然是一个气魄宏大庄严美丽的都城。

我们可以这样说，我国封建社会的古典建筑，在汉代完成了基本的外形轮廓和木结构方法，到了南北朝和隋代在吸收佛教艺术的基础上，丰富了建筑艺术形式并发展了砖石结构技术。

隋代建筑艺术的精进，还可从隋炀帝的建楼看出来。韩偓的《建楼记》写道："近侍高昌奏曰：臣有友项升，浙人也，自言能构宫室。翌日诏而问之，升曰：臣乞先进图本，后进图，帝览大悦。即日诏有司供具材木，凡役夫数万，经岁而成，楼阁高下，轩窗掩映，幽房曲室，玉栏朱楯，互相夹属，回环四合，曲屋自通。千门万户，上下金碧，金虬伏于栋下，玉兽蹲于户旁，壁砌生光，琐窗射日。工巧之极自古无也。费用金玉，帑库为之一空。人误入者，虽终日不能出……"。

到了唐代，木结构建筑获得古代最优秀的全面的成就，我们至少可以从现存的仅有的唐代建筑，即建于公元782年的南禅寺大殿和建于公元857年的佛光寺大殿，尤其是后者可称为唐代风格的建筑典范，不难看出唐代木结构建筑的优秀成就，秀丽庄重的外形和内部艺术形象处理是由结构来决定的，是根据使用要求形成的。

隋炀帝的西苑

杨广，就是历史上以荒唐著名的隋炀帝，杀了病重的父亲自立。登基后第一件大事就是迁都洛阳，每月役丁二百万人营造东京（洛阳）。杨广为了自身享乐，穷奢极侈地大造宫殿，掘运河游幸江南，以及制作一切奇巧的事物。据《隋书》载："帝即位，首营洛阳显仁宫，发江岭（注：大江以南，五岭以北），奇材异石，又求海内嘉木异草，珍禽奇兽，以实苑囿。又开通济渠，自长安西苑刘谷、洛水（注：二条河川名），达于河（注：指黄河），引河历荣泽（注：地名在河南）入汴（注：水名），又自汴梁（注：今河南开封）引汴入泗（注：水名），以达于淮（注：水名）。又开邗沟（注：贯穿扬州城中的运河）自山阳（注：今江苏淮安县）至扬子（注：今江苏仪征县）入江（指长江），旁筑御道植以柳。自长安至江都（注：今扬州），离宫四十余所。遣人往江南造龙舟及杂船数万艘，以备游幸之用。"

杨广在洛阳兴筑的别苑，要以西苑为最宏伟而著称（图2-5）。《隋书》载："西苑周二百里，其内为海周十余里，为蓬莱、方丈、瀛洲诸山，高百余尺，台观殿阁，罗络山上。海北有渠，萦纡注海，缘渠作十六院，门皆临渠，穷极华丽"。《大业杂记》上是这样记载的："苑内造山为海，周十余里，水深数十丈，上有通真观、习灵台、总仙宫，分在诸山。风亭月观，皆以机成，或起或灭，若有神变，海北有龙鳞渠。屈曲周绕十六院入海。"《大业杂记》上又记载了十六院的名称和各院的布置简况："元年夏五月，筑西苑，周二百里，其内造十六院，屈曲周绕龙鳞渠。其第一延光院，第二明彩院，第三合香院，第四承华院，第五凝晖院，第六丽景院，第七飞英院，第八流芳院，第九耀仪院，第十结骑院，第十一百福院，第十二资善院，第十三长春院，第十四永乐院，第十五清暑院，第十六明德院。置四品夫人十六人，各主一院。庭植名花，秋冬即剪杂彩为之，色渝则改著新者。其池沼之内，冬月亦剪彩为芰荷。每院开西、东、南三门，门开临龙鳞渠，渠面宽二十步，上跨飞桥，过桥百步即杨柳修竹，四面郁茂，名花异草，隐映轩陛（注：陛即台阶）。其中有逍遥亭，四面合成，结构之丽，冠绝今古，其十六院例相仿效，每院置一屯，屯即用院名名之；屯别置正一人，副二人，并用宫人为之。其屯内备养畜豢（注：养有各种家畜，猪、牛、羊等），穿池养鱼，为园

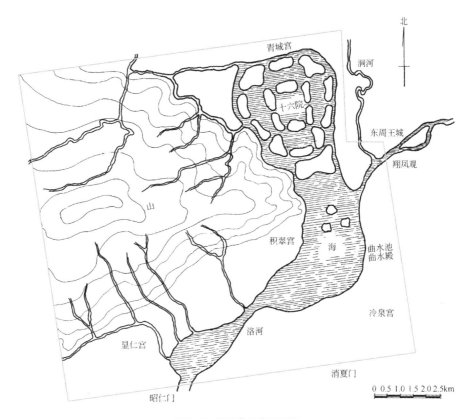

图 2-5　隋西苑示意平面图

种蔬，植瓜果，肴膳水陆之产，靡所不有。其外游观之处复有数十。或泛轻舟画舸，习采菱之歌，或升飞桥阁道，奏春游之曲。"

就西苑的规划来看，它是以造山为海为渠即山水为骨干的。前为海，而往北引水设屈曲周绕的龙鳞渠并复归入海的水系是全苑布局的骨干。海中有神山（不脱秦汉神仙传说的窠臼），成为海的构图中心。在苑北水渠屈曲周绕的形式中，辟出十六院来，而每个院是一个分区，各有一组建筑庭园，因此是苑中之园。每个院就是皇帝妃嫔居住的宅院，宅院部分居住建筑当然是主体。推想起来，这种宅院建筑跟禁官内建筑是不同的。三面临水，跨飞桥，有逍遥亭、有菜园、有猪圈、有鱼池，这样的建筑组合是在风景优美的园林中的第宅。

西苑的总平面布局是怎样的呢？如果我们看一下清代圆明园前湖和环湖各景区部分，就不难想象出一幅西苑的平面图。我们可以设想前湖就好比是隋西苑的海，只是前湖的面积没有西苑的海那样大，也缺三神山。圆明园的前湖也是有水渠往北屈曲周绕而辟出缕月云开、茹古涵今、坦坦荡荡、杏花春馆、天然图画等九个景区，就好比是隋西苑的十六院。

这是在地形平坦又有水源条件下辟出曲折和深景的优良手法。同时由于开渠造海，就有土可堆叠丘阜，使沿水地形有高有低起伏不一，既创造了山水形势又辟出院址，形成建筑曲折变化的基础。再加上其他游观之处数十，使整个西苑有多样变化展开一景复一景的景色。十六院的每一院虽是帝王游乐、妃嫔居住的处所，但每院是一组独立的建筑；不像汉代宫室那样周阁复道相属，十六院既是用水渠来划分成区，同时又以水渠连属而复绕成一整体，是多样变化中贯穿的红线。总之，西苑已可看出受自然山水园的影响而转变到以山水为骨干的一种新形式的开端，也就是说是我国宫苑演变为宋代山水宫苑的一个转折点。至于神山上的建筑能升能降，忽起忽灭的技巧，说明建筑技巧上已有高度发展，而剪彩缀绫，为花为叶，这种穷奢极侈的浪费可说前无古人。

唐代宫苑

　　唐代是继汉以后一个伟大的时代，唐代宫苑的壮丽也不让汉代专美于前。唐骆宾王的《帝京篇》开头就说："山河千里国，城阙九重门，不睹皇居壮，安知天子尊。"

　　《雍录》载："唐大内有三苑：西内苑、东内苑、禁苑，皆在两宫北面而有分别。西内苑在西内太极宫之北，东内苑则包（东内）大明宫东北两面。西内苑北门之外，始为禁苑之南门。"（图2-6、图2-7）

　　西内太极宫（图2-8、图2-9）：原隋的大兴宫。《长安志》载："太极宫城东西四里，南北二里二百七十步，周十三里一百八十步，南即皇城，北抵苑（注：指禁苑），东即东宫，西有掖庭宫。"皇城的承天门正对西内正殿。西内宫殿众多，就中轴线上来说，先是嘉德门，东廊有归仁门，西廊纳义门。嘉德门内本是正宫门叫做太极门，进门东隅有钟楼，西隅有鼓楼，正中太极殿，是朔望坐而视朝的正殿。太极殿后宫门叫朱明门，又进两仪门才是两仪殿，西有千秋殿，东有新殿。两仪殿后宫门叫甘露门，门内甘露殿，北有延嘉殿，殿南有金水河，往北流入苑。

　　在近中轴线的东面第一重门有门下省、宏文馆、史馆等，第二重有武德殿、延恩殿，再北一重有立政殿等。中轴线的西面第一重有中书省等；第二重为百福殿并有亲亲楼是诸王宴会之所，往北一重为承广殿。

　　从甘露门往东的一组，进神龙门内武德殿后为神龙殿，殿西有佛光寺。从甘露门往西的一组，进安仁门有安仁殿，殿后为归真观，观后有

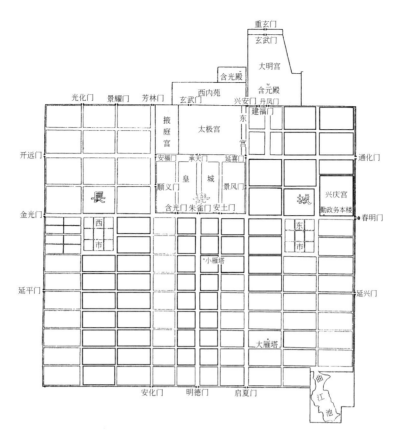

图 2-6　唐长安城复原图

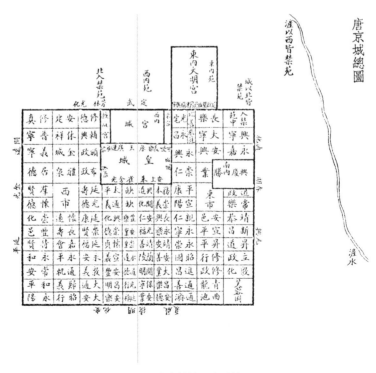

图 2-7　唐京城总图（里坊）

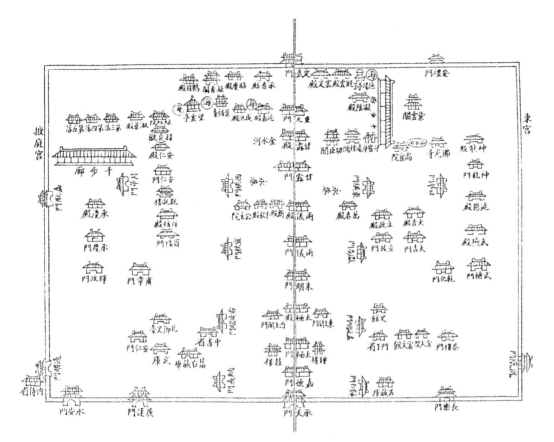

图2-8 唐西内太极宫图

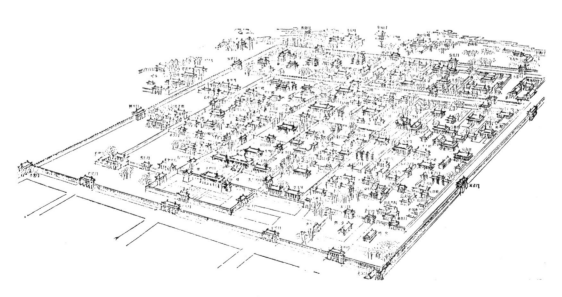

图2-9 唐太极宫示意鸟瞰图

采丝院，西有咸池殿，归真观西有淑景殿，殿西有第三落，次西第四落，又次第五落。

延嘉殿西北就是西内苑的部分了。苑的东北有景福台，台上有阁，台西有望云亭。苑西北隅堆有假山，山前有四个海池，最北为北海池，流经望云亭西汇为西海池，又再南为南海池，然后折而东入金水河，又再往东北汇为东海池。东海池有球场亭子（唐时盛行蹴球之戏），其南为凝阳殿，再南为凌烟阁，所以西内好比后花园，有山有四海池连环，有亭台楼阁之胜。

东内大明宫（图2-10、图2-11）：《唐书·地理志》载："在紫苑东南，西接宫城东北隅，长千八百步，广千八十步。""地在龙首山上，太宗初于其地营永安宫，以备太上皇清暑……后改为大明宫。"大明宫城南面五门，正南是丹凤门，其东有望仙门，再东为延政门；丹凤门西边是延福门，再西是兴安门。丹凤门内正殿叫含元殿，"殿前龙尾，道自平地，凡

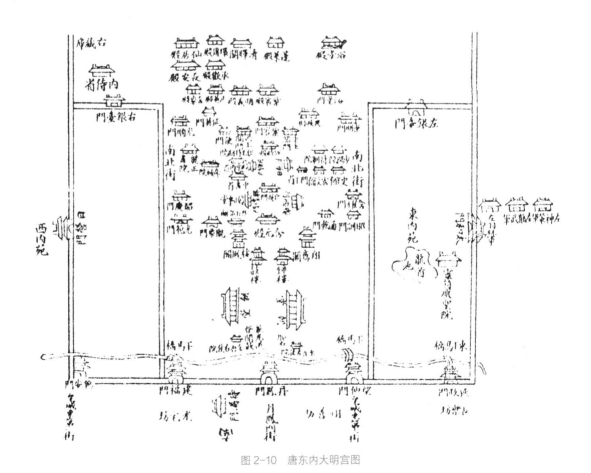

图2-10　唐东内大明宫图

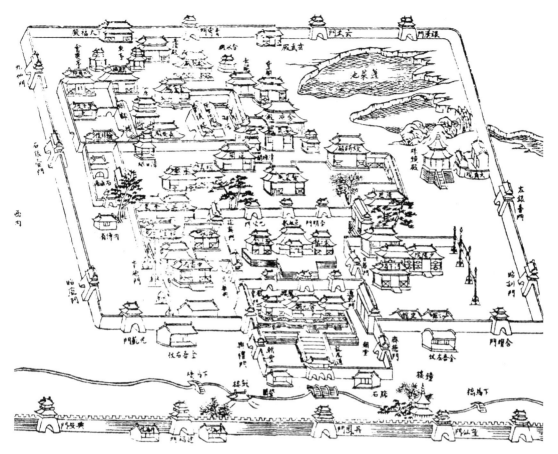

图 2-11　唐东内大明宫鸟瞰图

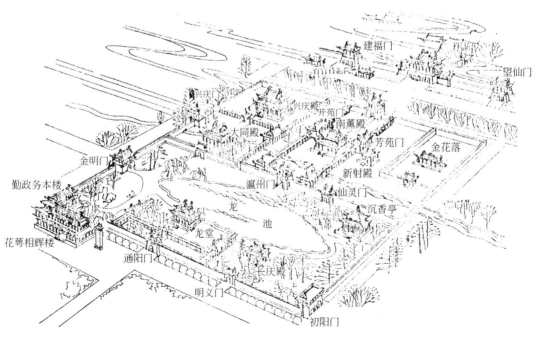

图 2-12　唐兴庆宫建筑分布图

诘曲七转，由丹凤北望，宛如龙尾下垂于地，两垠栏，悉以青石为之"（贾黄中《谈录》）。王仁裕曰："含元殿前，玉阶三级，第一级可高丈许，每间引出一石螭头，东西鳞次，第二级、第三级各高五尺（注：三级以自上而下为序），级两面龙尾道，各六七十步方达，第一级皆长砖"（《雍录》）。是殿规崇山而定制，宫殿雄丽。含元殿东南有翔鸾阁，西南有栖凤阁，与含元殿有飞廊相接。东内大明宫城内，宫殿院阁，东西各数重多落，不一一详叙。东内的东北有蓬莱池，一名太液池，中有蓬莱山，池内有太液亭子。

南内兴庆宫（图2-12）：在皇城东南。据说武则天时期，民王纯家井溢浸成大池数十顷，号隆庆池。唐玄宗（李隆基）未做皇帝前的藩邸就在池北，及即位，乃以旧宅为宫，作兴庆宫。兴庆宫城西面宫门有两门，前叫兴庆门，次叫金明门；宫城东面也有两个宫门，前叫金花门，次叫初南门；宫城南面宫门叫通阳门，北面宫门叫跃龙门（跃龙门正对东内的望仙门）。

兴庆宫城内有多组院落，宫城南半部正中为明光门，门上为明光楼。内有龙池，本为隆庆池，因讳玄宗的名（李隆基）改名兴庆池，建宫后谓之龙池。池前有龙堂建台上，龙池东另有一组建筑，中心建筑为沉香亭。《松窗录》载："开元中，禁中初种木芍药（注：即牡丹），得四本，上因移于兴庆池东沉香亭前"。龙堂西面一组建筑，有勤政务本楼，《乐志》载："玄宗教舞马百匹，舞于勤政楼下，后赐宴设醑，亦于勤政楼。"勤政楼后又有花萼相辉楼，据称唐玄宗，"因兴庆宫侧，诸王府第相望，乃在宫中起崇楼，临瞰于外，乃以花萼相辉为名，取诗人棠棣之义，盖所以敦友悌之义也。"再西一组有明义门，门内翰林院，正殿曰长庆殿，后有长庆楼。

兴庆宫城北半部，居中一组建筑群，先有瀛洲门，门内先有殿叫南薰殿，再进是正殿叫兴庆殿，殿后是交泰殿。瀛洲门内西面一组，宫门叫大同门，门内东西隅有钟楼鼓楼，正殿叫大同殿。瀛洲门内东面一组，宫门叫仙云门，门内先是新射殿。再东一组为金花落，俗传是卫士居。

唐代著称的宫苑除西内、东内、南内之外尚有翠微宫。《册府元龟》载："翠微宫，笼山为苑，自初裁至于设幄，九日而罢功，因改名翠微宫。正门北开，谓之云霞门，视朝殿名翠微殿，寝殿名含风殿。并为太子构别宫，去台连延里余，正门西开，名金华门，内殿名喜安殿。"

华清宫（图2-13）：以杨玉环赐华清池的艳事而著称，在临潼县南，骊山之麓。《唐书·地理志》载："贞观十八年置（公元644年），咸亨二年（公元671年）始名温泉宫，天宝六年（公元747年）重名华清宫。治汤井为池，环山列宫室，又筑罗城，置百司及十宅。"《雍录》载："温泉在骊山，与帝都密迩，玄宗即山建宫，百司庶府皆具，各有寓止，自十月往，岁尽乃返。大抵宫殿包括一山，而缭墙周遍其外。"

华清宫本身是一宫城，其形方整，其外更有缭墙随势高下曲折而筑。《长安志》载："华清宫北向正北门（外城的门），外有左右朝堂，相对有望仙桥，左右讲殿。"华清宫城的北门叫做津阳门，门外东面有宏文馆；宫城东面正门叫做开阳门，门外有宜春亭；宫城西面正门叫做望京门，门外近南有御交道，上岭可通达望京楼；宫城南面正门叫做昭阳门，门外有登"朝元阁"的辇路。有梨园。进津阳门，东有瑶光楼，楼南有小汤，小汤之西，瑶光楼之南有殿叫做飞霜殿，寝殿也。在飞霜殿之南就是御汤九龙殿也叫莲花汤，是玄宗幸华清汤池，制作宏丽。据《明皇杂录》载："安禄山于范阳以白玉石为鱼龙凫雁、石梁、石莲花以献，雕镌巧妙，殆非人工。上大悦，命陈于汤中，仍以石梁横亘其上，而莲花才出水际。上因幸，解衣将入，而鱼龙凫雁皆若奋鳞举翼，状欲飞去。上甚怒，遽命撤去，而莲花石至今犹存。"《贾氏杂录》载："汤池凡一十八

图2-13　唐华清宫示意图

所。第一是御汤，周环数丈，悉砌以白石，莹澈如玉，面阶隐起鱼龙花鸟之状，四面石坐阶级而下，中有双白石莲，泉眼自瓮石口中涌出，喷注白莲之上"。

《县志》载："由莲花汤而西曰：日华门，门之西曰太子汤"。《长安志》载："太子汤次西少阳汤，少阳汤次西尚食汤，尚食汤次西宜春汤"。《县志》又载："宜春汤有前殿、后殿，又西曰月华门，月华门之内有笋殿。笋殿北有长汤十六所。""每赐诸嫔御，其修广与诸汤不侔，甃以文瑶宝石，中央有玉莲捧汤泉，喷以成池，又缝缀锦绣为凫雁，致于水中，上时于其间泛钑镂小舟，以嬉游焉。"又有"芙蓉汤，一名海棠汤，在莲花汤西，沉埋已久，人无知者，近修筑始出，石砌如海棠花，俗呼为杨妃赐浴汤。"芙蓉汤北有七圣殿。《长安志》载："绕殿石榴，皆太真所植，南有功德院，其间瑶坛羽帐皆在焉。"

开阳门外有宜春亭，亭东有重明阁，《长安志》称："倚栏北瞰，县境如在诸掌。阁下有方池，中植莲花。池东凿井，盛夏极甘冷。……在重明阁之南，有四圣殿，殿东有怪柏"。出昭阳门，登朝元阁路。《贾氏谈录》载："朝元阁在北山岭之上，基址最为峻绝，次东即长生殿故基。"《长安志》载："长生殿，斋殿也，有争于朝元阁，即斋沐此殿。山城内多驯鹿，有流涧号鹿饮泉。金沙洞、玉蕊峰皆玄宗命名，洞居殿之左，玉蕊峰上有王母祠。"《雍录》载："朝元阁南有连理木、丹霞泉。"又《长安志》载："朝元阁南有老君殿，玉石为像，制作精绝，又羯鼓楼在朝元阁东，近南缭墙之外。"出望京门东北有观凤楼，据《雍录》载："楼在宫外东北隅，属夹城而达于内，前临驰道，周视山川。""斗鸡殿在观凤楼之南，殿南有按歌台，南临东缭墙。"《长安志》又载：殿北有舞马台、毬场。

总的说来，唐代官苑亦步亦趋于汉代官苑形式，不让汉代官苑专美于前而已。

第三章

东晋自然山水园到唐宋写意山水园

一

东晋南北朝的艺术和自然山水园

东晋南北朝的山水画

前文提及，到了南北朝，在绘画艺术上出现了繁荣的新面目，著名画家辈出，都能改革旧作风创造新意境，并在绘画技巧上产生了某种程度的写实作风。这时，绘画的领域也扩大了。不仅佛教之类的宗教画、人物肖像画有突出的成就，山水画、杂画也都有独立成为一个画科的趋势。随着绘画的发展和繁荣也产生了系统的绘画理论著述。特别是山水画及其创作理论对于园林创作的关系密切。绘画上，在南北朝开始了山水画的最初形式并发展起来并不是偶然的，是整个社会的变化、思想的变化和绘画本身发展的趋势所致。一般知识分子深受当时的战乱痛苦，或厌世而荒荡，或遁世而醉心于自然。厌世是不满当世，然而由于时代和阶级的限制，不能正面进行反抗，只好沉醉在糊里糊涂梦幻的生活中。讲求享乐正是一种颓废的、消极的、得过且过的、自欺欺人的办法，遁世就是想超脱尘世讲求清谈隐逸的生活，沉醉在大自然的怀抱里。这些特点也反映在当时名士美术家的生活、思想及其作品上。陶渊明正是这种人物的代表之一，他在文学中歌颂自然和田园生活，对后人在文学、美术上田园化、山水化主题极有影响。当时封建地主也因对城市繁华生活已有所厌倦，对山水、园林产生了浓厚的兴趣，因而造成了描写自然风景题材的需要。同时，绘画上对自然描写的技巧有了进展，山水就从作为人物画的背景而成为专门化的题材，也就是独立地描写自然的山水画开始产生。顾恺之、宗炳和王微等画家对山水画的成长有很大的推进作用。据说宗炳喜游山水，游辄忘归，"凡所游历，皆图于壁"，可见山水画正是由写实的基础上成长发展起来的。宗炳不仅有山水画的创作，还有总结经验体会的一篇《画山水序》的著作，王微也有一篇《叙画》；此外，梁元帝萧绎有《山水松石格》的著作，讲到怎样画山水树石等。不过，这个时代虽然创造了独立意境的山水画，它也可能是很简略的。唐代张彦远在《历代名画记·论画山水树石》里写道："群峰之势，若钿饰犀栉。或水不容泛，或人大于山。率皆附以树石，映带其地。列植之状，则若伸臂布指。"这样的山水画，虽然没有遗存的作品，但从敦煌的北魏壁画上或顾恺之《洛神赋》图卷上，可以想见一斑。

魏晋南北朝时期不但画家辈出，而且绘画理论的著述也陆续出现。这样艺术理论的发挥是从创作实践中总结出来的。一旦产生自然会对艺术创作发生影响。特别是山水画的理论和表现技巧对于园林创作的布局、构图、手法等都起一定的作用。当时的绘画理论，影响后人最大的要算南齐谢赫的《古画品录》中所提的六法。这里简单地介绍一下他的立说。

"夫画品者，盖众画之优劣也。图绘者，莫不明劝诫，著升沉，千载寂寥，披图可鉴。虽画有六法，罕能尽赅，而自古及今，各善一节。六法者何？一、气韵生动是也；二、骨法用笔是也；三、应物象形是也；四、随类赋彩是也；五、经营位置是也；六、传移模写是也。"他首先指出了内容在绘画上的重要，而且要劝善戒恶，人生升沉，说明艺术具有政治和教育的意义。关于六法，谢赫本人并未加以申说。李裕在《中国美术史纲要》里作如下的发挥：所谓"气韵生动"是就作品的总体来说要有精神感情，有韵律有生命，具有生动的感动人的力量。所谓"骨法用笔"是指轮廓线条的勾勒是否得体有力，比例是否正确，着色笔触是否得当合乎法则。所谓"应物象形"就是择取对象能够写实地描绘出正确的形象。所谓"随类赋彩"就是在着色上是否合乎该物象所应有的色彩。所谓"经营位置"，就是考虑全体的结构和布局，使构图确当，主次分明，远近得体，互相联系统一。所谓"传移模写"就是要批判地接受优良传统和模写前人名作得到技巧的意义。谢赫六法先后次序是从评画的观点出发而定的。如果就学习和创作来说，正好是颠倒过来，首先要继承传统吸取前人的经验，其次是对所选择题材经过一番处理，来经营位置求得构图的正确，以及设色、形体和用笔的得体，才能达到气韵生动的境地。谢赫的六法大体上把绘画在艺术性上的要求和创作方法要点都加以总结、并系统地指出来，它对于后来中国画家的创作的确起了很大的作用。

南北朝的园苑

正是由于南朝文化上的特色，在美术上引起了大的变化。特别是山水画的发展，以及文学作品中也有以描写自然和胜景为题材的出现，这种变化同样也反映在园林的发展上，而有自然山水园这一新形式的出现。为了体现祖国河山的美而认识自然，研究自然，从真山真水出发来描写自然风景的山水画，到了南北朝在表现技巧上有了新的成就，无疑地这些成就对于园林创作会有很大影响。文学中歌颂自然和田园生活而描写的意境，无疑地对于园林创作也有很大影响。例如陶渊明的《桃花源记》，描写了他理想中的农业社会，在意境的描写上大致是这样的："……缘溪行，忘路之远近，忽逢桃花林。夹岸数百步，中无杂草，芳草鲜美，落英缤纷……欲穷其林，林尽水源，便得一山。山有小口，仿佛若有光……初极狭……豁然开朗……"。这个意境正是后人所谓"山重水复疑无路，柳暗花明又一村"这种园林意境的蓝本。

正如山水画在人物画盛行的时代已经开端，以山水为骨干的园林也在苑囿中萌芽和出现。到了北魏张伦造景阳山于华林园中。据称其中"重岩复岭，深溪洞壑，高林巨树，悬葛垂萝，崎岖石路，峥嵘涧道，盘纡复直"，又说"茹皓探掘北邙及南山佳石，徙竹汝颖，萝莳其间。经构楼观，列于上下。树草栽木，颇有野致"（引文见中国营造学社重刊的《园冶》，阚铎所写的《园冶识语》）。从这段描述里也可看出当时堆叠的景阳山不是一个寻常的土山，而是构石为山；这样，才能有重岩复岭，有深溪洞壑，同时也说明当时叠石堆山的技术已有很大的成就。没有匠师们这种工程技术上的成就，园林里的山水主题也难能表现出来。不但如此，山上既有树草栽木，还有高林巨树，悬葛垂萝，因此颇有野致。也就是说，由于种植的布置，使景阳山看来好似真山一般。同时又经构楼馆，列于上下，使园林建筑也成为园景的组成部分。总之，这个园林的创作已经具备了地形创作上有山有水，同时树草栽木使山林生色，益以园林建筑，列于上下，来组成自然山水园。

西晋石崇的金谷园也是一例。据他的《自序》上说："余有别庐在金谷涧中，清水茂树，众果、竹、柏、药物具备，又有水碓鱼池。"又说"柏木几千万株，江水周于舍下。"所引《自序》上的描述虽是简略的几句，已可了解到金谷园是修筑在天然胜区的园林。园中有泉涧池沼，茂密的树林，而且有各种水果、竹子、柏木、药用植物等种植在园中，还有水礁湖池，池养有鱼，也可说是结合生产吧。当然这里所谓结合生产是指封建社会自给自足的自然经济下，在园林里结合生产自己需要的农产品以供封建地主和贵族的享用。从《自序》中描写来看，只及泉涧池沼花木之胜，可见这时的园林在内容上的转变。到了东晋南朝，山水为主题的园林更是日益突出而发展起来。

南朝的宋、齐、梁、陈都是以建康为都城。建康（即今日的南京）在春秋时代属吴地，但还没有筑城，到楚灭越时才置金陵邑，秦时改为秣陵县。三国孙权时迁都石头城改名建业，西晋平吴后又改回去称秣陵，东晋建都又改称建康。金陵这个地区有所谓"钟山龙蟠，石城虎踞，负山带江，九曲青溪"这样一个形势之胜。全区岗峦重叠，东北为山地，西南多丘陵，中部是秦淮平原，有青溪和秦淮河，西沿长江。唐李白曾有"三山半落青天外，二水中分白鹭洲"等诗咏，描写金陵山川灵秀。在这六朝豪华的都城里，不断有富室苑囿的营造。见于史书上，东晋创北湖（即今玄武湖）、华林园（在台城北隅，与魏的华林园同名异地），在宋有乐游苑（依覆舟山南）、青林苑、上林苑（位玄武湖北），兴景阳山于华林园（位玄武湖西南）等；在齐有娄湖苑、新林苑、博望苑、灵邱苑、芳东苑、元圃等；在梁有兰亭苑、江潭苑、建兴苑、玄圃苑、延春苑等。这些记载大多数很简略或仅标出苑名而已，但也有少数几个苑有稍详的记载，可以从中了解一个大概。

玄武湖：在晋以前著称，本名桑泊，在钟山西麓。因为钟山的南麓有燕雀湖（又称前湖），所以桑泊就又称后湖，因为在金陵城北，所以又称北湖。宋文帝（刘义隆）在元嘉二年（公元425年）复修筑东晋时已立的北堤，南抵城东七里的白塘，雍蓄山水，以练舟师。据说元嘉中见黑龙出现湖中，因此后来叫玄武湖。宋文帝复筑北堤后，湖面辽阔起来，当时还通江水，因此，波涛汹涌，又立三神山于湖上（即今日玄武湖公园里所谓五洲的基底），而成为天然风景优美的胜区。东边的钟山，山色映紫（所以又称紫金山），北有幕阜山，观香山诸山的远景。西面一抹城墙临水，南面城垣外鸡笼山、覆舟山并峙。湖区部分不但湖光山色辉映，而且湖中盛栽荷莲，花开时红裳翠盖，十分美丽，秋日里荻港萧萧，景色更佳。

元圃苑：据《齐书》载世祖太子，"性颇奢丽……开拓玄圃园，与台城北堑等（注：等高的意思）。其中楼观塔宇，多聚奇石，妙极山水，虑上官（注：即父皇）望见，乃旁门列修竹，内施高障，造游墙数百间，施诸机巧，宜须障蔽。"可见塔也成为苑园中的建筑添景了。

梁元帝萧绎曾造湘东苑（公元552年）。在《渚宫故事》上有一段较详描写："湘东王（注：即萧绎在未称帝时的封爵）于子城中造湘东苑。穿池构山，长数百丈，植莲蒲，缘岸杂以奇木。其上有通波阁，跨水为之。南有芙蓉堂，东有楔饮堂，堂后有隐士亭，亭北有正武堂，堂前有射棚马埒。其西有乡射堂，堂安行棚，可得移动。东南有连理堂……北有映月亭、修竹室、临水斋。（斋）前有高山，山有石洞，潜行逶延二百余步。山上有阳云楼，极高峻，远近皆见。北有临风亭、明月楼。颜之推诗云：屡陪明月宴，并将军扈熙所造。"从这段描述里可以了解湘东苑是穿池构山为骨干的，也就是说以山水为主题的园林，穿掘池沼，就有土可堆山，长数百丈。山有石洞，就必然是构石为山，而且洞中潜行数百步，想见魏晋以来假山洞的构筑技术已有很大成就。沼池种植荷莲、蒲草，自然成景，再杂以奇木，益增景色。还要跨水而建通波的阁以及临水斋等，都是藉水景而设的建筑。山上既有亭可息，又有楼可登，可以眺望园景，也就能借景园外。至于射棚马埒是作为射箭骑马等游乐活动的场所，这种有山有水，结合植物的配置，亭榭楼阁的添景成为今后山水园的蓝本了。

自然山水园的特色

即使从以上有限的几个园林的描写来看，我们可以这样说，从魏晋开始，六朝的园林已经扬弃了宫室楼阁为主、禽兽充囿中的建筑宫苑的形式，而继承古代"三山一池"的传统更向前一步发展。首先，园林的基础是穿池构山形成自然山水的境域，或则说这时的园林在结构上的主体是山水了。这种山水风景组成的基础是地形创作。构山要重岩覆岭，深溪洞壑，崎岖山路，涧道盘纡，合乎山的自然形势。山上要有高林巨树，悬葛垂萝，合乎山地自然植被的生态。更有进者构石为山要有石洞，能潜行数百步，好似进入天然的石灰岩洞一般，这样的园林创作实是自然山水的写实，而且突出地集中地表现，因此才能有妙极山水的赞辞。然而，园林里创作的山水还不只是风景，而且是人们游息的生活境域，于是经构楼观，列于上下。这种楼观的布列上下既是从园景的要求出发而设置的，也是应游园者的需要而设施的。或半山有亭，便于憩息；或山顶有楼，远近皆见，就可成为构图中心，登楼远眺还可借景园外；或跨水为阁，藉水成景。总之这些楼观亭斋是园林中的建筑物，是园景的产物，跟秦汉宫苑中殿屋楼阁复道相连的建筑群体是不同的。正因为它们是园林的建筑物，所以更要树草、栽木，而且草木的组合，要能达到颇有野致的境地。

能够达到妙极山水的意境，这和园林艺术有了很大的进步是分不开的。显然，当时的山水画上的进步也就是对自然山水的艺术认识上的进步，对于园林中山水创作是有影响的。我国古代，规划园林的本人往往就是画家不是无因的。但是创作山水园和创作山水画，在艺术认识上虽有基本相同的地方，而要具体地表现出来却又有不同。山水画是在一个平面上——用纸、用线条色彩来表现作者所认识的风景。园林的创作是在一定地段上，三度空间里，用实物题材去创作风景优美的生活境域。这种创作要能达到妙极山水的意境，自然也和工程技术上的进步分不开的。没有许多匠师们穿池构山、特别是构石为山的技术经验的积累，没有土木工程技术上的进步，要想表现重岩复岭、深溪洞壑是不成的。工程技术上必须达到一定的程度才能有"潜行数百步"的石洞制作，才能使江水"周于舍下"。

隋唐到宋代的山水画发展

要了解唐宋写意山水园，还必须先了解唐宋山水画的发展。正如前节所述，山水化园林的创作跟绘画上山水画发展有着密切的关联。

隋唐时代的山水画

隋朝的统一中国和在政治经济上的改革，使社会经济得到发展。由于南方和北方的经济调剂和交通发展的影响，也促使美术上向统一风格发展。当时，我国西北的民族美术家杨契丹（契丹人，契丹即今新疆奇台县）和尉迟跋质那、尉迟乙僧（父子二人，于阗人，于阗即今新疆和田县）都到隋朝工作。他们的绘画方法和作风，无疑地起了融合的作用；他们把外来艺术的好的成分，色彩和晕染的方法吸收过来，从而丰富了中国绘画的优良传统。隋朝产生了大画家郑法士和展子虔等。郑法士以张僧繇为师，学他的青绿山水（张僧繇创造了一种没骨画法，就是没有轮廓线条，完全用色彩画成的）。他的台阁画曾得到这样评语："状石务雕透，绘树当刷缕"。展子虔本是一位精于画建筑物的画家，对于空间的掌握，高人一等，从他的《游春图》卷轴画的表现来看，远近的关系处理得相当完善，比例也相当合理，看上去十分自然，说明山水画发展到隋代，在体现自然的技巧上已获得初步的解决（图3-1）。

商业都市里，统治阶级生活的一面就是恣意享受，贪图逸乐，极尽豪华之能事。这种社会生活和兴趣就必然刺激着绘画艺术向豪华富丽的一面变化。例如人物画的多彩多姿，特别是唐明皇开元天宝时代，人物画像满月那样达到成熟时期。尽管唐朝的绘画主要是人物画，但是山水画这一新兴的画体，在唐朝曾有飞跃的发展，生气勃勃。盛唐时代，即

图 3-1　展子虔《游春图》

开元天宝时代，画家和鉴赏家都转向到体现祖国自然的方面，山水名画家辈出。正如张彦远在《历代名画记》里说的："山水之变始于吴（注：吴道子），成于二李（注：李思训、李明道父子）"。这里举吴道子和李思训在大同殿壁上画嘉陵江三百里山水的故事，说明他二人的画风。据说吴道子一天就画完，李思训数月始就。他二人作壁画所花时间的不同，不是由于敏捷或否，而是由于画法不同。吴道子的用笔以线条描法来表现，赋彩于焦墨液中，略施微染；李思训笔法尖劲，取钩所用色彩完成画面，所谓金碧青绿山水，自成一家。他们虽有笔法的不同，但这二位画家都能以写实的手法、传神的力量，把嘉陵江的变幻多姿、美丽动人的优美风景表现在画壁上，所以唐玄宗（李隆基）满意地说："李思训数月之功，吴道子一日之迹，皆极其妙。"这种用线条和用色彩表现的不同笔法，形成了山水画上不同的发展。稍晚于李思训的诗人、音乐家兼画家王维，虽然没有可信的传留下来的绘画作品，但从文字资料中可以了解到他的描写自然得到很大的成功。王维的画破墨山水，笔力雄壮，有类似吴道子的地方，笔迹劲爽又有李思训的作风，而表现重深是他的独特的作风，曾给后世山水画以巨大的影响。被苏东坡称为"诗中有画，画中有诗"的王维把画的意境和诗的意境相结合，更丰富了山水画的内容，抒情的园林趣味，开始了所谓抒写性灵（写意）的山水画。

　　总的来说，唐宋艺术上光辉灿烂的表现主要是面向写实，继承过去历史成就和吸收外来的精华而达到了空前的繁荣和高度成就。

从五代到宋的山水画

　　所谓五代十国就是指的在唐末藩镇军阀割据下，短短半个世纪中就换了五个朝代，同时在广大的国土上出现了十国（五个朝代的顺序是后梁、后唐、后晋、后汉、后周；十国有吴、吴越、前蜀、后蜀、楚、闽、南汉、北汉、荆南、南唐）。五代混乱局面中也有几个国如南唐、西蜀、吴越等国，局势比较安定，经济比较发达，又有历史较久的文化艺术传统的基础，它们就成了当时的文化中心。宋朝绘画艺术，有了在唐朝建起的根基和留下的丰富遗产，得到了进一步的发展，特别是山水画。

　　山水画上，唐朝出现的泼墨山水，经过晚唐到五代以后，它就成为山水画中主要画法，这种皴法墨色的使用，使山水画具有苍老浑厚特色而有气韵。体现这种风格的代表画家有后梁的荆浩和关仝，西蜀的李昇，南唐的董源、巨然，以及五代宋初间的范宽、李成、郭忠恕等画家。

　　荆浩是一位杰出的山水画家。他认为对于山水画的要求不只是能描写山水的外形，不是所谓能"得其形，造其气"的形似，而是要能通过正确的形象来传达山水的"气质俱盛"的即"真"的精神内容。荆浩在绘画艺术上的功绩还在于对山水画法有完整的创作理论的贡献，曾著有《笔法记》《山水诀》等。他主张画有六要（六个必要条件）——气、韵、思、景、笔、墨，而归之于"图真"。我们初次看到把"思"和"景"提出来作为绘画的必要的条件，比南齐谢赫提出的六法又进了一步。什么是"思"？所谓"思"就是"删拔大要，凝想形物"，也就是说要对创作的题材和描写的对象加一番构思，舍去不需要的非本质的东西，而把隐藏在复杂的现象下本质的东西呈现出来，使主体突出，思想主题显明。所谓"景"，就是使创作的形象达到典型化，要"制度时因"即因时制宜地处理题材，要搜妙创真，即捉住物象的精神实质，创造真实的典型。所谓"笔"，要"虽依法则，运转变通"，也就是说法笔虽有法则可依，但不能拘泥于成法，而应变通地灵活运用，自然而然地流露出来。荆浩所提出的"墨"，是指整个画面色彩的意思，要达到"高低晕淡，品物浅深，文采自然，似非因笔"（图3-2）。

　　关仝从荆浩学画而有青出于蓝的赞誉。他画山水，擅长描写秋山寒林、村居野渡，画面上呈现出关、陕的景色，用笔有"笔越简而气越壮，景越少而意越长"之称（图3-3）。李昇不从师授，自创一风。董源是淡墨轻岚画的发展者，和他的弟子巨然，写江南山水，尤其精于表现水乡

图 3-2 荆浩 匡庐图

图 3-3 关仝 关山行旅图

的气氛和光。《宣和画谱》对他的评论是："其自出胸臆，写山水江湖，风雨溪谷，峰峦晦明，林霏烟云，与夫千岩万壑，重汀绝岸，使览者得之，若寓于其处也"（图3-4）。

自从董源把淡墨轻岚的作风带到了宋朝之后，画风又一变，开发了宋朝山水画的道路。北宋时代以李成、范宽为代表人物。李成工写平远寒林山水，对于山水位置颇得远近明暗的手法（图3-5）。范宽初师李成，又师荆浩，后来他觉得"与其师人，不若师造化"，又说："吾与其师于物者，未若师诸心"，这应该说是他的对待自然要和主观要求结合起来的意思。我们从他曾移居终南、太华，终日危坐在山林间，进行观察体会，"默然与神遇"之后，才抒笔作画的一事上可以了解到的。从留存下来的作品上可以看出他所描写的关、陕一带大自然山水的浑厚雄伟的风格，自成一家（图3-6）。

到了宋徽宗赵佶时候，设翰林图画院官职，行考试制度，授予学衔，罗致全国的美术家到汴京来，绘画就更行发展起来了。画院在五代已开始出现，到了宋朝才正式设立。但这种考试作品要根据画题来作画，画题多摘取古人的与人民生活无关痛痒的诗句作为考题，使画家们从诗句上去推敲去用功夫。例如考题是："野水无人渡，孤舟尽日横"，有的画一尺空船系在岸边，有的画一只鹭鸶站在船头，而考第一名的画一个船夫坐在船尾上吹笛，任小船在水中漂游，四野空旷无人。另题："嫩绿枝头红一点，恼人春色不须多"，很多画家描写的花树茂密盛春光景，皆不入选，考第一名的画是杨柳楼头凭栏的美人。这类考题虽也有使作者向含蓄的意境上去追求，使诗与画更密切地结合的一面，但在内容上只是一些抒情写景，脱离现实社会生活，就把绘画引领到只供欣赏的路途。宋徽宗本人也是一位画家，他是懂得画的政治教育上的意义和作用的。因此既为统治者又作为画家的宋徽宗，认为写实技巧是需要的，但真实地反映社会生活的现实主义倾向必须改变，并贬低什么风俗画是俗不可耐的。所以画院的政策是从粉饰太平、麻醉人民、减少政治阻力出发，引向到古人的抒情写景的诗句上去玩味，转变成同人民生活无关的诗化题材。宋朝画院的艺术，一般地说是向着写实的倾向发展的，然而这种写实倾向只是在技巧上讲求写生，而在内容方面是倾向于自然主义的。

宋朝多数杰出的画家是重视社会风俗、生活的描写。例如郑侠（公元1041–1119年）曾把因八个月不下雨、人无生意、流离逃散的惨象，画了《流民图》，假称边防檄文乘夜传入禁中，使宋神宗不得不暂罢新

图 3-4 董源 潇湘图

图 3-6 范宽 溪山行旅图

图 3-5 李成 读碑窠石图

法。再如张择端的《清明上河图》是描写北宋都城汴京在清明节那天汴河两岸的生活情形——从郊外到城市的熙熙攘攘的人们和他们的丰富多样的生活，同时写了劳动者辛勤劳作，有闲者酒楼欢宴，表现出当时的社会现象（见《人民日报》1953年11月1日，郑振铎：《中国绘画的优秀传统》）。又例如《巴船下峡图》，"原是描写了成年累月生活在江上和死亡搏斗的劳动者……它歌颂劳动人民战胜天险的力量和意志。这一作品……与同是画船的那幅柳阁风帆图相比较，可以分明看出后者的船衬托着绿柳微波飞鸟和悠闲的游人……是一种抒情诗的情调（文人山水画）。这两种不同的情调，服从具体的客观现实，流露着不同作者不同的意图和情绪"（见《人民日报》，1953年11月2日，王朝闻：《动人的古代绘图》）。上述的几幅风俗画都足以说明我国绘画现实主义的优秀传统，这种绘画可以成为人民的艺术，可惜的是这种现实主义的倾向并没有能发展起来。

差不多跟画院的高唱重视古人的格法和形似的同时，出现了文人士大夫以诗余墨戏的逸兴态度作画的风气，以写意为上，以表现个人的人品，发抒个人的性灵为能事。促成这种风气的代表人物就是文同、苏轼和米芾。文同好作墨竹，据他自己说，所以画是由于"意有所不适而无所遣之，故一发于墨竹。"这种艺术观点完全是从文人士大夫逸兴和自抒情灵出发的。但是他的墨竹是从深入竹乡生活中得来的，作品仍然是写实的。苏东坡好画竹石和枯木寒林，也是一位墨线的画家。他的反对形似格法的言论，只不过是反对片面强调，也是针对画院而发的，因为他自己的作品仍然是写实的。米芾和他的儿子米友仁的山水画，别树一帜，所谓"米家山水。"他俩善于表现风雨迷蒙的景色，采用水墨渲染的方法表现一片云烟，是一种新的进步的技法。这种技法的形成，无疑是由于真山水的启发而来的。

画院的自然主义观点和文同、苏、米等文人画的自我发抒的艺术观点是应该反对的，但他们讲求写实和深入生活的创作方法是好的。

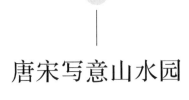

唐宋写意山水园

唐宋写意山水园的特色

从唐宋的文人画来看，主流是把生活诗意化，实质是脱离生活（所谓超脱）。文人画的理论发展也影响到园林创作上，就是以诗情画意写入园林，形成了文人构思的写意山水园的形式。这类园林的思想主题是以冷洁、超脱、秀逸等概念为高超的意境，是以吟风弄月、饮酒赋诗、踏雪寻梅等为风雅的内容，要在一块小的境地里布置有千山万壑、深溪池沼等形势为主体的生活境域，这些都是反映了当时社会上层建筑意识和地主阶级的诗意化的生活要求。但另一方面，唐宋写意山水园在体现自然美的技巧上确获得很大的成就，在叠石堆山理水等技巧上也有很大的进步。同时，著称于当时的园林文字记载的资料也较详细，使我们能够比较深入地进行研究，从而了解唐宋写意山水园的特色。就我们所要评述的园林来说，大体可以由于造园条件的不同而分为两类：一是就天然胜区加以布置而成的自然园林；一是在城郊区，相地合宜，构园得体而创作的园林，其中包括花园、宅园和别墅、游息园等。

唐代自然园林的举例

就天然胜区加以布置而成的园林，可举唐代王维的辋川别业和白居易的庐山草堂为例进行研究。

王维（公元700–760年），少年时就以文章得名，知音律、善绘画、爱佛理，以诗和山水画上成就最大。他在仕途上很顺利，作官到给事中职位，后来因天宝十四年（公元755年）安禄山叛变之乱时未及出走，

平复后虽然没有受刑获罪并担任太子中允等职，最后迁尚书右丞，但终因有这个挫折，使这位信佛理的抒情诗人对名利感到灰心，辞官到辋川终老。到辋川别业安度其山峦林间的田园生活，为时不过二年，在他六十一岁时就死去了。

《辋川集》序中说道："余有别业在辋川山谷"（在蓝田县西南二十多里），但对这个别业的具体规划并未提到，因为这个集只是把景的提名，同王维和裴迪所赋的绝句收集在这本集子里。《关中胜迹图志》上有辋川图可供参考（图3-7）。从诗句上推敲，对照辋川图可以把辋川别业的大体规模描写如下：

从山口进去，首先是"孟城坳"。山谷里的低地，那里本来有一个古城（裴迪诗句有"结庐古城下"），孟城坳后背的山岗叫做"华子岗"，相当高峻，那里树木森森，有常青的松树，也有秋色叶树，因而有"飞鸟去不穷，连山多秋色""落日松风起"等诗句。在这样一片树林茂密的岗岭怀抱中的平坦谷地，自然是隐处可居，乃"结庐古城下"。

从山岗下来，到了所谓"南岭与北湖，前看复回顾"的背岭面湖的胜处，这里盖有文杏馆。馆名文杏是因为文杏木作栋梁，所谓"文杏裁为梁，香茅结为宇"。用香茅草铺屋顶可见文杏馆是山野茅庐的建筑。馆后的山上崇岭高起，叫"斤竹岭"，也许因岭上生有大竹，故名。这里

木兰柴　斤竹岭　文杏馆　　　　　　　孟城坳

　　　　　　　　　辋口庄　　　华子冈

图 3-7　辋川图

有"一径通山路"，路是沿山溪而筑，所谓"明流行且直，绿筱密复深"。缘着溪路的另一面，景致幽深，所谓"……鸟生乱溪水，缘溪路转深，幽兴何时已"。山路通到又一区叫做"木兰柴"，也许因为那里多木兰树而题名的。溪流之源的山岗跟斤竹岭相对峙的，叫做"茱萸沜"，大概因山岗多"结实红且绿，复如花更开"的山茱萸而"置此茱萸沜"。翻过茱萸沜到达又一个谷地，陌上种植有宫槐（可能就是龙爪槐），题名为"宫槐陌"。这里有一条仄径可通向欹湖，"是向欹湖道"，若不下小道而上行翻到岗岭可到达人迹少到的山中深处，叫做"鹿柴"，那里"空山不见人，但闻人语响""不知深林事，但有麏麚迹"。在这山岗下的"北垞"，一面临湖，盖有宇屋，所谓"南山北垞下，结宇临欹湖"。北垞的山岗尽处，峭壁陡立，壁下就是湖水。从这里到南垞、竹里馆等处，因有一水之隔，必须舟渡，所谓"轻舟南垞去，北垞淼难即"。

　　称做欹湖的这一带水，"空阔湖水广，青荧天色同，舣舟一长啸，四面来清风"。如果泛舟湖上时，"湖上一回看，山青卷白云"。为了充分欣赏湖光山色的美景，不但可以从湖上舟中来观看，还必须临湖有亭，从亭中来眺望，于是有临湖亭的设置。这样，就能"轻舸迎上客，悠悠湖上来；当轩对樽酒，四面芙蓉开。"沿湖堤岸上种植了柳树，所谓"分行接绮树，倒影入清漪""映池同一色，逐吹散如丝"，因此题名"柳浪"

两个字。现"柳浪"以下有"栾家濑"的一段，那里的水流很急，"浅浅石溜泻，跳波自相溅，白鹭惊复下"，又说"泛泛鸥凫渡，时时欲近人"，这几句诗不仅描写了水流，也写出了水禽的自然成景。

离水南行复入山，山上有泉叫做"金屑泉"，所谓"萦淳澹不流，金碧如可拾"。山下的谷地部分就是南垞，经南垞缘溪下行到入湖处有"白石滩"，那里"清浅白石滩，绿蒲向堪把""趿石复临水，弄波情未极"，沿溪上行到"竹里馆"，得以"独坐幽篁里，弹琴复长啸。深林人不知，明月来相照"。此外，有"漆园""椒园""辛夷坞"等胜处，大抵因多漆树、花椒、辛夷（即木笔）等树成园而题名的。

根据诗句和图，我们可以了解到辋川别业是在有湖水之胜的天然山谷地区，相地而筑的天然园林。就其自然地形来说，有岗岭起伏连绵逶迤，纵谷交错，有泉有瀑，有溪有湖，天然植被丰富。充分利用了这些自然条件，湖光山色之胜，加上园林建筑的添景，创作成既富自然之趣，又有诗情画意的园林。

白居易，一代诗人，也像王维一样选天然胜区筑园置草堂。他在《致友人书》和《庐山草堂记》中说到游庐山时，见香炉峰遗爱寺间，云水泉石胜绝，爱不能舍，因此在遗爱寺侧面香炉峰的地方置草堂。草堂的大体布置，可根据《庐山草堂记》推想画出想象平面图（图3-8）。这个园林既以草堂为主，我们就从草堂前说起。堂前有平地广十丈，中为平台，台前有方池，广二十丈，环池多山竹野卉，池中种植有白莲，并养殖白鱼。由台往南行，可抵达石门涧，夹涧有古松老杉，林下多灌丛萝。

草堂北五步，依原来的层崖，再堆叠山石嵌空，上有杂木异草，四时一色。草堂东有瀑泉，所谓"水悬三尺，泻落阶隅石渠"。草堂西，依北崖右趾用剖竹架空，引崖上泉水，自檐下注，好似飞泉一般。至于草堂附近的四季美景，春天可赏锦绣谷的杜鹃花（映山红），夏天可赏石门涧的云景，秋天有虎溪的月，冬天有炉峰的雪。此外，阴晴、显晦、晨昏的千变万状的景色，就不是笔墨所能尽记的了。

总的来说，白居易的庐山草堂是在天然胜区相地而筑，辟石筑台，引泉悬瀑，就山竹野卉稍加润饰，借四周景色组成园景的一例。

同一朝代的柳宗元，是我国最负盛名的古代散文作家之一。他也曾有就胜地筑园的事例。这里只举出柳宗元所写柳州八亭记中的东亭。记中提到在大道之南有一块弃地，它的南面就是江水，西面尽是垂柳，东面建有一馆曰东馆。他认为这块弃地，虽然初看草木混杂且深，但实是块未雕

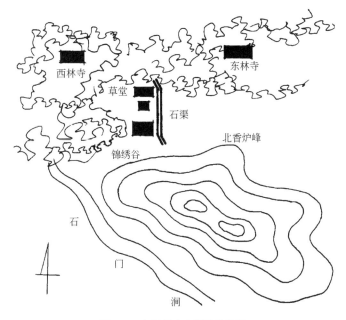

图 3-8 白居易庐山草堂想象图

的璞玉，于是就斩除荆丛，去杂疏密，种植松、樫、桧、柏、杉等常绿树和竹子，配置堂亭。称做东亭的设计是，前出二翼，凭空拒江，化江为湖，这是何等精巧的手法。八亭记的这一段文字，给予我们很大的启发。只要我们能认识自然，充分利用自然的形势，去杂疏密，加以润饰（间植需要的树种），运用艺术的技巧来借景、来选景，就能构园得体。

北宋洛阳名园的举例

自从汉代以来直到隋、唐或以西安为都城，或以洛阳为都城，因此这个都城的城郊园林兴筑日繁。北宋时候李荐（字格非）写了一篇《洛阳名园记》，对当时洛阳著称的园林评述较详，可供我们作为研究对象来了解北宋时期城郊园林的梗概。李格非在《题洛阳名园记后》中说到在唐贞观开元之间（唐太宗至唐玄宗之间），公卿贵戚在东都洛阳建筑的邸园总在一千有余。可见当时园林的盛况。后因五代十国的战乱，池塘竹树都废为丘陵，高亭大榭为烟火焚燎成为灰烬，唐代洛阳的园林就"与唐共灭而俱亡"。《洛阳名园记》中所述的各个园大多是就隋唐的旧园修葺改建而成的，共评述了二十个名园。如果以园的类型来划分，可分为三类：一类可称作花园，一类可称作游息园，一类是宅园。下面将分别加以叙述和讨论。

由于这些园林并无遗址残迹遗存下来可据以考证来恢复原状，这里只能根据《洛阳名园记》所载简略文字来推想其规划内容，同时为了便于了解，根据文字记载加以推敲后画出想象图来。虽然这种推敲的想象图并不就真能符合原状，但是只要我们推敲是合理的，而且还可以从现代尚存的明清的宅园研究中，从侧面体验中，来了解《洛阳名园记》中各个园的布局梗概，然后据此画出想象平面图还是可以的。这样做对于了解已成历史陈迹的唐宋写意山水园不无帮助。

（一）属于花园类型的有三个园，即天王院花园子、归仁园和李氏仁丰园，这些园都是以搜集种植各种观赏植物为主，可称花园。

1. 天王院花园子。没有池亭，独有牡丹数十万本，因此称花园子。洛阳人最是爱好牡丹，尊称它为花中之王。据书中所载洛阳城中靠种花为生的全住在这一带，也就是说这一带是花木生产地区。到了牡丹花期的时候，这里是一片片花簇锦绣。因为倾城仕女，绝烟火来游，都来花园子那里赏花游乐，所以"张幕幄列市肆"，好似今日的庙会、花市一般。

2. 归仁园。这个园的面积占了整整一个街坊，周围一里余，因所在地叫归仁坊，花园就叫归仁园。园中北部有牡丹芍药千株。中部有竹百亩。南部"桃李弥望"，全园完全是花木之胜。至于牡丹、芍药、竹、桃、李等是怎样配置的，是否只是品种的搜集，可惜语焉不详，无以查考，据载旧为唐丞相牛僧孺故园，宋时属中书李侍郎。

3. 李氏仁丰园。据载洛阳名花有桃、李、梅、杏、莲、菊各数十种，牡丹、芍药至百余种，远方异卉如紫兰、茉莉、琼花、山茶等在洛阳也都有种植，总计名花种类在千种以上。凡洛阳名花，在李氏园中莫不应有尽有，仁丰园可说是一个搜罗丰富的观赏植物园了。我国花卉园艺，唐宋时代就很发达，而洛阳由于园林兴盛，更是争奇夺胜。《洛阳名园记》中写道："良工巧匠，批红判白，接以他木，与造化争妙，故岁岁益奇且广。"从这段文字看来，至少当时确已有用嫁接变异来创新品种的方法，虽然记载简略，不能由此就肯定。其中提到仁丰园中除了花木之胜外，还有迎翠、四并、濯缨、观德、超然五个亭的建筑，想来是到花期时作为仁丰园赏花和休息的场所。

（二）属于游息园类型的有十一个，每个名园都有它的特点和擅胜。或位城中，或位郊野，园主人经常前去游息或小住而已，因此它跟宅园在功能上是不同的，所有下述这些游息园和宅园并无遗址残迹或园图保存下来可据以考证而画出平面图，但大体上可从文字中推敲（有详有简）

并推想其规划内容而画出想象的平面图，其目的只是为了能更清晰地了解园的大概内容。

1.董氏西园。首先把西园的概况叙说一下，自南门入园，见有"三堂相望"。除正堂外，稍西有一堂在大地间，过了小桥有一高台，越台再往西又有一堂。往北到了一片竹林，林中有涌泉，称石芙蓉，"水自花间涌出"。林中有小路，"小路抵池南有堂，面向高亭"，从堂前可返至南园门（图3-9）。

西园的特点和布局是怎样的呢？

西园的特点，据《洛阳名园记》中所说，是"亭台花木，不为行列"，也就是说布局的特点是取山林之胜，亭台等摆布不采用轴线、对称等处理方式，花木的种植也不成行列。我们可以这样说，西园布局的特点是能够展开一区复一区的景物。例如入园后先是三堂相望，也许可望而不可即，进园门后的正堂和稍西的一堂成为一个小区。过了流水小桥（它本身就是一景），可上高台，登台而望，全园之胜可以略窥，这是一"起"或称"开"的手法，也是引人入胜的一个起法。越台再往西到了树木森森的一个区，林中又筑有一堂，所谓"开轩窗四面甚蔽，盛夏燠暑，不见畏日，清风忽来，留而不去"。这里，正是盛夏避暑纳凉最相宜的一区，由于林木之盛，才能使清风留而不去，才能有"幽禽静鸣，各夸得意"。往北接着又展开了一片竹林，竹林深处有石芙蓉，顾名思义是石雕

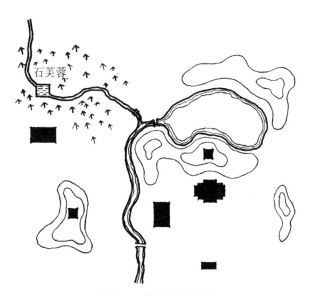

图3-9 董氏西园平面图

的荷花（这里说的芙蓉即是荷花），但又有"水自花间涌出"。这样看来可能是竹林中有个小池，池中有石雕的荷花，水自花间涌出好像喷泉一般。在幽深的竹林中出现一个涌泉令人清心。循林中小路穿行，忽然畅朗，来到了清水漾漾的湖池区。湖池的北面有高亭（大抵位于假山上），南面有堂，遥相呼应。登亭总览全园之胜可说是一结，但结而意犹未尽，于是有堂临池南。转至堂，"虽不宏大而屈曲甚邃，游客至此，往往相失，岂前世所谓迷楼者类也"。

总的说来，诚如《洛阳名园记》作者指出的"此山林之景，而洛阳城中遂得之于此"，西园不愧"城市山林"四字。

2. 董氏东园。东园的概况写得很简略，只说园北向，入门有大可十围的栝（即桧柏的变种），"有堂可居，……南有败屋遗址，独流杯、寸碧二亭尚完（好）"。"西有大池，中为堂，榜之曰含碧，水四面喷泻池中而阴出之，故朝夕如飞瀑而池不溢"（图3-10）。

《洛阳名园记》的作者写道，参观东园时，园已荒芜，房屋也都败坏（仅流杯亭、寸碧亭尚完好），"然其规模，尚足称赏"。这个园是为了载歌载舞宾游的场所，园主宴饮后醉不可归，就在东园住下，"有堂可居"。东园的特色除了古栝外，大池是突出的景物。池水即是"阴出"，想来必由地下引水到池四周，然后四面喷泻入池好像飞瀑一般，同时池水不溢，也就是说池上四周隐有出水口。这样的理水技巧自是高人一等。据《洛阳名园记》中说，洛阳人盛醉的到了这里就清醒，故俗称醒酒池。许是因为水面和喷泻的水能使空气凉爽，令人清醒，不仅构成水景而已。

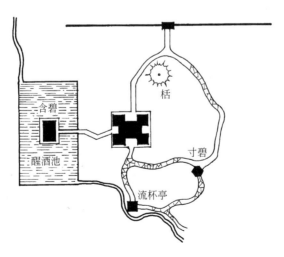

图3-10　董氏东园平面图

3. 刘氏园。记载简短，仅着重说到"凉堂、高卑制度适惬可人意，正与法（式）合"；又说"西南有台一区，尤工致，方十许丈地，而楼横堂列廊庑回缭，栏楯周接，木映花承，无不妍稳"。

刘氏园，别无长处，就是以园林建筑见胜。首先是凉堂这个建筑高低比例构筑合适可人意。有台一区，在不大面积中，楼和堂纵横相列，周围廊庑相接，成为一组完整的建筑群。不但如此还要结合花木的种植，点缀衬托使园林建筑更见优美。这里也可看出古人对于建筑和植物互相结合相得益彰的重视。

4. 丛春园。《洛阳名园记》的作者对丛春园特色的报道是："乔木森然，桐梓桧柏，皆就行列"。树木皆成行列，在《洛阳名园记》的游息园中，只此一园。这是否可以说明我国古代园林中也有像西方规则式配置的先例，是值得研究的。据载此园是"今门下侍郎安公买于尹氏岑寂"。推想起来，丛春园或许本是一个花园子，培植有多种树苗，久不移植，生长高大而形成乔木森然，改建为园林时，就利用这些树木成为一片茂林，所以"桐梓桧柏，皆就行列"，如果这样的一个推想可以成立的话，丛春园可说是苗圃地改建为园的一个先例。丛春园布局的特点也就是能充分利用高大的行列树林来完成闭合式风景的创作，在林中辟出空地，建亭得景，并借景园外。

《洛阳名园记》关于丛春园除行列树外，仅说到有两亭，有一高亭叫做先春亭，另有一亭叫丛春亭。"丛春亭出荼蘼架上，北可望洛水，盖洛水自西汹涌奔激而东。天津桥者垒石为之，直力溃其怒而纳之于洪下，洪下皆大石，底与水争，喷薄成霜雪，声闻数十里"。由于丛春园本身只是一片列树茂林，景色单纯，虽然建亭得景，但若亭不高就无从眺望，所以一则曰高亭，一则曰大亭出荼蘼架上，亭出荼蘼架上本身就是一景；登亭又可借景园外洛水。于是垒石为天津桥，使洛水奔激，底石与水争，发出吼声，又成一景。据《洛阳名园记》的作者说道，他曾在"冬月夜登是亭，听洛水声，久之，觉清洌侵入肌骨，不可留，乃去"。

像丛春园这样景物单纯的园，由于别出心裁地辟地建亭得景，并借景园外，平添多少景色，这是我国园林艺术中优秀传统之一。我国园林建筑的特色就是它本身往往是一个局部的构图中心，同时从这个焦点所在地又可眺望远景，借景于园内外，于是有景中之景，又能景中生景，所谓巧于因借者也。

5. 松岛。在唐为袁象先园，宋初为李文公园，后为吴氏园，已传三世。园中多古松，数百松也，因此称为松岛（图 3-11）。古松参天，苍老劲姿是此园的特色，据载："东南隅双松尤奇""颇葺亭榭池沼，植竹木其旁。南筑台，北构堂。东北曰道院，又东有池，池前后为亭临之，自东大渠引水注园中，清泉细流，涓涓无不通处"。

古松参天已是胜景，加以亭榭池沼竹木的修葺，就成为一个优美古雅的园林了。

6. 东园。"文潞公东园，本药圃"，是以药圃改建为园的先例。"地薄东城，水渺弥甚广，泛舟游者如在江湖间也"。园址在东城，土地瘠薄，那里有一片大水，弥渺漫茫，浮舟水上好似在江湖里一般。东园别无他胜，就是借这片大水为景，又立"渊映、潆水二堂，宛宛在水中"，又有"湘肤、药圃二堂，间列水石"。

7. 紫金台张氏园。"自东园并城而北，张氏园亦绕水而富竹木，有亭四"。张氏园亦临东城水，借景于湖水的园林，并有四个亭（图 3-12）。

8、9. 水北、胡氏园。水北、胡氏园是挨近的两个园子，相距只十多步，"在邙山之麓，潆水经其旁"（图 3-13）。园的特点是"因岸穿二土室，深百余尺，坚完如埏埴（坚固完善好似用陶黏土砌成一般），开轩窗其前以临水上。水清浅则鸣漱，湍瀑则奔驰，皆可喜也"。就黄土河岸掘窑室，本是平常，但开敞窗临水上，就有景可资凭借。土室之东有台榭花木或登台榭眺览四周景色，或徜徉花木之中，或俯瞰峭岸绝壁，全是"天授地设，不待人力而巧者，洛阳独有此园耳"。

从水北、胡氏园可以体会到只要"相地合宜"就有"天授地设"的景可凭借，无须人为施巧就能"构图得体"，成为胜景。

10. 独乐园。"司马温公（司马光）在洛阳自号迂叟，谓其园曰独乐园。园卑小，不可与他园班（列同等地位，或相比的意思）"。园中有所谓"读书堂者，数十椽屋，浇花亭者益小，弄水种竹轩者尤小"。又有"见山台者，高不过寻丈，曰钓鱼庵，曰采药圃者，又特结竹杪落蕃蔓草为之耳"。《洛阳名园记》作者的按语，认为园不足道，只因司马光有咏诸台亭诗描写得很好，传诵于世，"所以为人欣慕者，不在园耳"。

11. 吕文穆园。"在伊水上流，木茂而竹盛，有亭三，一在池中，二在池外，桥跨池上，相属也"。据称伊水清澈，当其上流则春夏也不枯涸。水既清澈，木又茂而竹盛，那么"水木清华"四字，吕文穆园可当之。三亭的配置，一在池中，二在池外，又有桥相连，这种湖亭曲桥的布置，也是后世园林中常见的手法之一（图 3-14）。

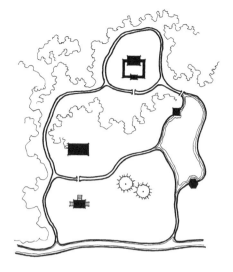

图 3-11 松岛平面示意图

图 3-12 东园、张氏园平面想象示意图

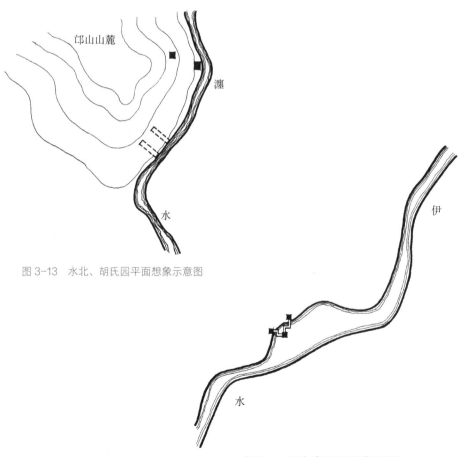

图 3-13 水北、胡氏园平面想象示意图

图 3-14 吕文穆园平面想象示意图

（三）属于宅园类型的有六，所谓宅园就是连居住院旁的园林。

1.富郑公园（富郑公是爵位，富郑公园者富郑公之园也）。《洛阳名园记》的作者写道："洛阳园池多因隋唐之旧，独富郑公园，最为近辟，而景物最胜"。

园的概况：从宅第东，先经"探春亭，登四景堂，则一园之景胜，可顾览而得"。从探春亭往南，"渡通津桥，上方流亭，望紫筠堂而还。"右折"花木中，有百余步，走（经）荫樾亭。赏幽台，抵重波轩而止"。这是在水之南的一区。从四景堂直往北走，入大竹林中，这里有题称洞者四处，所谓"洞"者"皆斩竹丈许，引流穿之而经其上"。横向的一个叫做"土筠"；纵向的三个，叫做"水筠""石筠""榭筠"。经过这一区再往北，"有亭五，错列竹中"，亭的名称是"丛玉""披风""漪岚""夹竹""兼山"。"稍南有梅台，又南有天光台，台出竹木之杪""循洞之南而东还，有卧云堂，堂与四景堂并南北，左右二山，背压通流。凡坐此则一园之胜，可拥而有也"（图3-15）。

从富郑公园的布局来看，在手法上跟董氏西园有相通一致的地方，那就是以景为构图中心，在起结开合中展开一区又一区、一景又复一景的曲折变化，但又能周而复始，多样变化但又能自然而然地统一起来。

富郑公园在宅第的东面，东出探春亭是一个小引（探春二字的题名就是一个引子）。四景堂是主园部分的起处，同时也是结处（周回而还时为结）。由亭往南渡通津桥到叠石掇山的假山和山上的方流亭，返经荫樾亭，赏幽台抵重波轩，这是一个景区。再往北，五亭错列竹中又是一个景区。稍南到梅台、天光台是又一景区。这些景区的划分，或用冈阜，或用竹木，或用水流，同时，用它们来范围而自成一区，这些区好比是园中之园。既有深密幽致的景（旋行花木竹林中），也有开朗的景（四景堂，梅台等）。至于流水小桥池沼亭台点缀其间，正如《洛阳名园记》作者的按语"逶迤衡直，闿爽深密，皆曲有奥思"。

2.环溪。"王开府宅园，甚洁。华亭者南临池，池左右翼而北过凉榭，复汇为大池，周围如环"，因而称作环溪（图3-16）。这几句话已经把全园的轮廓勾勒出来了。简单说来，南有池，北有大池，左右以溪相环接，这样的一个环溪是全园的骨干。《洛阳名园记》上接着写道："榭南有多景楼，以南望则嵩高少室（山名），龙门大谷，层峰翠巘，毕效奇于前。榭北有风月台，以北望则唐宫阙楼殿，千门万户，岩峣（高耸的意思）璀璨（鲜明光辉的意思），延亘十余里……可瞥目而尽也。又西有

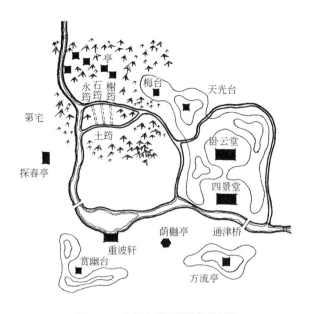

图 3-15　富郑公园平面想象示意图

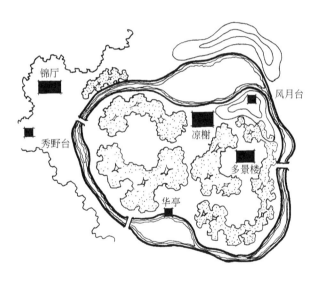

图 3-16　环溪平面想象示意图

锦厅，秀野台。""凉榭、锦厅，其下可坐数百人，宏大壮丽，洛中无逾者。""园中树松、桧、花木千株，皆品别种列。除其中为岛坞（在树丛中辟出空地，好像树海中的岛坞），使可张幄次（可以搭帐幕），各待其盛而赏之"。

环溪这个宅园的布局上有很多巧妙的手法值得学习的，就环溪这个水系本身的理水方法来说也是很别致的。收而为溪，放而为池，既有溪水潺潺，又有湖水荡漾，全园就是以溪池的水景为主题。临水有亭有榭，再加以松梅花木之胜，已十分引人。至于花木中辟出空旷地可以搭帐幕来赏花的手法，足见匠心运用的妙处。更设一台一楼，南望有层峰翠巘的天然远景，北望有宫阙楼殿的建筑远景，全收揽园中，确能巧于因借。至今凉榭锦厅建筑的宏大壮丽，尤为韵事。

3. 苗帅园。本是唐开宝年间宰相王溥的宅园，节度使苗厚购得加以修饰构成。"园既古，景物皆苍老"。园中本有七叶树二株，"对峙高百尺，春夏望之如山然"，于是就在其北建一堂。园中有"竹万余竿，皆大满二、三围"，就在竹林南建一亭。园的东部有水，"自伊水分行而来，可泛大船，今在溪旁建亭。有大松七株，今引水绕之。"有水池宜种植莲荷荇菜，于是借水景而构轩跨水上。对着轩的溪上有一桥亭（即桥上有亭），"制度甚雄侈"（图3-17）。

古木大松，景物苍老，自是难得，益以溪池亭榭，布置合宜，肇景自然，是苗帅园的特色。

4. 赵韩王园。《洛阳名园记》上所载极简，内容不详，只是说："赵韩王宅园……高亭大树，花木之渊薮"。

5. 大字寺园。本是唐白居易宅园，所谓"五亩之宅，十亩之园，有水一池，有竹千竿是也。""张氏得其半，为会隐园，水竹尚甲洛阳。但以图考之，……其水其木，至今犹存，而曰堂、曰亭者，无复仿佛矣"。

当时说来，有水一池，有竹千竿，水竹茂盛是这个园的特点。

6. 湖园。"在唐为裴晋公（裴度）宅园"（图3-18）。园的概况是："园中有湖，湖中有堂，曰百花洲，名盖旧，堂盖新也。湖北之大堂曰四并，堂盖不足，胜盖有余也。其四达而当东西之蹊者，桂堂也。截然出于湖之右者，迎晖亭也。过横池，披林莽，循曲径而后得者，梅台、知止庵也。自竹径望之超然、登之翛然者环翠亭也。渺渺重邃，循擅花卉之盛而前据池亭之胜者，翠樾轩也。其大略如此"。

从布局来看，湖是全园的构图中心，湖面辽阔展开平远的水景。湖中有岛洲有堂，北岸有四并堂，遥相呼应；西岸有迎晖亭正与四并堂、百花洲鼎足而三，构图平稳。这个湖区，无论从湖岸望湖中，从湖上望四岸都有视景，是开朗平远的水景区。横池是大湖的余势，从开朗到幽闭的收缩处。

过横池、披林莽而进，别有一番境地。循曲径数折才能到达梅台和知止庵，从竹林中小径可到达环翠亭，这一带是闭合幽曲的景区，跟开朗的湖区成鲜明的对比，翠樾轩的布置也是值得注意的。在轩四周遍植

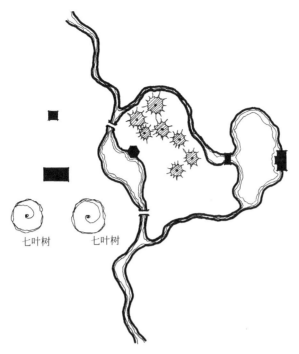

图 3-17　苗帅园平面想象示意图

七叶树　　七叶树

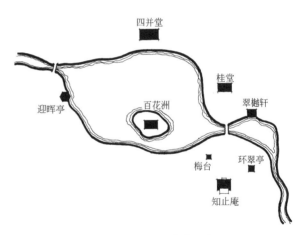

图 3-18　湖园平面想象示意图

花卉，用色彩鲜艳的花卉来衬托园林建筑而前据池亭，这样就又有池水的光亮来反衬花卉使彩色更形鲜明。《洛阳名园记》对于湖园的胜景还提到："若夫百花酣而白昼炫，青苹动而林阴合，水静而跳鱼鸣，木落而群峰出，虽四时不同而景物皆好，则又其不可殚记者也"。这说明园林中的景物应四时不同而皆好，设计时就应注意季节景物的变换而四时借景。

《洛阳名园记》的作者写道："洛人云：园圃之胜不能相兼者六，多宏大者少幽邃，人力胜者少苍古，多水泉者艰眺望。兼此六者，惟湖园而已。予尝游之，信然。"可见对于湖园推崇备至。

095

第四章

北宋山水宫苑到明清建筑山水宫苑

一

北宋的山水宫苑

随着宋朝手工业和商业资本的发达，自然科学和工艺曾经获得了相当的进步。但商业资本还受着封建官僚和国家制度的阻碍，富商并没有能够转成产业的资产阶级。封建国家的官僚为了解决封建制度内部的矛盾，不能不用封建主义的哲学来强化他们的统治。当时产生了所谓理学，它是把老子、庄子、孔子和佛教的思想糅在一起的唯心主义的哲学。宋朝哲学中某些学说讲求"致知在格物"（《大学》）。这句话的本意应当作为"要想得到透澈的知识，就得透彻研究客观的事物"这样来解说。可是理学家的朱熹却加以曲解，把致知和格物分开来，并行列说，而且对于"格物"的解说始终是用"居教穷理"的唯心主义的观点来解说它。宋朝的数学、物理学、化学、建筑学等范围的知识虽然获得了相当的进步，但由于唯心主义理学的世界观的强大，终于阻碍了自然科学的应有的发展。

宋朝建筑承继了唐朝的形式但略为华丽，而且在结构、工程做法上更为完善。这时出现了一部整理完善的建筑典籍，它就是李诫（字明仲）编著的《营造法式》。这本书从简单的测量方法圆周率等释名开始，依次叙述了基础、石作、大小木作、竹瓦泥砖作、彩作、雕作等制度以及功限、料例，最后附有各式图样，这本古代建筑专书可说是集历代建筑经验的大成，是后世建筑技术上的典则。

"从这本书中我们知道木构建筑的设计，主要是以建筑物上使用得最多的木材构件的断面'材'为基础，以它作为一个模数，建筑物结构的主要部分都是以模数的倍数来计算的，在计算这些构件的同时也就完成了形象的设计。这个模数有八个不同种类的实际尺度，这是需要以实际所需建筑物的规模来决定的"。

"在屋架方面，书中列举了八种不同跨度的主梁，用以组合成当时所需要的各种横断面。屋顶有五种不同的结构，也就是有五种不同的样式。从书中所列举的殿堂和厅堂的做法，可以看到使用斗栱和不使用斗栱是两种不同的结构形式。"

"至于门窗、栏杆、楼梯等类，则是以按照实用的尺度，规定其最低和最高尺度。而隔断装置之类，当然是由结构框架所留下的空间所决定了的。这两种性质的各个构件尺度，都是由其本身总高度的份（即十分之几）数所决定的"。

"这种结构是先将各个构件制成成品，然后安装起来。我们还从书中功限部分得知制造每一构件的劳动定额和安装的劳动定额，在料例部分得知使用原材料的定额。可见当时对于建筑实践已经给以极大注意和具有丰富经验。"

"在功限中还有关于抽换梁柱的劳动定额，由此可知这种结构的优点还在于当个别结构构件有损坏时，可以加以更换。由于这些定额都不高，可见当时抽换个别梁柱并不是一件困难的工作"。

"中国建筑的外形达到极完美的程度，是由于它各个部分相互间都具有一定的比例关系所决定的；木构建筑采用构件成品安装的方法来建造是古老的传统，不过到唐代末取得最完善的成就，到宋代才写成专书。以木材为主要材料的建筑也就在此时发展到最高峰了"（以上引文见陈明达《中国建筑概说》，在《文物参考资料》1958 年第三期，第 17–18 页）。

两宋的都市建筑显得较前更为发达。豪华的酒楼和商店，"各有飞阁栏槛"，想见商业的繁荣和都市的发达。从宋人的画中和笔记小说中可看出当时汴梁（开封）和杭州的都市建筑的华丽，坊里整齐并有功能分区的规划。

自从隋朝开凿了大运河后，黄河流域和江淮之间的交通就发达起来。由于商业的发展，汴梁渐渐成为重要的大都市。从五代的后周建都汴梁以后，城市的人口日益密集，因此到北宋时期，汴梁城曾经扩建了三次。第一次是周世宗时候，在原来襄城的四周建了一道新城。北宋定都汴梁后，由于城市更为繁荣，新城外的关厢也日益扩展起来，共有八个关厢。到了宋神宗时候，由于外患日益严重，因此在新城外围又再修建了一个外城，并绕有堞楼瓮城。

汴梁城是以大内（皇宫）为中心，宫城居原襄城的中央偏北，后来新城包围了襄城，外城又包围了新城，有了三重城垣。从大内的宣德门

（相当于北京天安门的位置）延伸的朱雀大街是整个城市的中心轴线，宣德门前就是御街，西边有御廊（好似北京过去的千步廊），中为空旷的庭院。北宋时期的汴梁城中，商店已是沿着大街两侧分布，而且各种行业分别地相当集中起来设在一条街上，形成后来一般城市中习见的市街。

北宋的宫苑和寿山艮岳

宋朝开国以来一百四五十年间，曾多次诏试画工修建宫殿，都是先有构图，然后按图建造。一时名手齐来汴京，各献其技，建筑技术自能精进。这样，一方面发展了界画、台阁画，一方面促进了建筑技术的成熟和法式则例的规定。不说别人，就以宋徽宗赵佶时期来说，先后修建的宏伟的宫苑有玉清和阳宫（公元 1113 年），延福宫（公元 1114 年），上清宝箓宫（公元 1116 年），宝真宫（公元 1119 年）等。这些宫，都是"绘栋雕梁，高楼邃阁，不可胜计"，也都一一有苑囿部分，"异花奇兽，怪石珍禽，充满其间"。

宋徽宗是位风流皇帝，能书善画，三教九流，无所不通，爱色贪杯，无日不歌唱作乐。在位时命朱勔掌聚花石纲，专搜江浙奇花异石，运送汴京，供独夫享受。大宋《宣和遗事》载："搜岩剔薮，无所不到，虽江湖不测之澜，力不可致者，百计出之，名做神运。凡士庶之家，有一花一木之妙的，悉以黄帕遮复，指做御前之物，不问坟墓之间，尽皆发掘。石巨者高广数丈，将巨舰装载，用千夫牵挽，凿河断桥，毁堰拆闸……"为了搜奇刮异，就这样荒唐行事。

据《宣和遗事》载：玉清和阳宫有葆和殿，"前种松、竹、木樨、海桐、橙、桔、兰、蕙，有岁寒、秋香、洞庭、吴会之趣，后列太湖之石，引沧浪之水，陂池连绵，若起若伏，支流派别，萦纡渚泚，有瀛洲、方壶、长江、远渚之兴，可以放怀适情，游心玩思而已"。对延福宫的描述是："楼阁相望，引金水天源河，筑土山其间，奇花怪石，岩壑幽胜，宛若生成"。对上清宝箓宫的描述是："浚濠深水三丈，东则景龙门桥，西则天波门桥。二桥之下，叠石为固，引舟相通，而桥上人物，往还不绝，名曰景龙外江。江之外则有鹤庄、鹿寨、文禽、孔雀诸栅，多聚远方珍怪蹄尾，动数千，实之。又为村居、野店、酒肆、青帘于其间"。

公元 1117 年始筑百步山，役民夫百千万，其中亭池楼观的建造，奇树异石的布置，共费六年功夫才初步落成，更名寿山艮岳。此后，也还不断搜集四方奇花异石充实其中，楼台亭观也日增月累，不可数计，据称山林高深，千岩万壑，而筑山结构之精妙，一时传称胜绝。寿山艮岳可说是宋以后各朝山水宫苑的范例。

根据宋徽宗本人所写的《艮岳记》及《宋史·地理志》的《万岁山艮岳》和《枫窗小牍》的《寿山艮岳》等记文中描述并参照凤凰山的地形图，描出寿山艮岳想象平面图。这个想象图或许对于了解苑的概貌和布局，不无小助（图4-1）。

寿山艮岳位于汴梁城西北隅。那里的地势本来是低洼的，因道士刘混康上奏："若加以高大，当有多男之喜……诏户部侍郎孟揆董工，增筑岗阜，取象余杭凤凰山，号做万岁山，多运花石桩砌，后因神降（注：

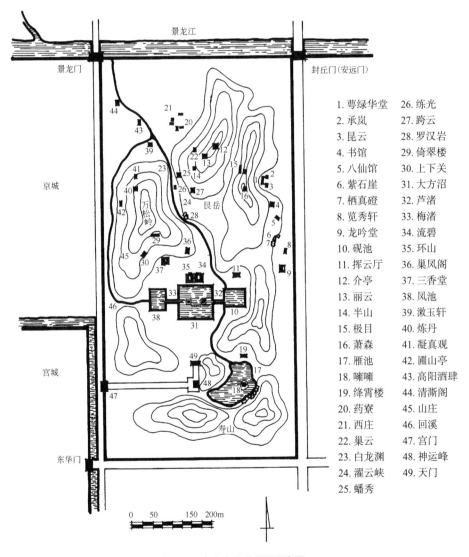

1. 萼绿华堂 26. 练光
2. 承岚 27. 跨云
3. 昆云 28. 罗汉岩
4. 书馆 29. 倚翠楼
5. 八仙馆 30. 上下关
6. 紫石崖 31. 大方沼
7. 栖真磴 32. 芦渚
8. 览秀轩 33. 梅渚
9. 龙吟堂 34. 流碧
10. 砚池 35. 环山
11. 挥云厅 36. 巢凤阁
12. 介亭 37. 三香堂
13. 丽云 38. 凤池
14. 半山 39. 漱玉轩
15. 极目 40. 炼丹
16. 萧森 41. 凝真观
17. 雁池 42. 圃山亭
18. 嶑嶑 43. 高阳酒肆
19. 绛霄楼 44. 清澌阁
20. 药寮 45. 山庄
21. 西庄 46. 回溪
22. 巢云 47. 宫门
23. 白龙渊 48. 神运峰
24. 濯云峡 49. 天门
25. 蟠秀

图4-1 宋寿山艮岳平面示意图

101

即扶乩）有艮岳排空之语，改万岁山，名称为艮岳。"（见《宣和遗事》）。宋徽宗自己写的《艮岳记》中称："有金芝产于万寿峰改名寿岳"）。袁褧的《枫窗小牍》中称："南山成，又改名寿岳"。后人的记述，就把寿山艮岳连称，作为这一宫苑的名称。

艮岳概况：《宋史·地理志·万岁山艮岳》载："艮岳由太尉梁师成董其事，按图度地，庀徒僝工，叠土积石而成"，周围十多里，就总的形势来说，"岗连阜属，东西相望，前后相续，左山而右水，后溪而旁陇，连绵弥漫，吞山怀谷。""其东则高峰峙立，其最高一峰九十步，上有介亭。分东西二岭，直接南山（注：或称寿山）。艮岳之东，植梅以万数，绿萼承跗（注：绿萼为梅花品种中萼为绿色的一类），芬芳馥郁。结构山根（注：山脚建屋），号称萼绿华堂。又旁有承岚，昆云之亭。有书馆外方内圆如半月。八仙馆，屋圆如规。紫石崖，祈真磴，览秀轩，龙吟堂""山之南侧，寿山两峰并峙，列嶂如屏，瀑布下入雁池，池水清澈涟漪，凫雁浮泳水面，栖息石间，不可胜数。其上有噰噰亭，北直绛霄楼"。据《宣和遗事》载："绛霄楼，金碧间，势极高峻在云表，尽工艺之巧，无以出此"。

"山之西，有参、术、杞、菊、黄精、芎䓖，被山弥坞中，号药寮。有西庄，禾、农麻、菽、麦、黍、豆、粳秫，筑室若农家，故名。上有巢云亭，高出峰岫，下视群岭，若在掌上。自南徂北，行岗脊两石间，绵亘数里，与东山相望。水出石口，喷薄飞注如兽石，名之曰亭：白龙渊、濯龙峡、蟠秀、练光、跨云亭、罗汉岩。又西有万松岭，岭畔有倚翠楼，半山间楼，青松蔽密，布于前后。上下设两阁，阁下有平地，凿大方沼，沼中作两洲，东为芦渚，亭曰浮阳；西为梅渚，亭曰雪浪。西流为凤池，东出为雁池。中分二馆，东曰流碧，西曰环山。有阁曰巢凤堂，曰三秀堂。东池复有挥云亭，复由蹬道盘行萦曲，扪石而上，既而山绝路隔，继之以栈木，倚石排出，周环曲折，有蜀道之难。跻攀而上，界亭，亭左复有亭曰极目，曰萧森；右复有亭曰麓云，曰半山。北俯景龙江，长坡远岸，弥十余里。""引江之上，流注山间，西行为漱玉轩。又行石间，为炼丹凝真观、园山亭，下视江际，见高阳酒肆及清澌阁。北岸万竹苍翠蓊郁，仰不见日月。北岸有胜筠庵、蹑云台、萧闲馆、飞岑亭，无杂花异木，四面皆竹。支流别为山庄，为回溪。""又于南山之外为小山，横亘二里，曰芙蓉城，穷极巧妙，而景尤门外，则诸馆舍尤精。其北又因瑶华宫火，取其地作大池名曰曲江，池中有堂曰蓬壶，东尽封丘门而止。其西则自天波门桥引水直西，始半里，江乃折南又折北。折南者遇闾阖门，为复道通茂德帝姬宅。折北者四五里，属之龙德宫"。宣和四年宋徽宗自为《艮岳记》。

参看想象示意图来读这段文字的描述，对于寿山艮岳的规制和概貌就可能有一个比较清楚的印象了。

寿山艮岳的形式跟汉唐的建筑宫苑是不同的。从内容来看，寿山艮岳完全是为了"放怀适情，游心玩思"，因此山水的创作是主题，是从景出发来修建的。虽然宫苑中堂轩楼馆这类园林建筑也不少，但它们的布置是从景上着眼的，而不是像宫殿那样的成组建筑。这就是说，它们是根据景的要求随形而设，列于上下，是景的产物。

从寿山艮岳总布局来看，可以体会到跟山水画创作的理论相一致的地方。从艺术的表现上看，处处可以体会到以诗情画意写入园林的特色。首先，从寿山艮岳的山水骨干的分析来说，全苑是以艮岳为构图中心的。艮岳的掇山，雄壮敦厚，是整个山岭中高而大的主岳，而万松岭和寿山是宾是辅。有了它们，有了这些"岗阜拱伏"，而后"主山始尊"。艮岳的最高峰位置有介亭，是众峰之主，而东岭的诸峰是宾。从这里我们可以体会到园林中掇山立局要分主宾，要有尊辅，这在山水画的创作上叫做"先立宾主之位，次定远近之形"（宋李成《山水诀》）。掇山时还有所谓顺逆之分，"大小岗阜朝揖于前者顺也，无此者逆也"（宋韩拙《山水纯全集》）。寿山和万松岭就是朝揖于前者顺也。有了顺逆也就可以"重叠压复，以近次远，分布高低，转折回绕，主宾相辅，各有顺序"（清唐岱《绘事发微》）。

总的立局既定，就可以"布山形，取峦向，分石脉……安坡脚"（五代荆浩《山水节要》），也就可以"支陇勾连，以成其阔，一收复一放，山渐开而势转；一起又一伏，山欲动而势长"（宋韩拙《山水纯全集》）。这就是说，要把立山的局势开展出去，从而产生曲折变化。寿山艮岳的立局手法又未尝不是同一原则的运用。从《艮岳记》的"岗连阜属，东西相望，前后相续……"等描写掇山的形势是可以体会到的。既有夷平之势的万松岭又有峻峭之势的艮岳诸峰，更有危险之势的紫石崖和登介亭的蹬道栈木。寿山和艮岳既是重叠之势，又是近山和远山，但形状又勿令相犯。随着这些岗岭的或开或合，形成幽谷大壑；或收或放，形成支院勾连，势转而形动，于是，诚如《艮岳记》所说："仰顾若在重山大壑幽谷深崖之底，而不知京邑空旷坦荡而平夷也"。

掇山必须理水，有山有水才能生动。所谓"山脉之通，按其水径。水道之达，理其山形"。艮岳也是如此，"左山而右水，后溪而旁陇"。列嶂如屏的寿山，有瀑下入雁池，……池水出为溪自南向北，行岗脊两石间，往北流入景龙江，往西与方沼、凤池相通，形成了艮岳的水系。

综上所叙，山水系统就是寿山艮岳地形创作的布局。然后，在这个山水骨干的基础上，随着形势"穿凿景物，摆布高低"（宋李成《山水诀》），辟有多个景区，艮岳是一个山景区，万松岭和寿山又各为一个景区，并各有亭台楼轩的布置。艮岳的东麓下，植梅以万数，梅林中又构有萼绿华堂和轩、馆等，这不是一个景区，以梅花取胜。艮岳之西的药寮是药用植物区（这可能跟宋徽宗好道求仙有关）。西庄是农家村舍区。专制帝皇，往往在赏心适情的别苑中有农家村舍的布置，一方面是从欣赏田野风味出发，另一方面也借此表示统治阶级重农，达到笼络人心、巩固统治的作用。白龙沜、濯龙峡等是一溪谷景区。雁池、方沼、凤池连成一个水系，池中有洲，洲上有亭，是水景区。万松岭南又是一个河景区。

在不同的景区，随着不同的形势，根据不同的要求来布置园林建筑，寿山艮岳可说是一个范例。据峰峦之势可以眺望远景的地点有亭的布置，如介亭等。依着山岩之势来作楼的有倚翠楼、有绛雪楼。沼中有洲，或植芦或植梅，花间隐亭。总之，都要随形相势安排园林建筑，所谓"宜亭斯亭，宜榭斯榭"（计成《园治》），好似"天造地设""自然生成"一般。

正由于如上所说构园得体、精而合宜，才能有《艮岳记》所描述那样，"中立而四顾，则崖峡洞穴，亭阁楼观，乔木茂草，或高或下，或远或近，一出一入，一荣一凋，四向周匝徘徊而仰顾，若在重山大壑幽谷深崖之底……"，达到"妙极山水"的境地。

在叠石掇山的技巧方面，到宋朝确已有独到的特点。不仅掇山必多运花石妆砌，而且构山必有石洞。据《癸辛杂识》前集艮岳一段中云："万岁山大洞数十"。又载："其洞中皆筑以雄黄及卢甘石，雄黄则避蛇虺，卢甘石至天阴则致云之蓊郁，如深山穷谷"。如果这个记载可靠的话，这样的放生石灰石（炉甘石）来选作云烟画写，并不足取，也不必学。

赵佶（宋徽宗）喜好搜取环奇特异珞琨之石，独立设置加以欣赏，好似欣赏雕塑作品那样。但这种独立特置的块石，不是艺术创作的作品而是自然的作品。例如艮岳介亭前有"巨石三丈许，号排衙。巧怪巉岩，藤萝蔓延，若龙若凤。"又载及宣和四年（公元1122年）朱勔到太湖取石，"得太湖石高四丈，载以巨舰，役夫数千人，所经州县，有拆水门桥

104

梁凿城垣以过者"，数月运到汴京，赵佶赐名"昭功广神运"。《宣和遗事》载：有"金芝产于万岁峰，改名寿岳，其门号为阳华门，两旁有丹荔八十株；有大石曰：'神运昭功'立其中，旁有两桧，一夭矫者，名做朝日升龙之桧，一偃蹇者，名做卧云伏龙之桧；皆玉牌填金字书之。岩曰：玉京独秀太平岩；峰曰：卿云万态奇峰"。这种特置块石的风气可能是受山水画中画石的影响和当时上层阶级的风尚有关。例如米芾就有爱石成癖的怪性情，据说他有一次在无为州（安徽）看见了一块很怪很丑而又很大的石头，竟然穿了礼服向石头行礼，喊它老兄（拜石为丈的典故）。这种独立特置块石常作为一景，一个局部的构图中心，并成为园林中的特色之一。置石的方式自宋以来不断发展，方式很多，其中有不足取的，也有可取的，要看构图的要求和具体条件而定。由于艮岳这一作品早已荡然无存，这里就无从对置石方式加以评论。我们在讲到清朝的几个宫苑，特别是北海时，将着重提到置石的各种方式。

从上面的叙述中，可以确切地了解到北宋的宫苑是以山水创作为骨干为主题的。这个时代的山水创作，体现了艺术家对于自然的认识和感情，真实地深刻地具体地反映了自然，是通过作者的创作意识表现了综合形象的美的自然，即典型的山水，达到了妙极山水的境界（不是单纯的逼真），同时穿凿景物（包括树木花草，亭台楼阁），列布上下，组成山水园。具有这样一种卓特风格的宋朝宫苑，我们特称之为北宋山水宫苑。元、明、清的宫苑无非在承继这一传统的山水宫苑形式的基础上加以发展。

当然称作"山水宫苑"并不是说就只有山水之妙而没有亭榭楼阁或没有禽兽的畜养了，只是亭榭楼阁等园林建筑，并不是成组的宫殿，而是随形而设成景的产物。囿的特殊内容，如果主要是指养禽兽而说，还是构成宋代宫苑的组成部分之一，然而已不是主要部分。同时宋代宫苑里禽兽的畜养，已不再是供狩猎之游用，而是如同园林建筑、植物题材一样，成为园林的景物。寿山艮岳驯养禽兽是很多的。据《枫窗小牍》的记载，当金人从燕京、太原两路会师汴京，困围京城时，赵桓（赵佶的儿子）命取山禽水鸟十余万，尽投之汴河……又取大鹿百千头，杀以饷卫士，可见当时宫苑中畜养禽鸟和鹿的盛况。一个山水宫苑中有岗阜有丛林有池沼，也就是有可供驯养动物水禽的自然生活境域。这些既不伤害人而又可豢养的禽兽委积其间，可以增加自然之趣。水禽的浮泳池上，飞翔空中；麋鹿的奔走丛林中，或饮水池畔或独立岩上，总之这些飞禽驯兽的活生生的生态本身就是景物。

元明清的都城和太液池

元明清的绘画艺术和宫苑

赵匡胤建立宋朝以后，由于基础不巩固，政策失当，对内严防，对外忍辱苟安，国家日趋文弱；接二连三地受到外族辽、金、西夏和蒙古族的侵入，虽不断有人民起义的斗争，政府中也有抗战派和为正义而奋战的将士，但终于有在公元1127年北宋亡于金、公元1279年南宋亡于元的结局。

蒙古统治中国后，到忽必烈时候才改国号为大元（公元1264年）。中国在唐宋时代高度发展的封建文化，到了元朝在蒙古统治阶级的压迫和摧残下，受到了严重挫折。蒙古人虽因用野蛮的军事力量征服欧亚各民族，从而使当时的东西交通畅达，贸易也有发展，商业经济表面上也呈现了繁荣。但是，由于这种商业资本的支配者不是中国人而是中亚的色目人，因此对于中国的工商业和农村经济反而起着破坏的作用。由于军事上扩展也使东方和西方的文化沟通，西方的天文学、数学、医学、建筑学等，渐渐输入进来。当时的中国，虽也接受了一些外来的东西，但外来的艺术风格和技巧都不曾在中国艺术上产生过大的影响。

在蒙古统治中国时期的政治压迫和经济剥削情况下，社会思想起了很大的变化，落后的宗教、藏传佛教、道教的哲学，消极的遁世思想，以及复古主义的观念得到了发展。表现在艺术上的就是宋朝滋生的复古主义和文人墨戏在元代得到了有力发展的基础。元代绘画的主要的倾向是师法古人，元代画家认为山水画到了宋朝已登峰造极了，只要以董源、李成、范宽三大家为师来作画的就可以了。号称元代四大画家的黄公望、王蒙、吴镇、倪瓒，在画法上都是以董源、巨然为师，然而那时的画家们还没有被古人的形式完全束缚住，还能别具真意。黄公望（字子久）首倡："画不过意思而已"。倪瓒（字云林）说过："所谓画者，不过逸笔草草，不求形似，聊以自娱耳"，又说："余之竹，聊以写胸中逸气耳，岂复较其似与非，叶之繁与简，枝之斜与直哉"。总之他们认为绘画应该是抒发自己的意志而采取水墨淡彩和山水画的道途。既然不求形似而要超然物外，是借水墨以寄胸中逸气的，就必然在艺术理论上是主观主义的，在作风上是属于形式主义的。因此，元代山水画虽然继承唐宋文人画抒发意趣而达到所谓意境高超、笔法简练的完成时期，但正如鲁迅曾说过："元人的水墨山水，或者可以说是国粹，但这是不必复兴，而且即使复兴起来也是不会发展的。"

朱元璋起兵江南，完成了驱逐蒙古统一中国后，民族得到了解放，商业得到了正常的发展。明朝中叶和欧洲人通商以后，使都市经济得到繁荣。另一方面，由于土地大量集中兼并，更使农村小农经济遭到破坏，社会矛盾日益尖锐，虽然朱元璋曾综合历朝统治经验创立新制度，大权独揽，完成了极端君主专制的政体，但明朝从英宗（朱祁镇）起，政治越演越腐败，贪污越来越盛行，造成无数的内乱和外患，已显出封建制度衰败的征兆。

就明朝绘画来说，政治思想上复古主义的发展，哲学上宋朝的理学和主观观念论的继续发展，使得绘画上复古主义和文人画得到了进一步的成长，风靡一时。明朝初叶的戴进和沈周、文徵明、唐寅、仇英四家虽然大都追求仿画古人作品，毕竟还有独到的功力。但是到了明末的莫是龙、董其昌、陈继儒等发出南北宗的说法之后，还把"南宗"山水加上一个"文人之画"的头衔来尚南贬北，中国绘画，特别是山水画，才被分成俨然对立的派别而且越演越衰颓。

清代的山水画，在作家的数量上可以说是空前之多，但大都是"远法大痴，近师文、沈"，陷在师古仿古的圈子里，越来越枯燥无生气。称为清初画坛四王——王时敏、王鉴、王原祁、王石谷，他们的作品虽然纯熟而秀润，但毫无写实创作精神，没有充沛的生气。当时也有起而反对师古浪潮的，像明末清初的八大山人、石涛、石溪、龚贤、渐江、梅清等，以及扬州八怪中的金农、罗聘、高翔、王慎诸画家。他们的作品确也有一定的生气，然而他们本身同样有"文人画"家的气质。到了清末，画坛上的画家也就像康有为所说的"其遗余二三名宿，摹写四王二石之糟粕，枯笔如草，味同嚼蜡了"。

明朝末叶政治极端腐朽，农民起义军由于政治上短见难以成功，当时吴三桂开关求援，汉族士大夫又甘心降敌，造成了多尔衮和福临入主中国的机会，建立了清朝。清代满族的祖先属于女真部落，由于人参贸易的发展而强盛起来。建州女真的努尔哈赤接受了汉族文化，开始用武力统一女真部落而建立金汗国。到了皇太极时候国势更盛，改金为清，改女真为满洲。人口极少、经济原始、文化落后、军队杂凑的满族入关后利用汉人治汉而做了中国统治者。

康熙（玄烨）登位以前，虽不断有抗满运动的兴起，但缺乏统一步调团结精神，只是此起彼伏，毫无成就。康熙是清代第一个英明的皇帝，完成了统一中国的事业，相对地减轻了对人民的剥削，并向外侵夺了许多邻族的土地，使清代在中国的统治巩固起来。在内政方面，康熙发挥了统治术，采取优礼文士的政策，除了少数义士外，一般士大夫全入他的牢笼中。他又开设博学弘儒科，提倡程朱派理学，汉族的反满运动呈现低落的形势。因之，康熙时期成为清代全盛时期。当然康熙的怀柔政策并不能掩蔽他的残酷性，后期曾兴文字狱，镇压威逼。康熙在位时候除了把禁中的三海加以修建外，又建造了静明园（玉泉山）、畅春园、万春园和热河避暑山庄等宫苑。

雍正（胤禛）在做皇子的时候就建造了圆明园，后来又大加修饰。雍正登位之后，厉行特务政治，大兴文字狱，对于反满首谋，采取严惩、劝诱、悔过等方法，并不见实效。乾隆（弘历）登位后，效法乃祖康熙的怀柔政策又侵夺邻族，遂成就所谓十全武功而成为清代武功全盛时期。

乾隆性喜奢靡，好夸张升平，曾数下江南，沿站设置行宫，浏览风景名园，并图画以归，仿其制建造在宫苑中。他曾扩建了圆明园增景四十八，新建了清漪园（即今颐和园）和长春园，修饰了避暑山庄增景三十六，几乎把所有清代的离宫别苑都加以修饰甚或改建、扩建。康熙、雍正、乾隆是清代兴盛时期，对外用兵虽然获得巨大胜利，同时也引起财政上困难，加上乾隆的浪费无度，因而对人民的剥削不断加重。乾隆晚年，统治阶级的腐化日盛，官吏贪风大盛，所以嘉庆（颙琰）以后，清代就走上衰落的道路。

嘉庆时期，清代政权呈现了腐烂的局面，民变到处发生。道光（旻宁）时期，整个统治阶级不仅全部腐化而且大部毒化（吸鸦片）。可耻的鸦片输入，使中国发生银源枯竭的危险。"贿赂行为和鸦片烟箱一同侵入了天朝官僚界的肺腑，并破坏了宗法制度的柱石"（马克思），结果爆发了鸦片战争（1840 年）。因为清代的腐败和投降派的得势放手卖国，中国人民就起来，进行反英反满的斗争，鸦片战争以后，中国不再是完整的封建社会，而一步一步地变成了半殖民地半封建的社会。接着太平天国革命，它是反对清朝封建统治和民族压迫的农民革命运动，但太平军在建都南京后，由于领导集团犯了许多政治上和军事上的错误，因此不能抵抗清朝军队和英美法侵略分子的联合进攻，而在 1864 年失败。

从同治（载淳）到慈禧、光绪（载湉）时期，中国半殖民地半封建社会的地位早已确定。在这个新形势的时期，统治阶级分成顽固派和洋务派两大派，顽固派妄想闭关自守，盲目排外。洋务派（基本成分是军阀、买办、官僚）虽宣称要自强办新政，但所谓自强的新政只是力求本集团的自强而不是求中国的自强，在外交上极端退让，造成割地赔款的狂潮。在这丧地辱权、国家极大危机时代，同治还想重修第二次鸦片战争时帝国主义焚毁的圆明园，终因财政困难而刚开工就又停工，慈禧在甲午战争之年，因为正值她六十岁，提海军经费大修颐和园，准备举行万寿盛典，办"点景"。所谓"点景"，就是从城内大街出西直门到颐和园的沿路要扎彩亭彩棚，种花、奏乐演剧。慈禧的腐败和浪费就是这样地骇人。中国人民反抗外国侵略的义和团运动激发后，帝国主义又进行武装干涉，所谓八国联军在天津、北京及所到地区烧毁残杀，抢劫奸淫（这时颐和园又遭到毁坏），慈禧和光绪逃到太原又逃到西安。丧权辱国的《辛丑条约》签订之后，慈禧回到北京。她又大修颐和园，穷极奢丽，日费四万两，歌舞无休日，正是荒诞到极顶。

元明清的都城和西郊胜区

元、明、清三代所建的都城范围全在今天北京的市区界限内。

早在战国时代，燕的都城叫做"蓟"，就在今日北京城区的西城部分。从秦、汉直到唐朝，蓟城不但是我国北部一个商业中心，而且逐渐发展成为军事上的重镇。五代和北宋时候，辽以蓟城为陪都称"南京"。到了南宋时候，金在灭辽之后，迁都到蓟城，改名叫"中都"。公元 1215 年，金中都为蒙古人剧烈破坏，只有中部郊外的离宫（它的位置在今日的北海、中海部分）尚完好。公元 1267 年，元代建都城的时候就以尚存的离宫为中心，东建宫城，西建太后宫，外以萧墙回绕西宫和琼华岛御苑作为王城。这时就以这个王城为中心，并在外廓建土城，称做"大都"。

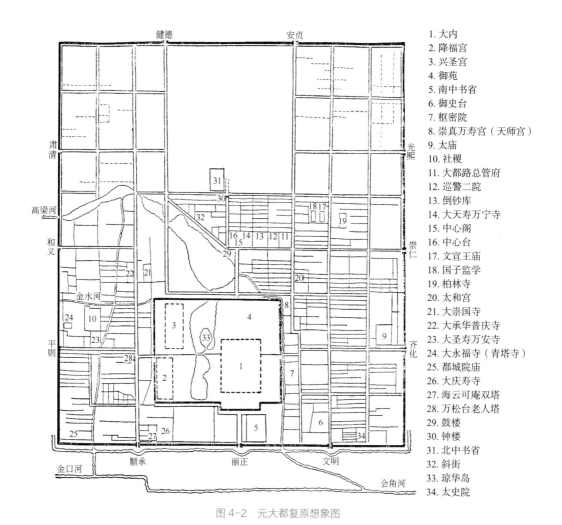

图 4-2　元大都复原想象图

下面是图中标注的说明：

1. 大内
2. 降福宫
3. 兴圣宫
4. 御苑
5. 南中书省
6. 御史台
7. 枢密院
8. 崇真万寿宫（天师宫）
9. 太庙
10. 社稷
11. 大都路总管府
12. 巡警二院
13. 倒钞库
14. 大天寿万宁寺
15. 中心阁
16. 中心台
17. 文宣王庙
18. 国子监学
19. 柏林寺
20. 太和宫
21. 大崇国寺
22. 大承华普庆寺
23. 大圣寿万安寺
24. 大永福寺（青塔寺）
25. 都城院庙
26. 大庆寿寺
27. 海云可庵双塔
28. 万松台老人塔
29. 鼓楼
30. 钟楼
31. 北中书省
32. 斜街
33. 琼华岛
34. 太史院

图中城门及河流名称：健德、安贞、肃清、光熙、高梁河、和义、崇仁、金水河、平则、齐化、金口河、顺承、丽正、文明、会角河

　　元大都的外形是南北稍长的长方形（图 4-2），周围六十里，内有宫城（或称大内），位在大都的南部，而钟鼓楼正居全城的中心点。元大都的东、南、西三边，每边三个城门，北边只有两个城门。宫城居中，左庙右社，前朝后市，与周制同。当时的商业中心在今什刹海北岸，那里也正是北运河的起点。当时的居住街坊，规划很整齐；以平直宽阔的街道划分为五十坊，极为壮观。据《日下旧闻考》载："大街二十四步阔，小街十二步阔，三百八十四巷，二十九弄通"。

　　明灭元后，朱元璋建都在应天（即今南京），城周九十六里，宫城居中，左庙右社，前朝后市，并有显明的中轴线。朱元璋首派萧洵等有计划毁坏元故宫，并把大都改称北平府。但到了明成祖（朱棣）时候，又就元大都故墟重建都城，并在公元 1419 年改称北京。重建时把都城的北边向南移了五里（现在德胜门外五里的上城遗迹就是元大都土城的北边），把都城的南边向南伸展了约一里，就成为今日北京内城的形状。由于元故宫已被毁坏，重建时对于城区的平面规划也作了修改，把长安街移到了现在的位置，把宫城的中轴线稍向东移，使正阳门、宫城和鼓楼位在一条直线上，这样就构成了明显的中轴线。紧挨着宫城的北面加筑了景山，它的正中的山峰成为全城的中心点和制高点。

到了明朝中叶，鉴于东北方面来的军事威胁，拟在北京城的四周再加筑一个外廓城，内外城垣的距离，计划是五里。当时的正阳门、崇文门、宣武门一带已很繁荣，工商业发达，居民很多。加筑外廓城的工程动工之后，因费用浩大，财力不足而中途改变了计划。仅仅筑了南面的外城部分，在东便门和西便门地方就收缩进来跟内城相连，于是北京城的轮廓就成为今日的凸字形了（图4-3）。

北京是明清两代政治文化中心的都城，它的规划必然反映出封建社会思想内容和阶级性。全城的布局是以宫城居中，即天子为中心，并有天坛、地坛、日坛、月坛分布四方，所谓天南地北日东月西，拱伏在天子的四周。城市用地的区划有帝王居住的宫城（紫禁城），有内府官员居住的皇

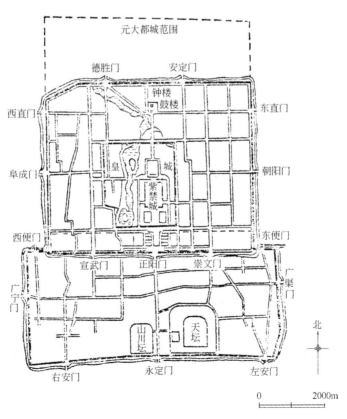

图4-3 明朝北京城略图

111

城区，有为衙署以及官员和贵族修建的居住区，而平民只能鸠集在城外，清朝更因民族矛盾而命令汉族居住外城，满族和官员才能居住内城。

北京的近郊区以西郊为园林胜区（图4-4）。海淀镇以北，清华园以西，玉泉山以东，萧家河以南，这一带是地下泉源丰富、自然条件优越的平原地区，到处可见有清清的水流和自流泉水，而且从这里可以看到连绵不断的西山，所以历代建都北京的统治者都看中了这一带地区，不断在这里修建了许多离宫别苑；贵族和官员们也在这里修建游息园，西郊就逐渐成为北京的近郊的风景胜区。

早在辽圣宗时期，开泰二年（公元1013年），就在玉泉山建立了行宫，金章宗时期（公元1190-1208年）又在那里建造了芙蓉殿并在香山营造了景会楼。元代以后，当日辽金的离宫虽然多已荒废，但是明朝的贵族们却不断在这一带修建别墅、园林以及坟院，因此，在十里内就可看到红楼飞阁和梵宫琳塔的美景。

清代也在这一带建造了很多的宫苑。康熙曾就明朝李伟的清华园旧址修建了畅春园，作为他"避喧听政"的地方，后来又改建澄心园为静

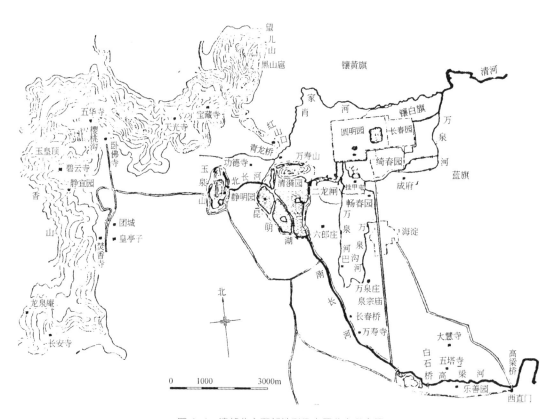

图4-4　清朝北京西郊地形及寺园分布示意图

112

明园（即玉泉山），又建造香山行宫等。到了雍正、乾隆时期，这一带兴筑的园林日盛。如果以圆明、万春、长春三园为中心画一个半圆的扇面形地段，在这个范围中正南有澄怀园（现为东北义园），西南有蔚秀园和承泽园，东南有朗润园、勺园（以上四园都在今日北京大学校址内），东有近春园和熙春园（在今日清华大学校址内），西南一亩园和自得园（现为中央党校）。再往西就接上清漪园（即颐和园），静明园（即今玉泉山）和静宜园（即香山），以及卧佛寺、碧云寺等。这样东西两翼延伸达二十多里的扇面地带内，处处是岗阜泉流连绵委曲在园林中，是亭阁台榭隐现在云烟树梢间，呈现出一幅园林胜区的美丽图画。

虽然这一带的少数名园像圆明园、澄怀园、勺园等今日已荡然无存，有的名园旧址已成为新建筑区，有的名园在新中国成立后重加修茸，为人民服务，像颐和园、玉泉山、香山、卧佛寺、碧云寺等，我们相信随着北京市的建设发展，这一带将以改变了的新面貌出现。在不久的将来，全市实现大地园林化，北京要成为中国城市中最美丽富饶的都市。

太液池和西苑

北海地方，远在北京城还没有建以前，就已经开辟成为一座宫苑，到今天已有八百多年的历史。早在辽的时代建立燕京的时候，就开始在北海这块地方建瑶屿行宫。金的时候，海陵王在辽燕京的故址建立了中都，并在城北修离宫叫做大宁宫，它就在今日北海这块地方。完颜雍迁都燕京后，公元1163年开挑海子称金海（即太液池），垒土成山（即琼华岛），栽植花木，营构宫殿。那时在岛上建有瑶光殿，又把北宋京城（汴梁）里寿山艮岳的奇石运来堆叠石山，作为游幸之所。蒙古人灭金后，忽必烈来到中都，在至元四年（公元1267年）建大都时，选择了这个离宫区兴筑宫城，作为新城的核心。因为北海的山岛（即琼华岛）适在禁中，遂赐名万岁山（他就住在这里），把金海改名叫做太液池。太液池东为大内，西为兴圣宫（今北京图书馆址）、隆福宫，三个宫鼎足而立。琼华岛南面有仪天殿，就是今日团城所在地。到了明朝，琼华岛和太液池沿岸部分，或增筑或修缮已有大的改变，并加扩建成西苑（包括中海、南海部分）。到了清代，增修更多，面貌日异，成为今日中海、南海、北海旧址的面貌。这里我们将按着元、明、清顺序，还它本来面目加以叙说。

元代太液池、万岁山的概况大略如图4-5所示。

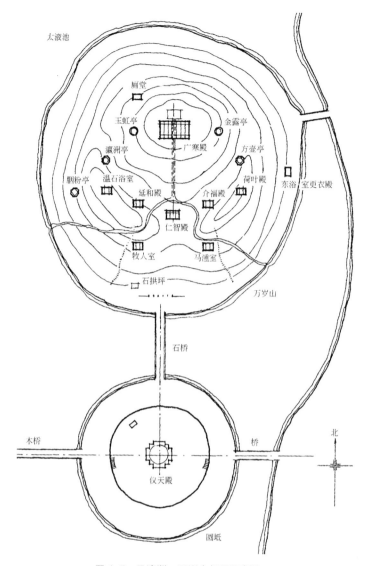

图 4-5 元瀛洲、万岁山复原示意图

据《顺天府志》记载："万寿山（注：即万岁山的又一别称，不是颐和园的万寿山）在大内西北，太液池之阳，金人名琼华岛……其山皆以玲珑石叠垒，峰峦隐映，松桧荫郁，秀若天成。引金水河至其后，转机运斗，汲水至山顶，出石龙口注方池，伏流至仁智殿后，有石刻蟠龙，昂首喷水仰出，然后东西流入太液池"（注：这个水工建筑已淤塞）。

"山上有广寒殿七间，仁智殿则在半山，为屋三间。山前白玉桥，长二百尺，直抵仪天殿后（注：广寒、仁智殿，明代时候尚存，到清朝已败坏并改建）。殿（注：指仪天殿）在太液池中园坻上（注：园坻即今日团城），十一楹正对万岁山。桥之北有玲珑石，拥木门五，门皆为石色。内有隙地，对立日月石，西有石板坪，又名石坐床（注：今不存）。左右皆有登山之路，萦纡万石中，洞府出入，宛转相迷（注：即今琼华岛后山的叠石和山洞）。至一殿一亭各擅一时之妙。"

"山之东为灵圃，奇兽珍禽在焉。金露亭在广寒殿东……亭后有铜幡竿。玉虹亭在广寒殿西……方壶亭在荷叶殿后……重屋八面，……，自金露亭前复道登焉，又瀛洲亭在温石浴室后，……荷叶殿在方壶亭前，仁智殿西北，三间方顶……中置涂金宝瓶。圜亭又曰脂粉亭，在荷叶殿稍西，盖后妃添妆之所也。……介福殿在仁智殿北，有八面，三间……延和殿仁智殿西北……马湩室在介福殿前，三间，牧人之室在延和殿前，三间，庖室在马湩前东，浴室更衣殿在山东平地。三间，……"。

元代太液池万岁山的设计，也可说是仿秦汉神山的传统。三山之巅，各有殿室，东山顶是荷叶殿，西山顶是温石浴室，正中山顶是广寒殿，广寒殿是元世祖忽必烈时期的主要宫殿，元代不少盛典是在这里举行的。因此这里的殿室虽然依山而筑，但还是左右对称，格局整齐。广寒殿左有金露亭，右有玉虹亭，广寒殿前下的山畔有三殿并列，中为仁智，左为介福，右为延和。方壶、瀛洲两亭也是一左一右互相对称。至于设置牧人室、马湩室、温石浴室等建筑还可想见游牧民族的生活内容。

根据资料来看，明朝曾就万岁山太液池部分加以修治，并把宫苑范围扩到今日的中海、南海部分总称为西苑。明朝各个帝王对于西苑也或多或少有增修。明英宗（朱祁镇）在位时候，曾召大臣从游，杨文贞、李文达、韩雍各有《赐游西苑记》的文作。这里把李贤的《赐游西苑记》摘要录出，从中可以了解到明代西苑的概况。李贤是从中海的苑门进去，主要是北海的部分。

"初入苑门（注：即今日的西华门），即临太液池（注：指中海部分）。蒲苇盈水际……芰荷翠洁……循池东岸北行，榆柳杏桃，草色铺岸如茵，花香袭人。行百步许至椒园，松桧苍翠，果树分罗。中有圆殿，金碧掩映，四面豁敞，曰：崇智。南有小池，金鱼作阵，游戏其中。西有小亭临水，芳木匝之，曰：玩芳（注：以上这一段景物都在今中海）。又北行，至圆城（注：即今曰团城）。自两腋洞门而升，上有古松三株，……前有花树数品，香气极清。中有圆殿，巍然高耸，曰：承光（注：元代为仪天殿，明改称承光）。北望山峰，嶙峋崒崒，俯瞰池波，荡漾澄澈，而山水之间，千姿万态……西有长桥（注：指金鳌玉蝀桥前身）跨池下。过石桥（注：指有积翠、堆云两坊的永安桥）而北，山曰万岁山（注：即琼华岛，今通称白塔山），怪石参差，为门三（注：元代为玲珑石，拥木门）。自东西而入，有殿倚山左右，立石为峰，以次对峙，四围皆石……佳木异草。……两腋叠石为磴，崎岖折转而上，岩洞非一，山畔并列三殿，中曰仁智，左曰介福，右曰延和（注：三殿为元代时候原有）。至其顶，有殿当中，栋宇宏伟，檐楹翚飞，高插云霄之上。殿内清虚，寒气逼人，虽盛夏亭午，暑气不到……曰广寒（注：元代原有）。左右四亭，在各峰之顶，曰：方壶、瀛洲、玉虹、金露（注：四亭皆元代原有）；其中可跂而息，前崖有壁，夹道而入，壁间四孔以纵观览……"。从这段描述来看，万岁山这一部分，在明朝时期跟元代时期并无多大更换，但从琼华岛往北就增建有不同的景物。

"下过东桥（注：指今日的陟山桥前身），转峰而北，有殿临池，曰：凝和（注：大抵在今船坞一带）。二亭临水，曰：拥翠、飞香。北至艮隅（注：即东北角），见池之源（注：即今日北海公园后门的西面入水处）。云是西山玉泉逶迤而来，流入宫墙，分派入池。西至乾隅（注：即西北角），有殿用草，曰：太素（注：大抵在今北海北岸阐福寺一带）。殿后草亭画松竹梅于其上，曰岁寒。门左有轩临水，曰：远趣轩。前草亭曰会景。循池西岸南行，有屋数连，池水通焉，以育禽鸟。有临水亭，曰：映辉。又南数弓许，有殿临池，曰：迎翠。有亭临水，曰：澄波。东望山峰，倒醮于太液波光之中，……又西南有小山子，远望郁然。……至则有殿倚山，山下有洞，洞上石岩横列密孔，泉出迸流而下，曰：水帘……水声泠泠然，潜入石池，龙昂其首，口中喷出，复旋绕殿前，为流觞曲水。左右危石，盘折为径，山畔有殿翼然。至其顶，一室正中，四面帘栊，栏槛之外，奇峰回互，茂树环拥，异花瑶草，莫可名状。下转山前，一殿深静高爽，殿前石桥，隐若虹起，极其精巧。左右有沼，沼中有台，台外古木丛高，百鸟翔集，鸣声上下。至于南台，林木隐森。过桥而南有殿面水，曰：昭和。门外有亭临岸，沙鸥水禽，如在镜中，游览至此而止。"

这一篇游记把明英宗年间西苑北海部分描述得简明翔实，无须再加说明。此记之后，太液池沿岸部分还续有增修，例如在东岸建藏舟浦，就是今日船坞地方，在北岸太素殿前临水建了五个亭子，就是今日的五龙亭，还在西岸建清馥殿。拿这个情况跟今日的北海公园也就是清代的北海情况对照来看，可以看出乾隆年间，亭馆楼阁任意填充、兴作日繁的情况了。虽然有些新作，例如静心斋，春雨林塘殿确很精巧，但就总的布局来看，就显得臃肿繁琐了。

清代的北海

明清以来，北海是供宴为主的内苑。有的时候帝皇也在这里召见大臣，有时奉太后来此观看放灯、冰戏等等。明朝末期，这里已修葺。琼华岛上广寒殿在明万历年间倒塌后，就未加修复。清世祖顺治听从了西域喇嘛的话，在顺治八年（公元1651年）就广寒殿旧址建立起白塔，把原在山畔的殿堂拆除，另改建永安寺普安殿。乾隆时候更把北海大事修筑，前后有三十年光景，增添了许多建筑。除了增建白塔山四面的许多楼阁亭台外，又重修或增修了东岸的濠濮间、春雨林塘殿、画舫斋，东北角的蚕台，北岸的静心斋、天王殿琉璃阁、征观堂、阐福寺、万佛楼等梵宇斋堂，形成今日的规模（图4-6）。

北海宫苑部分，就其主要形势来说，北面是一片碧波澄澈的湖水，东南端山岛仁立，环湖东岸和北岸的陆地稍展，但西岸狭长。就全园来说，水面占了全园总面积的一半以上，似乎以水为主，但因琼华岛石山耸立，楼阁密排，山塔高耸，成为全园的焦点。全园布局大体可分为团城琼岛区，东岸地区，北岸、西岸地区以及北海本身四个区。

北海本身，水面开阔，天光云影，上下浮动。泛舟湖上清波荡漾，白塔延楼的倒映俪影，十分秀丽。在陟山桥和永安桥之间一湾狭湖，岸边垂柳依依，又是一番景物。

琼华岛上，构筑精美，在布局上还是继承着秦汉以来蓬莱瀛州、仙山楼阁的传统。前山梵宇庄严，后山岩洞石室，委转相通陡崖峭壁，险危奇突，北面有临水的延楼环抱。总之以掇山构洞见胜，以罗布上下的精美构筑见胜。

东岸部分，岗阜连绵，直迤东北。在山坞曲坳间，穿池叠石，建亭筑榭，自成一局，成为园中之园。北岸部分，山势未尽，余脉蜿蜒，其间以诗情画意精心布置了几个独立的景区。又添建了壮美的梵宇楼阁。

前面曾经讲过，北海的某些局部景区布置精巧、倍具特色，这里只扼要叙述。首先就琼华岛来说，叠石掇山的技巧值得我们很好地学习。在前山部分的叠石，虽然主要是依势而点的布置，但也是不少传统手法的发展，怎样顺着坡势来散点山石，顺着石级来列点或采用蹲配的方式，在崇台基础部分的堆石，以及多种叠体的运用，或在路转处或作障景或作为独特的意象形式等。其次就后山部分来说，整个是叠石掇山，其中

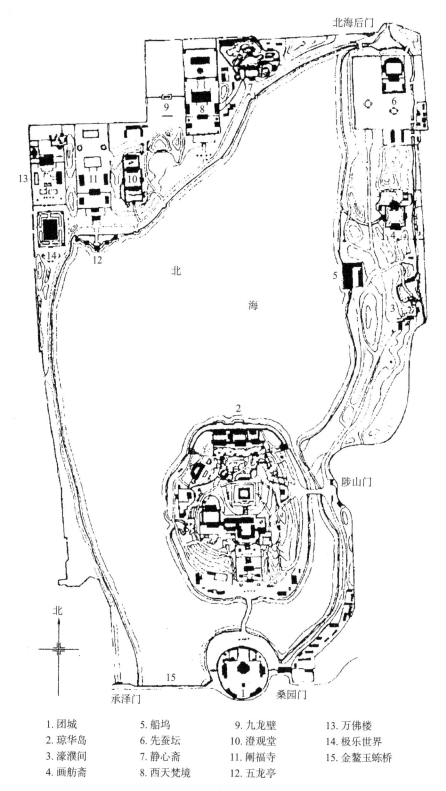

北海后门

北

海

陟山门

北

承泽门
桑园门

1. 团城	5. 船坞	9. 九龙壁	13. 万佛楼
2. 琼华岛	6. 先蚕坛	10. 澄观堂	14. 极乐世界
3. 濠濮间	7. 静心斋	11. 阐福寺	15. 金鳌玉蛛桥
4. 画舫斋	8. 西天梵境	12. 五龙亭	

图 4-6 清北海总平面图

有岩洞石室委转相通，成为大块文章。就以石洞来说，从山顶"酣古堂"东室下梯进"写妙石室"，一路委转而下可直到山麓的"盘岚精舍"等处，光怪离奇十分巧妙。在后山东腰又有"遗古堂"可下梯入洞，余意未尽。至于后山西半部的叠石，确能写出陡崖削壁之势，达到妙极自然之境，这个境界必须身临其境亲自体会，不是一般文字叙说所能达意的了。到了后山下部，又有横势的岩层的掇叠，显得层理浑厚而又体势合宜。总之，使人仿佛置身在石质山区的峰峦崖壁的境域中，妙若自然而又那么横趣逸生。有些轩堂斋室的因势以构，颇见匠心，尤其是后山东半部的游廊，或飞下或叠落或扒山，也各别具意味。显然山腰以下的园林建筑布置，显得拥挤臃肿和不符合"宜亭斯亭"的原则。

北海的东岸部分，"濠濮间"和"画舫斋"也是著称的两个景区，濠濮间在"崇淑、岫云"室和爬山廊半抱的西边山阜，堆石层叠，间以峰石，也有奇巧的地方，值得细心学习。画舫斋区的"古柯庭"，虽然是小院内庭，但布置精巧，依古槐散点山石，间以花草，是绝妙的一幅树石画。庭屋东壁前的叠石小品，匠心独运，别有一番深意。

北岸的"静心斋"，可称做园中之园，独立自成一个小区，好比是一个精美的宅园或游息园。从布局上看，前小半是居住的殿屋，后大半是园的部分。"静心斋"是正殿，东有"抱素书室"一个小院落。这个小院的中心是山石水池，池周驳以山石，散漫理之，但有凸有凹，有高有低，有立有横，参差错落，十分有致。池南是一湾漏墙，池西是粉墙，池东和池北为斋屋，而在角隅都有成叠体的堆石一组，并皆佳妙。后园更是别有一番小天地。先是低凹处的水池小桥和池北的"沁泉廊"横立池上。然后是小片平地上，叠掇出仿佛千峦万峰之势，一层复一层，意境深远。置身其间，四周的叠石或争或让或出或入。东边的飞廊，从"焙茶屋"斜上到"罨画轩"，把东角抱住，然后又有扒山廊斜上，平转北直连"叠翠楼"。如果在叠掇石峦的地点，从下而望游廊，仿佛天上云阁。叠翠楼可说是后园的一结，但结而余意未尽。从楼前而下，或古槐下嘉石玲珑，或山径旁列点散点山石而又连成一脉。叠翠楼西侧有扒山廊斜下，直达山池的西南角，再前就是静心斋西侧的一个院落。

静心斋这一区可称是小园中绝妙创作的艺术作品。无论是总的布局，还是园林建筑和亭廊小桥的排布，特别是叠石的奇巧和意境的层次深远都值得我们细心推敲钻研。

圆　明　园

圆明园略史

圆明园旧址是明代国戚的废墅。雍正（胤禛）在做皇子的时候，他的父亲康熙（玄烨）在公元1709年把这个废墅赐给他建园。初步建成后，康熙赐名叫圆明园，这是圆明园有史之始。雍正登位后三年（1725年）又加修葺，并在园的南端建置了勤政亲贤殿作为听政的地方，在殿前分列朝署作为臣子视事的地方。又浚池引水，培植花木，建筑亭榭，作为游乐的地方，圆明园的规模才大体略具（图4-7）。雍正还写了一篇《圆明园记》。

乾隆（弘历）在做皇子的时候，赐居在圆明园内长春仙馆，把桃花坞作为他读书的地方。乾隆登皇位后，在乾隆二年（1737年）命画院朗世宁、唐岱、孙祜、沈源、张万邦、丁观鹏绘圆明园全图，张挂在清晖阁。乾隆在世的时候，对圆明园曾陆续不断地有新的修建。至于《圆明园图咏》的写作是在1744年，乾隆把到这时为止的圆明园取景四十，各赋有诗，命沈源、唐岱绘四十景图，汪由敦书写四十景诗，加上胤禛的《圆明园记》和弘历的后记，合为《御制圆明园图咏》。凡是在1744年以后修建的部分，在图咏中当然就不会有了；凡是雍正《圆明园记》中没有题咏的景区，大半部是乾隆所建，计有月地云居、山高水长、鸿慈永祜、多稼如云、北远山村、方壶胜景、别有洞天、澡身浴德、涵虚朗鉴、坐石临流、曲院风荷十一区。乾隆时期新建并有年代可考的建筑有1740年仿秦皇殿建造的安佑宫（即四十景中的鸿慈永祜）；1763年浚大宫门前辇道东西为湖称前湖；1764年仿海宁陈氏安澜园的规制重修圆明园中四宜书屋更名曰安澜园；1774年在水木明瑟的北面稍西建了文源阁

藏《四库全书》和《古今图书集成》各一部。

长春园跟圆明园并列而居其西。据乾隆御制诗载："予修此园为他日优游之地"。大抵从乾隆十四年（1749年）开始建造，以后陆续有修建，到了乾隆三十五年（1770年）落成。圆明园的东南又有一园叫做万春园，它在同治前称做"绮春园"，开始建造年代已不可考。乾隆时期就以圆明、长春、万春号称三园，由圆明园总管大臣统辖，因此后人有把三园总称为圆明园，把长春园、万春园的景物也记称在圆明园中。这里，主要叙述圆明园本身，对于长春园、万春园的规模，将在最后简单叙及。

到了嘉庆时期，仁宗（颙琰）曾修缮圆明园的安澜园、舍卫城、同乐园、永乐堂，并在园的北部营造省耕别墅。嘉庆十九年（1814年）构竹园一所，1817年曾修葺接秀山房。道光时期，曾在1836年（道光十六年）重修圆明园殿、奉三无私殿、九洲清晏殿这三殿，推陈出新，因此重修后的三殿已不是雍正、乾隆时期面貌了。又新建清辉殿，在咸丰九年（1859年）落成。

总的说来，圆明园是清朝全盛时期，经历了数十年时间，耗费了巨大财富和人民血汗所建成。从雍正在1725年开始建园，到乾隆《圆明园图咏》制作的时候（1744年），已经是三十五年时间了。但此后，并经嘉庆、道光、咸丰时期也还陆续有营修。其实道光时期，已感财力不足，但道光宁愿撤了三山（即万寿山、香山、玉泉山）的陈设，取消了夏季到热河去避暑和秋季到木兰去狩猎，而对圆明三园的装修不遗余力。根据现在所藏三园档估单中所载，道光每年的岁修费就用银十万两，前文所述的翻修三殿和慎德堂等费用尚不计算在内。由此可见圆明三园是不断地在扩建，增建园中风景也是日新月异地在变化着。

圆明园是中国园林艺术上一个光辉的杰作，有我国传统的民族风格，是我国劳动人民和匠师们血汗的结晶。乾隆在《圆明园图咏》后记中曾写道："规模之宏敞，丘壑之幽深，风土草木之清佳，高楼邃室之具备，亦可称观止……帝王豫游之地无以逾此"。到过圆明园的一位法国天主教士王致成（Pere Attiret）曾写信回国称赞圆明园为"万园之园"。

虽说是帝王的宫苑，但园中的建筑，一草一木山水泉石，无一不是劳动人民所创造的。最堪痛恨的是圆明园在19世纪中叶为帝国主义侵略军所焚毁，英法帝国主义在1860年9月从大沽北犯，10月5日侵占了海淀，6日占领圆明园，第二天就开始掠劫圆明园中珍宝，10月17日联军司令部正式下令可以自由劫掠，于是英法军官士兵疯狂抢夺，侵略军洗劫圆明园后，还不满足。英使额尔金（Lord Elgin）再发表他的罪恶声明说："只有焚毁圆明园一法，最为可行……足以使中国及其皇帝生极大的震动……"。英联军司令格兰特（General Sir-Hope Grant）完全支持额尔金这一毁灭人类文明的罪恶声明，并致函法军司令孟多帮（General de Monta uban）让他合作。帝国主义及其侵略者决定下令焚毁圆明园。10 月 17 日清晨英国密克尔（Johe Miehel）骑兵团一大队就开始赴圆明园放火，华美壮丽的圆明园就这样被国际强盗们毁灭了。国际强盗的罪行还不只如此，10 月 19 日再派密克尔马队烧颐和园，焚毁了大报恩延寿寺卍字殿、五百罗汉堂、后山苏州河两岸街房等，又烧玉泉山（静明园）十六景、香山（静宜园）二十八景等，同时把畅春园和海淀镇也一起放火烧毁，英法兽军这种破坏文物和野蛮残暴的罪行是近代史上绝少见的。圆明园等的焚掠，在人类文化史上的损失是无法估计的，不但毁灭了世界上独一无二的名园，而且损失了园中所藏中国历代所珍传下来的历史文物以及各种金珠宝物。

圆明园虽然被焚烧，仍然是清朝的禁苑，因为三园的范围很大，有不少建筑物还侥幸免受灾难而存留下来。清廷在灭亡之前一直想把圆明三园修复起来，但始终没能如愿。在同治十二年（1873 年）的冬天，借了要庆祝慈禧四十整岁的机会，下令内务府修复圆明园。这一次修复计划要修三千多间。主要是修建前湖区、中部和福海一带建筑，工程进行了将近一年后，因清朝的财力已十分枯竭，建筑材料也缺乏（也曾拆掉园内的和三山等处的旧料来补救一时的急需），钱款常常不足，户部无法供应（也曾异想天开要大臣捐款用来修造），终于在同治十三年（1874 年）九月下令把修复圆明园工程停止。

光绪初年三园尚有小规模的缮修，慈禧仍很热衷于修园的事，光绪二十二年（1896 年）九月开始修理双鹤斋、环秀山房、课农轩三处，以后也不断有些小规模的修筑。但是清朝末叶的腐朽局面下，屡次割地赔款，半殖民地的中国又处在帝国主义的经济侵略下，已是国穷民困，终清之世无力修复了。

1900 年八国联军侵犯北京，慈禧和光绪逃往太原又到西安。当时北京城内秩序大乱，八旗兵不但不抗敌，反而勾结流氓恶霸在各处抢劫，乘机大肆洗劫西部各园的陈设，把殿座亭榭宫门等料和铜狮等都拆下来出卖，园中大树也都被砍，当作建筑用材出卖，小件的烧炭来卖。经过这番洗劫，在同治、光绪两朝修复的少数建筑也荡然无存了。光绪三十年（1904年）的秋季，清廷裁减了圆明园的一部分官员，到宣统时，圆明园内已被旗民垦作稻田耕地，麦陇稻田相望如同田野。

辛亥革命后，北京的军阀又把园内残存石物和建筑材料私自盗走。例如徐世昌拆走了鸣鹤园和镜春园中殿宇的木材。王怀庆拆掉舍卫城、安佑宫大墙和西洋楼石料来建筑他的达园。张作霖又盗用园内汉白玉石料来修他的墓地。往后，几乎经常有人来这里装走物料，圆明园最后终于变成一片荒凉的废墟。

现在的圆明园废址，只有地形、创作方面大致还可看出早先的规模，过去的湖沼水流部分都早已辟作了稻田，丘陵岗阜和平坦坦的园地部分也早已垦作耕地。在这一片废墟里可以看出来的建筑遗迹已不多，但各个景区的位置尚能凭文字和图片在现场上认出一个大概。宏伟壮丽的圆明园已经是历史遗迹。作者在这里，只能凭借文字资料图片和实地勘查的所得把圆明园昔日的轮廓描述一番。

圆明园的规模和区划

圆明园位于北京西郊一个泉源丰富的地段。圆明园的创作能够巧妙地利用了这一地区自然条件的特点，把自流泉水四引，用溪涧方式构成了水系，同时就可作为构图上分区的划分线。又把水汇注中心地区形成较大水面，或称池称湖（如前湖），大的称海（如福海），所谓"陂淀渟泓"。在挖溪池的同时就高地叠土垒石堆成岗阜（一般高7米左右，或有高至20米的小山），彼此连接，形成众多的山谷。在溪岗萦环中的各地部分，构筑有成组的建筑群，诚如胤禛《圆明园记》中所写："因高就深，傍山依水，相度地宜，构结亭榭"，就是这样的形势中创作了一区又一区、一景复一景多样变化的园林。无论山岗上、山坡上、庭院中遍植林木，尤以花木为多，因为水源好，土壤条件优越，所以"槛花堤树，不灌溉而滋荣，巢鸟池鱼，乐飞潜而自集，盖以其地形爽垲，土壤丰嘉，百汇易以繁昌，宅居于兹安吉也"（胤禛：《圆明园记》）。

宏伟壮丽的圆明园，大体上可依水系构图分为五区（图4-8）。第一区包括朝贺理政的正大光明殿、勤政亲贤殿、保合太和殿等，可称它为宫区。第二区可称为后湖区，包括环着后湖为中心的九处（即九洲清晏殿、慎德堂、镂月开云、天然图画、碧桐书院、慈云普护、上下天光、杏花春馆、坦坦荡荡、茹古涵今），以及后湖东面的曲院风荷、九孔桥，

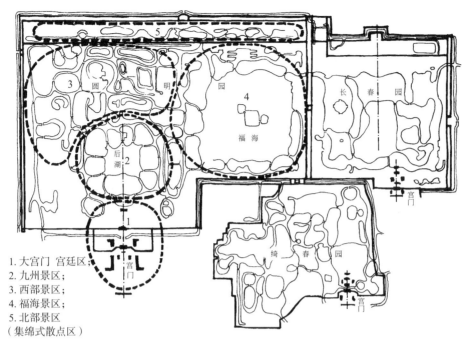

1. 大宫门 宫廷区；
2. 九州景区；
3. 西部景区；
4. 福海景区；
5. 北部景区
（集绵式散点区）

图 4-8 圆明园分区图

东南面的如意馆、洞天深处、前垂天贶。西面的万方安和、山高水长。
西南面的长春仙馆、四宜书屋、十三所、藻园等。第三区虽也有水系连
络，但不像第二区那样有后湖为中心而明显。就地位来说，大致汇万总
春之庙和濂溪乐处一组居中，东部包括西峰秀色、舍卫城、同乐园、坐
石临流、澹泊宁静、多稼轩、天神台、文源阁、映水兰香、水木明瑟、
柳浪闻莺；南面有武陵春色。西部包括汇芳书院、安佑宫、瑞应宫、日
天琳宇。西南有法源楼、月地云居等。北面有菱荷香。第四区可称为福
海区，中心为蓬岛瑶台。环着汪洋大水的福海有十四处，即南岸有湖山
在望、一碧万顷、夹镜鸣琴、广音宫、南屏晚钟、别有洞天。东岸有观
鱼跃、接秀山房、涵虚朗鉴、雷峰夕照。北岸有藏密楼、君子轩、平湖
秋月。东岸有廓然大公、延真院，以及东北隅的蕊珠宫、方壶胜景、三
潭印月、安澜园等。第五区包括内宫北墙外的长条地区，从东面起有天
宇空明、清旷楼、关帝庙、若帆之阁、课农轩、鱼跃鸢飞、顺木天，到
西端的紫碧山房为止。

　　从功能上说，第一区即正大光明勤政殿等这个宫区，是为了受朝贺
和理政的专门用途；第二区除了帝王后妃居住的寝殿如九洲清晏、慎德
堂、长春仙馆、十三所等外，其他景区都是为了燕游赏乐的园林建筑；
第三区的各组建筑群大抵都有特殊用途，而且有多处寺宇灵庙，例如安

佑宫（即鸿慈永祐）是供奉清圣祖、清世宗等神位的祖庙；月地云居是包括有严坛、大悲坛、宴坐水月道场的寺宇；日天琳宇是截断红尘的化外之城，普贤源海是禅处，汇万总春之庙是供十二月花神的庙宇。其他各处如文源阁是藏书之处，同乐园是市货娱乐的地方，舍卫城是为了供佛像而筑。第四区环绕福海的各个景区大都是仿江南名胜或名园来建造的，全都是赏心游乐的建筑群。第五区是封建帝王为了调换口味，在宫苑里建成的一个农村样式的区域。

圆明园的内容和布局

兴建圆明园的基本思想，在胤禛的《圆明园记》中已提得很明确，就是为了要"宁神受福，少屏烦喧""而风土清佳，惟园居为胜"。对于好燕游的帝王来说，禁宫的建筑格局严正，法式一定，即使雕栋画梁，也易久居生厌。禁宫中虽也有内苑，例如清故宫的宁寿宫中有养性门西的御花园，但因局面很小，庭院局促，不能满足帝王燕游的欲望，于是离宫别苑的营建日繁。别苑中的建筑，可以有曲廊回屋的变化，更重要的是可以选地相宜，因高就深，傍山依水，构结亭榭，取得自然之趣。在这样一个林泉花木、洞壑涧池的园林环境中，自然风光明媚，气候优良，"宅居于兹安吉也"。清代历朝帝王，每到熙春盛夏，就在离宫别苑居住，为能"避暑迎凉"，只在冬至大礼的前夕才返回禁宫，过了农历新正郊礼完毕后，又再到园苑中去居住了。这就说明了：为什么清代的几个著名的宫苑如圆明园、热河避暑山庄、颐和园等，都有受朝贺理政事的宫殿，以及朝署值衙作为大臣视事的地方。

封建帝王为了燕游享乐而营建的宫苑，必然是"规模之宏敞，丘壑之幽深，风土草木之清佳，高楼邃室之具备，亦可称观止"。恨不得收尽天下名胜于一园，所谓"移天缩地在君怀"，来满足独夫的占有欲，卧游享受。雍正在做皇子时候始建的圆明园已是殿屋亭阁，游廊叠落，委曲相通，登皇位后更是大力修建，规模逐渐宏大起来。到了乾隆时期更大事增修，日新月异。乾隆曾六下江南，把国内四大名园，即海宁的安澜园、江宁的瞻园、苏州的狮子林、无锡的秦园和西湖等江南名景，图画以归，把它们规制的精华仿置园中。哪儿有奇异峰石，他也要罗致到圆明园中，例如扬州的九峰园多奇石，有最高者九，乾隆南巡时看了中意就选了二石搬到圆明园内。又如杭州宗杨宫为南宋德寿宫旧址，宫中有穿窿石块叫做"芙蓉",十分玲珑刻峭,乾隆看了很是喜爱,曾用手拂拭过。趋奉献媚的大吏,知乾隆有爱此石之意,就把这块芙蓉石运到北京献上,乾隆就把它安置在长春园的倩园太虚室的庭院中,并赐名青莲朵。明代米万钟的一个旧园中别有石一卷,乾隆见了生爱,就把它移置到圆明园中。这些都说明帝王的占有私欲和游观旷览的贪求无穷。

封建皇帝既好声色之娱,却用漂亮的词句来掩饰其本意。耗费了巨大的财富来垒土掇山,凿泉引流注湖,创作了山水风景还说是由于"取天然之趣",所以能"省工役之烦"。其实是殿屋楼阁,曲廊亭榭,结构精美,却用"素甓版扉,不斫不枅,不施丹护则法皇考之节俭也"作为掩盖。当然不斫不枅不施丹护,外形上淳朴,确能跟自然环境协调,但所取"采椽栝柱",绝不是什么节俭。同时,就是这些外观朴素的殿屋建筑,其室内装饰往往精美华丽无以复加,特别是圆明园中"天地一家春"的室屋装饰。劳民伤财来营造宏伟的宫苑还说是"不求自安而期万方之宁谧,不图自逸而冀百族之恬熙"(以上引文均见胤禛:《圆明园记》)。

就圆明园在园林艺术上的成就来观察,它的主题虽也是山水风景的创作,但跟北京其他的宫苑是不同的。圆明园不像颐和园那样有着万寿山上佛香阁建筑群或北海琼华岛上白塔建筑群那样宏伟的建筑作为全园的中心,并以此来表现帝王的至尊庄严。然而圆明园却以包罗丰富的景区(圆明园计有一百多景区)、众多的精美建筑群,来表现帝王的尊荣富贵。从总平面图约略地一看,可以看出圆明园虽然有福海和后湖为水系的中心,但主要还是溪涧四引和岗阜隈坞的安排,在溪岗曲绕或回抱中形成的处所,就是一个景区,同时很明显地跟北宋山水宫苑即宋徽宗的寿山艮岳那样以艮岳为主体,亭榭台阁,列于上下,水流横于前的表现型式是不同的。圆明园的每个景区各有其不同的风景主题的表现,从平面构图上看,都是以不同组合的建筑群为主体。除了少数例外,大部景区都是四面临水,也就是说每个景区就好比是隋炀帝时西苑的每个院都有水渠曲绕。因此,圆明园的表现型式跟隋西苑可说是属于同一类型的,即山水建筑宫苑型。

前面说过,圆明园的创作上,确能巧妙地利用自然条件的特点——泉源,引水四注并组成完整的水系。然而圆明园并不是以水景为主题的水景园,水系的构成,结合岗阜的堆叠,成为平面构图上分区的、即创作景区的骨干。因此就全园布局来说,是曲水周绕岗阜回抱,创作了众多的可以构景的形势,或者说景域。古人对于布局的基本原则之一,叫做"景以境出"，就是说景物的丰富和变化，都要从"境"产生，这里所谓"境"就是布局。明代董其昌在《画旨》中论到布局时说："要以取势为主"；明代赵左在《论画》中也提到"各以得势为主"；清朝方薰的《山静居画论》里不仅讲到布局须相势，更申论到"随势生机，随机应变"。总起来说，上引各家的说法都认为山水画的布局须先相势，取势，随着形势产生机趣，获得景物，随着景物的变化要有布局，如果景物变化没有一定的布局时，那就杂乱无章，不成其为画了。园林创作上布局又未尝不是如此，圆明园的布局是印证这些创作原则的事例之一。如果仅仅曲水回绕而且一望平坦的情况，就难能有形势可言，正因为有岗阜回抱就得以或隔或障，就得以因高就低，傍山依水，创作了各种形势——境，然后不同的景就出之于不同的境了。

我们再来观察各个处所或称作景区的形势，并以环绕后湖和福海的景区为例。或背山面水，例如上下天光、镂月开云、平湖秋月、君子轩、藏密楼等处；或左山右水，例如柳浪闻莺、涵虚朗鉴、雷峰夕照、接秀山房等处；或前有山障后临阔水，例如湖山连望、一碧千顷、南屏晚钟、别有洞天等处；或在山岗环抱之中，好似盆地一般，例如武陵春色、安佑宫和宫前一处，廓然大公南一处等；或居隈溪之中，四面临水，好似水乡一般，例如曲院风荷、濂溪乐处；或正临水面，以水取胜，例如九孔桥、花神庙、澹泊宁静、汇芳书院、方壶胜境等处。这些是就其总的形势来说，当然每一景区又各有其独特的形势，只要处处匠心灵运就能异境独辟。

园林的布局当然不是单纯的地形创作。圆明园的布局不但从地形创作上着手，同时还从建筑布置上着眼，因为建筑也是园的主题。除了少数为帝王后妃等居住寝所的建筑群，例如九州清晏、保合太和殿、十三所等格局严整，以及像茹古涵今、长春仙馆等建筑组合略有变化外，各个景区的建筑组合都是富有变化的。虽然都是平屋曲室，但在组合上或错前或错后，并依势而用扒山、叠落等游廊连接组成。不仅平屋的地图式有异，廊的样式也不同，或墙廊、或复廊、或敞廊、或直或曲或弯，各依景而定。总之，各个室屋的安排，看起来好像散断，实在是左呼右应，曲折有致而富于变化。所有这些有错落有曲折的变化，绝不是平面构图上单纯地追求形式上的变化，而是为了构景而有的，各有其主题的要求，令人惊奇的是圆明园中数十组建筑群的组合没有两组是雷同的。这样有着众多的各具其妙的园林建筑组合样式，正是我们学习祖国园林建筑平面布置的优秀范例。

长 春 园

　　圆明三园之一的长春园跟福海区全区并列而在其东，两园之间有夹道相隔。福海区东宫墙的中段有"明春门"可通长春园的西宫门。据乾隆御制诗载："予修此园为他日优游之地"。兴修时期比圆明园为晚，据载始建于乾隆十四年（1749 年），而《清史稿·职官志》载"乾隆十六年（1751 年）长春园建成，置六品总领一人"。但长春园中有些建筑，例如澹怀堂、含经堂等实际上在乾隆十四年以前就已筑造，而有的部分是乾隆十六年以后陆续筑造的，《清史稿·职官志》上所谓乾隆十六年长春园建成之说，大抵是指长春园的北部西式建筑竣工和长春园的初步建成而说的。

　　长春园总布局的骨干也还是水系，但出于岛屿洲堤的布列，北部形成几个较大水面，南部和东南部形成河湾，中央部分是主体建筑所在的大岛，而园址四面边界为陆岸。

　　长春园南面的大宫门是全园的正宫门，大宫门前建有影壁和东西朝房。进宫门居中的正殿名叫"澹怀堂"，左右各有配殿。在这组建筑的东面有一个园中园的"如园"；其西面也是一个园叫做"蒨园"；这一堂两园就成为河湾之南陆岸部分的三个景区。长春园东部陆岸的南头即如园的东北又有一园叫做"鉴园"；园西边陆岸有临水亭阁两座，一南一北。

　　从澹怀堂后，渡长桥，来到全园中心的大岛上，岛的南小半部堆有岗阜并往北回合，岛北大半部为一组大建筑群所占，从南面入境先是一个大的场院，场院的东墙和西墙也各辟有门，北有斜壁和小门，正中是面阔三间的堂门。进堂门后中轴线上为三重建筑：第一重叫做"含经堂"；第二重叫做"淳化轩"，据称当淳化轩完工时，正好重刻淳化轩法帖石刻竣工，就分列在这个轩的左右两廊而名为淳化轩；第三重为"蕴真斋"，在中轴线的左和右又各有院落数进。淳化轩组的东面，有云朵形洲屿回抱，水中央为一岛，岛上有一组建筑，名叫"玉玲珑馆"。淳化轩组的西南有四角飞伸的方形岛，岛上有一组建筑，叫做"思永斋"。这个岛的北面，长方形湖中，有圆轮形岛台。台分两层，全是玉石栏杆，第二层中心建有"得金阁"，阁南和北有轩，阁东和西各有两个小建筑，叫做"海岳开襟"，据称远远看去，就好像是海市蜃楼一样。

长春园北边的陆岸上，最东部是依据乾隆二十七年（1762 年）南下江南时描绘苏州狮子林图仿建的共十六景，仍叫做"狮子林"。北边陆岸的中部，前临阔湖，背依高岗，岗上建筑叫做"泽兰堂"。这里依岗势而下叠有山石，构成或悬崖或涧谷，或石峰独立，或山石壁立，无不佳妙。这里的叠石现大部尚完好。实是学习叠石手法的范例之一。由此往西，有"宝相寺"，再西有"法慧寺"，寺院中建有七级八面的琉璃塔，高达七丈。北边陆岸的最西部就是法国人蒋友仁（P.Michel Benoit）设计建造的第一个大水法工程人工喷泉，叫做"谐奇趣"，完成于乾隆十二年（1747 年），水源来自它的西北角的"储水楼"。从谐奇趣往北，进花园门是西方称做迷园或迷宫（labyrinth）的"万花阵"。这两处以及整个长春园北部东西长的条地上建有一组西式宫殿建筑，通常统称做"西洋楼"。这组西式建筑群的构图设计和工程监工有意大利人郎世宁（J.Castiglione）、法国人蒋友仁和王致诚（Jenn Dennis Atliret）等。以西边门进境，在一湾曲水的北面有"方外观"。再进为面西的"海晏堂"，这组建筑群前有大喷泉，两侧列有十二生肖水法，绕喷泉水池后登石阶，台上为具有两翼的海晏堂。再往东为坐北朝南的"远瀛观"，观筑高台上，台下前部为大水法，左右各有圆形喷池，池中心为宝塔状喷水构筑物，有水渠连接两池。喷泉的北面居中为花式水池，面对"观水法"和石屏风，登左右环升的蹬道而上平台前的广场，后为"远瀛观"。从大水法再往东，进"线法山"正门，达圆形线法山，山顶为一亭。线法山组前后构有矮墙，再东为螺丝牌坊，坊东为大型长方形池称作"方河"，其后背为"线法墙"。西洋楼建筑群到此为止，这组西洋楼建筑，都是用汉白玉石砌成，雕刻精细，建筑风格主要是意大利巴洛克式，但屋顶用琉璃瓦。墙面也嵌有彩色琉璃花砖，甚或屋顶有采用庑殿式的，或多或少带有中西混合的意味，但总的说来不免有不中不西、不伦不类的缺点。长春园北界所以会布置有这样一些西式宫殿和水法，无非是乾隆的好奇，建此聊备一格。

万 春 园

在圆明园前东南，长春园前西南，又有一宫苑就是"万春园"。它在同治前称做"绮春园"，到嘉庆年间又向西扩展，把"含晖园"和"西爽村"并入万春园，另划出一区称做"小南园"。在嘉庆时曾有《御制绮春园三十景诗》，道光作了跋。

万春园的大宫门在整个园的东南部分。门前建有影壁和东西朝房，进宫门渡桥再过二宫门，就是"凝晖殿"，东西有配殿各五间，正殿后又有一殿叫"中和堂"。这组建筑的后面有"集禧堂"，有"天地一家春"，有"蔚藻堂"和其他院落。万春园清代历朝常作为皇太后住的地方，也是其他妃嫔的住处，主要的住所就是这个大岛上。大岛的东南有双园相套的水面，西部水中有一圆形小岛，环水有岗阜和一些亭轩的配置。大岛的西南有较大的水面，水中有方相石岛，上建一亭叫做"鉴碧亭"，这个水面的西部有一组寺庙"正觉寺"。大岛的北面也有较大水面，中部以桥相连，圆形双岛称"凤麟洲"，仅船渡可达岛上。大岛的西北，有数洲并列，形状各异，岛洲上各有一组或数组建筑，如"涵秋馆""展诗应律""春泽斋""生冬室"等，往西就是"四宜书屋"，再往西就是西爽村的"清夏堂"等。

万春园的西南角，就是小南园了。这个园可以规制特殊的"沉心堂"所在的岛为构图中心，其东北有一岛相呼应，环水的东部平岗回合，散有轩亭；南岸有"建景房"一组小建筑和"河神庙"；西部有两岛，南岛上为"畅和堂"，北岛上为"绿满轩"一组建筑；西北角就是含晖楼（联辉楼）这组建筑，它的前面横列葫芦形河，河中还有葫芦形小岛，岛上有"流杯亭"。

万春园的风格，不同于圆明园和长春园，比较秀丽，婉约多姿，无论是水面或岗阜也比较曲折有致，同时因势穿插点景的亭榭轩斋或小建筑物比较疏朗，没有过多堆筑之感。

颐 和 园

颐和园略史

颐和园是公元1888年光绪（载湉）把英法帝国主义焚毁的清漪园修复后更改的名称。清漪园是乾隆时期修建的，但园址所在地区早在金元时代就已经是郊野的风景名胜区。公元1151年金国的第一个皇帝完颜亮就曾在这个地区建立了行宫。当时的山称金山，后来因在此山掘得花纹古雅的石瓮改称瓮山。13世纪末叶，元朝郭守敬督开河道，把昌平一带泉水引到瓮山下汇为瓮山泊（就是今日昆明湖的前身，但湖面没有现在的大）。瓮山泊又有大湖泊、西湖、西海等别名。明孝宗时期（1488–1505年），助圣夫人罗氏曾在瓮山南面建了一所寺院叫做圆静寺。明武宗（朱厚照）曾在湖滨筑别苑叫做好山园，并把瓮山名称改回来叫金山，把大湖泊叫金海。公元1644年清兵入关后，又把好山园改为瓮山行宫，到了乾隆时期，开始就金山和西海的自然形势，加以布置筑园，公元1750年乾隆为了庆祝母寿，就瓮山的圆静寺基址改建为大报恩延寿寺，把瓮山改名为万寿山。当时也为了解决京城宫内用水，把湖身深浚，湖面扩大，疏导玉泉诸水汇注西海成为今日洋洋巨浸的水面。乾隆曾在湖中设战船，仿福建广东巡制，调香山健锐营弁兵按期到湖泊水操。大抵用汉武帝修昆明池练水军的典故，乾隆又把西海改名叫昆明湖。现在的佛香阁东，慈福楼的崇台上左有石幢，正面题万寿山昆明湖六个字，背面刊《御制昆明湖记》，其中提到，乾隆曾南游多次，看到江南风景优美的名胜就图画以归，清漪园中的结构和景区多有仿江南名胜设置的。园在1761年落成，名为清漪园。

咸丰十年（公元 1860 年），英法帝国主义联军入侵北京时，清漪园和圆明园、长春园、畅春园等遭受同一命运，被毁几大半。同治（载淳）时期曾提出修复，只因大乱之后民力不裕而未能兴工，到了光绪十年（公元 1884 年），执政的慈禧把准备建造兵舰练海军的民脂民膏以光绪名义挪用来修复清漪园，并把园改名叫颐和园。这笔修建费用，一般估计约达八千多万两银子，一个是为博母后的欢心而慈禧本人又只想的是奢侈的享乐，就这样昏庸地把民族国家的前途所系，丢之脑后，为此，颐和园的修建是有着令人痛心的代价在焉，当时因为全部修复的工费过巨，耗费的八千多万两银子也只修建了前山部分。由此可见过去乾隆清漪园时的耗费必然更要巨大。

光绪二十六年（公元 1900 年）义和团农民抗外战争中，颐和园又一次遭到英美日等八个帝国主义联合军队野蛮的摧毁。1903 年慈禧从西安回到北京，复拨款修缮前山部分，成为现在所看到的面貌。再度修复的颐和园前山部分，跟清漪园时候的前山已有好多改变的地方。例如今日的排云殿，在清漪园的时候是大报恩延寿寺，清华轩、知春亭、自在庄等都是后来新建的。颐和园里有小部分建筑是从劫后残存的圆明园、畅春园中拆卸过来修建的，例如小有天。含新亭旁的剑石，排云殿前的排衙石，都是从畅春园移来的。

辛亥革命后，袁世凯窃居政权时曾一度把颐和园作为溥仪（宣统）的私产。1914 年起，溥仪私定高价门票，一般人都可购票入园游览。1924 年溥仪被逐后，颐和园划归当时北京"特别市政府"管理。在军阀和国民党统治时期，颐和园后山的各处断壁残垣从未加以清理，前山各处殿阁楼台也多日益败坏不加修缮。

中华人民共和国成立以后，颐和园回到了人民的手中，人民政府把后山部分加以清理，断壁残垣加以整饬，园中各处殿阁亭榭都陆续加以修缮彩绘油饰，金碧辉煌面貌一新。今日的颐和园已成为首都人民最喜爱前去游憩的公园。

颐和园的内容和布局

颐和园（图4-9）位于北京西北近郊，全园总面积约计4300亩（285公顷），水面辽阔，约占总面积的五分之四（约计225公顷），陆地只占五分之一（约计60公顷）。它有着优美的自然环境，地势自有高凸低凹，万寿山巍然矗立，昆明湖千顷汪洋，湖光山色，相映成趣。近景有玉泉山，有稻畦千顷，农家村落，远景有晴峦秀丽的小西山。这个地区原就是天然风景胜区，再加人工经营，依山临水建筑亭阁楼台，长廊轩榭，湖中又筑有长堤岛洲而成为帝王游憩的离宫别苑。

颐和园跟圆明园和热河的避暑山庄一样都是行宫性质，慈禧在这里受朝理政并度过一年中的大部分时间，因此园中也有理朝政的宫殿（仁寿殿）。总的来说，颐和园是以山水风景为骨干的山水宫苑。从平面构图上来看，湖区辽阔是全园的主体，从主体构图上来看，巍然的万寿山是主体，然而这个山和水彼此又互相关联，辽阔的湖跟巍然的山是平面和立面的对比，纵形和横形的体量对比，是动的和静的情态对比，成为对比的湖和山又互相借资而呈现了湖光山色的多种形态，荡舟湖上时，万寿山及其豪华壮丽的建筑群是视景的焦点，身在山上时，湖水清波堤桥辉映又成为风景的焦点。但到了后山后湖区，又是一番景色，缘河行忽狭忽宽，或收或放，两岸树木森森，轩馆堂斋，布列上下，而谐趣园这一园中之园正好是后湖的收拾处。我们可以这样说，水是颐和园的灵魂，广阔明朗的昆明湖和曲折幽静的后湖是构成颐和园风景的主体，益以万寿山这一大块文章和豪华壮丽的建筑群互相结合而呈现了多样的风景主题。

作为一个宫苑，总要表现出皇帝的至尊无上，而且常常是通过宏伟的建筑群来显示的。颐和园万寿山的前山部分正是壮丽的建筑群集中地区，有中轴线，并依轴线的左右对称布置来形成严整的格局。万寿山的前山就以排云殿起直登佛香阁、智慧海这一组高阁崇台突出地成为雄伟的建筑群的中心建筑。从临湖的牌坊经排云门、排云殿、佛香阁直达山顶的智慧海构成一条明显的中轴线，而且层层上登，仰之弥高，气魄雄伟。这组中心建筑的中心即佛香阁，在公元1750年乾隆时期原是仿黄鹤楼设计修建的。据称十分壮丽，可恨的是已被英法联军侵入北京时烧毁，现在的佛香阁是光绪十八年（公元1892年）重建，阁基为八方式，阁高

青龙桥

柳桥

耕织图船坞

西

耕织图

蚕神祠

桑苎桥

延赏斋

堤

昆

玉带桥

明　　　　　湖

耶律楚
林祠

二龙闸

治镜阁

镜桥

东

西

望蟾阁

堤

马

厂

练桥

堤

畅观堂

景明楼

南湖岛
广润祠
鉴远堂
十七孔桥
铜牛
廊如亭

藻鉴堂

东

0　　　　300m

界湖桥

堤

凤凰礅

绣漪桥

图 4-9　颐和园总平面图

达38米，堂皇富丽为全园建筑之冠。登阁眺望，不但全湖景色和玉泉山近景在望，就是北京的城堞也历历在目。

佛香阁这组建筑轴线的左右，还有多组建筑对称地布置。就在这个高阁崇台的左和右，筑有石山隧洞，可曲折穿行回环相通。东边的石洞之上有"敷华"亭，并通"转轮藏"。转轮藏本身是一组建筑群，中心是一个高台，台上立有正面刻乾隆题"万寿山昆明湖"六个大字，背面刊乾隆制《昆明湖记》的石幢。西边的石洞之上有"撷秀亭"，可通到"宝云阁"。宝云阁是一个重檐歇山式的亭，它的栋、梁、窗格、椽、瓦以及阁内安放的佛案供桌，全都是用铜铸成的，因此俗称铜亭。在排云殿的左右，又有两组建筑群相对称，东面的是"介寿堂"，西面的是"清华轩"。

前山的山麓临湖部分建有长廊，东起"邀月门"西至"石丈亭"的这个长达2804市尺的走廊好似望不见尽头一样的深远。它像一条彩带般压在山脚。我国园林建筑中的走廊往往是连接主要建筑的一种交通建筑物，同时它本身也起造景作用成为一景。颐和园临湖的长廊正好是这样一种突出的园林建筑，既把山麓部分的各组建筑联络起来，它本身又成为一个主景。

顺着山腰和山脊部分因势而筑布列上下的各组建筑，有轩有斋，有亭有厅。轩斋一类建筑也可以小住，如"养云轩""福荫轩""云松巢""圆朗斋""写秋轩"等。但这些称轩、斋的各组建筑主要是借景、构景而设的园林建筑，大都各具特色富有变化和景趣。例如福荫轩，从东面叠石构洞为门的东口，穿洞经曲廊可通至轩室内。若从前面登轩，先见形势峭立叠石成壁的台基，拾级而上为一平台，平台北面斜筑着福荫轩，福荫轩这个建筑的结构别致，好像一幅舒展开的画卷一般，这种法式称做舒卷式。站在这个轩的廊子里，在不同地点眺望外景时，视点自不一样。因为廊本身就有凸有凹。写秋轩、圆朗斋等都各成一组的园林建筑。写秋轩的正屋方形，左右有廊通到东西两端，尽处是向前突出的"寻云"和"观生意"两个亭。把它们连起来看，整组建筑的组合，心裁别出，好似鸟在飞翔时展开两翼一般。在可以小憩或有景可眺的地点就有亭、厅的布置。例"含新亭"不仅是一小憩处而且是一景。亭为重檐六角式，但亭的或左或右、或前或后以及通亭的路旁有用叠体方式的山石组，随势散点，使人仿佛置身在高山中，亭旁还散点有既尖又高的峭石叫做剑石，它们是从畅春园中移过来的。从福荫轩往西到"意迟云在"，这是一个四敞的建筑物，阔三间，顶为歇山卷棚式。这种四敞建筑物有人称之为敞厅，或称之为榭，实则还是叫做亭更为合适。一般人印象，认为亭的外形总是四方、六角、圆形，而对于长方形的"亭者停也"的建筑反而不叫它为亭了，这里四周树木茂密，确是上山步行一段后休息眺景的胜处。亭后有叠石成障作为背景的山石叠体，亭前有山石散点，亭的四角有专称为"抱角"的小组山石点缀。再往西到"湖山真意"，也是一个阔三间的四敞建筑。在这个亭里，俯瞰昆明湖清波如镜，西眺玉泉山的塔景正好在两柱之间，天然成一幅框景。亭的北面也叠石成障，半抱亭址。

再就整个山前的湖区来说，水面辽阔。但由于筑堤和洲岛的分隔可划分为四个湖面。首先是由于西堤的纵隔而分为昆明湖和西湖两大部分。昆明湖又因有十七孔桥连接到涵虚堂的岛洲达一横隔而分为两个湖面，通常把南半的湖面称做南湖，北半的昆明湖本身的水面最为辽阔。昆明湖、南湖都以涵虚堂所在的这个岛为构图中心，但南湖本身又有凤凰墩为次要构图中心。西湖部分也因有堤横隔而可划分为上西湖和下西湖两个水面。上西湖、下西湖又各以藻鉴堂和治镜阁的岛洲为构图中心。

昆明湖的十七孔桥，式仿卢沟桥，每个石栏柱顶都雕有石狮子，姿态各异。长桥不仅是连接东堤和洲岛的桥梁，而且无形中把昆明湖水面划分，同时，桥本身又是昆明湖上一景，无论是从万寿山上俯望，或从东西堤来眺望，都可成为视景焦点，尤其是水中倒影更显得优美动人。涵虚堂在岛的北面，修建在下为石洞的崇台上，跟万寿山中轴线上的排云殿、佛香阁，隔水遥遥相对。登堂凭栏北望，万寿山全景在目，丛翠中高阁崇楼金碧辉煌，俯视昆明湖绿波中画舫点点。鉴远堂在岛南临水而筑，这里的湖水波平如镜，遥望西岸垂柳护堤，南望凤凰墩在烟水悠悠中，又是一番景色。

西堤据称是仿杭州西湖的苏堤筑起来的。西堤本身架有六座桥，既利湖水相通又有景色创作。堤上的六桥，除界湖桥、玉带桥无亭外，其他四桥上都建有敞亭，式样各异，自南而北第一桥是界湖桥，桥南建有牌坊；第二桥叫做练桥，因桥下水流循堤南流好似匹练一般，故称，桥上建有重檐方亭；第三桥叫镜桥，四望湖水如镜，桥上建有重檐六角亭；第四桥为玉带桥，通称偻佝桥或驼背桥，因桥身拱起，式同绣绮桥而形制小；第五桥称做豳风桥，桥上建有重檐阔三间的长形亭；第六桥为柳桥，桥上建有重檐长方亭。

后山即山阴部分的风景跟前山是显然不同的。首先是后山的自然条件不一样，土层较厚，水湿较多，因此树木森森，并有高大的松、桧柏特别吸引人。到处是杂树林立，灌木丛生，春天里自然成林的山桃盛开时一片粉云，接着红杏夺艳，还有各种野花例如紫花地丁、山丹、飞燕草、风铃草、紫苑等等，从春到秋相继开放，花色鲜美。其次，后山部分的形势也自与前山不同，山势起伏不一，横行山路随势盘桓，虽然有上有下，但坡度平缓，从建筑的构图看后山部分也有明显的中轴线，那就是跟北宫门相对的须弥灵境直升到香岩宗印之阁这组建筑群。至于游憩的轩馆建筑大都随形分布在山坡上，或山麓处，或临水部分。

后湖，实际上应当叫做后河为妥，跟昆明湖的明朗辽阔的景色更是显然不同。据称，后河是乾隆羡慕江南风光，特意仿苏州的河道而修挖起来的，所以通称苏州河。后河的水面忽宽忽狭，忽收忽放，曲尽幽致，后河的水是从西堤的最北的一座桥身下流过来的，又再流经过西宫门的石桥下，到了后河的起点。先是较狭的河面，忽向北扩展成为一湾湖水，然后又忽然一收。就在这个收缩处，两岸山石壁立，好似峡谷一般。在这峡谷的南岸安置了"绮望轩"这组建筑（已废）；北岸也有一组小建筑，隔山相峙，从遗址来看绮望轩，停霭等轩屋是随势布列的，并用曲廊回接成一体。轩址沿河岸部分用山石叠成并构有石洞，洞上为平台。过了这段峡谷式河面，后河的水面忽然又一放向南尖突，形成一个三角形湖面。这个三角水面的顶点，正是后山西半部一条山沟的尽处。雨季时候，后山西半部径流雨水就汇集到沟中，下泄到后河里。为了预防山水冲刷，沟两旁垒有防洪墙，在入河的地点建有涵洞，洞上建有方亭，既是工程又有装饰成景。再往前行，后河的水面忽又收缩形成狭而曲直的河道。河岸叠砌整齐，如同江南城市中河道一般，临水有建筑，南岸从会芳堂起，北岸从嘉荫轩起，就是乾隆修筑的苏州街，原先建有各种店铺，如云翰堂（书店）、玩古斋（古玩铺）、品泉斋（茶馆）、近光楼（酒楼）等，都已被焚毁，现仅残存断壁残垣。

连接北宫门和须弥灵境，横跨高架在苏州河上的长街，从河面上看来很雄伟。沿河岸东行一折后可以望到高砌的涵洞顶部是一平桥后城关式建筑（门洞的西榜上刻着"挹爽"两字，东榜上刻着"寅辉"二字）。仍沿河岸再折东行，就有面临水的一组建筑称做"澹宁堂"的遗址。再前进，可看到北岸另有二层的建筑，叫做"眺远斋"。建在紧靠北宫墙的土阜上又叫"看云楼"，斋前河水宽阔，这里已是后河的东尽处，再东就是"谐趣园"了。

后山的山腰和山脊部布列多处景区各具特色。就西半部论，半山坡上的"赅春园""清可轩""留云""香垒堂"一组建筑（已废）从遗址来看，清可轩组正中为堂屋，轩前有曲廊分展到东亭和西亭，又有曲廊后接到轩后的堂屋。这三个堂屋虽在一条轴线上，但因有曲廊外展，使空间扩展并富有风趣。从这里再往上行可到"云会寺""香海真源"这组建筑群，依势散点有山石涧，坡路曲折，松柏参天，三个殿屋呈"品"字形排列，供着三尊雕刻精美的铜菩萨。云会寺是这一带现存建筑中唯一较完整的一组，虽为祈福敬神之所，但跟一般寺庙建筑风格不同。在须弥灵境的东面就是"花承阁"的多宝佛塔，塔形灵巧，金碧辉煌，引人前往，花承阁这组建筑是建在一个依坡砌的半圆形的城台上，本是高两层楼式建筑，阁前东西厢有配殿，阁的东面有一殿横列，阁的西面有一殿竖向。这些殿屋都已被焚毁，只有在阁西南的多宝佛塔幸存。多宝佛塔全部用塑有佛像的琉璃砖外砌，塔为八面七层，第一、三、五层的高度大，第二、四、六、七层的高度小，错落相间，显呈豪华。每层都有出檐，塔全高达五十多尺，镏黄金为顶，玉石为座，金碧彩翠，色调华丽，是一个既华丽又灵巧的琉璃塔。从花承阁往山脊上走，来到"荟亭"，它是用两个六角亭相套成一体的样式奇特的亭子，通称双亭，从亭前山路往东下行可到达"景福阁"。景福阁是一个相当宽敞的筑在崇台上的厅堂建筑，前后有抱厦，左右有廊庑，益显其高敞。景福阁的位置正遥对着昆明湖中的十七孔桥；站阁前抱厦俯望知春亭为前景，廓如亭、长桥、涵虚堂岛屿这一条长幅的画景非常优美。从景福阁往东，有"益春堂"一组建筑位在路北，这里是宫中治病疗养的住所。由此往北下行达"乐农轩"，又叫"如意庄"，它是仿农村风味而筑的一区。从正路东下山坡就到了颐和园东角的最后一处的谐趣园。

谐趣园是仿无锡惠山的寄畅园的规制建置的一个景区。走进向西开的宽三间的正门，就可看到面积约二三亩左右的水池。环绕着往东横伸的池周，布列了亭台楼榭，并用曲廊回接，围成一个小天地。先从正门、前廊说起，有曲桥通往在水中的知春亭，又有曲桥接到临水中的"引镜亭"，阔三间，其东有廊通到"洗秋亭"，它是一个宽三间四敞的建筑，背依山岩，前临水；紧接着又是一个方亭，叫做"饮绿亭"。池的南端就是这四亭相望。出饮绿亭东前行数步，有斜倚水边用青石铺的平桥；叫做知鱼桥，桥的东西两端都有石牌坊。过桥登阶就是建筑在一个白石台上的"知春堂"，西向湖池，堂北接有走廊，行数步拐角处是一个重檐八方小亭，往西曲廊数折，通"涵远堂"的后庑。涵远堂，在乾隆时候原名"墨妙轩"，位在池北的正中部位，是谐趣园的中心建筑，是正殿。轩中原存有三希堂的续摹石刻，光绪改建时把轩中石刻移到宜芸门，把墨妙轩改名涵远堂。堂西又有曲廊通"瞩新楼"，瞩新楼在乾隆时原名"就云楼"，上下二层，上层的墙脚跟园外山路的地面路平，西向辟有门，下层倚低下的岩壁筑造。从园外看来以为是一个轩式平屋，但到园内看它分明是高两层的楼。楼下曲廊南通"澄爽斋"（乾隆时候原名"澹碧斋"），斋前有月台，凸出水际。斋之南有廊通到西向正门殿屋。

在涵远堂和瞩新楼之间，即水池西北角进水口的角隅，有刚竹一片。为寻水源往北行山石间，碧水淙淙好似山涧一样，但涧宽不过三五尺。涧上架以板桥，穿桥下循涧旁石径上行，才发现好似泉流一样的水源乃是后河之水。我们可以这样说，谐趣园乃是后湖汇水为池的一个收拾处，又是一个园中之园，不仅周水池列堂屋曲廊构筑精致，而且涵远堂后，叠石成岗堆置得十分自然。从湛清轩前一条小径往东北行，夹径叠石成岗，好像一条深远的山谷，走不多远，折而西行却是一扇墙门，出人意料，折而西南行就是知春堂北的重檐八方小亭的东口。从涵远堂西廊北出有蹬道上引，走上山岗见有垂花门，门内就是"霁清轩"这组建筑。轩的上屋阔三间，轩东北有一亭，亭北有曲涧源出宫墙。轩西侧另有小组建筑，曲廊相接，下有石硖，溪水细流淙淙，好似琴韵一般，称"清琴峡"。再往北折西就到眺远斋了。

如果由谐趣园出门往西南行，来到一个城关式建筑，题名叫做"赤城霞起"。过赤城霞起就可经由德和园（戏楼）东侧夹道而到达仁寿殿、颐和园的东门的始点了。

五

热河避暑山庄

避暑山庄略史

避暑山庄，通常叫做热河行宫。清朝全盛时代康熙四十二年（公元1703 年）开始建造，康熙四十七年（1708）初步完工，康熙（玄烨）还作了三十六景的题咏。玄烨在登皇位之后的 1697 年，首次出喜峰口到塞外巡视，到了热河（即今承德市）后，大概深为那里的山泉云壑的优美风景所感动，而且气候凉爽，实是避暑休养胜地，因此立意要在那里建立一个作为行宫的宫苑，他的借口是热河地近北京，短期居住在那里并不妨碍理政，又说热河是宽广草肥的牧区，占地建宫苑，不致毁庐台农田影响生产，而且可以因借自然风景建苑，也不需要雕栋画梁的宫殿建筑，费用不会很大，当然这些谎话不过是康熙在《避暑山庄记》中漂亮的措辞而已。在建苑过程中和建成之后，他每年要去热河一行住到秋凉后返京，成为常例。

到了乾隆时期，他同康熙一样，在一长段时期内，几乎每年都要去山庄居住，并不断新建岩斋溪阁和寺庙以及进行芳草花木的点缀润饰，使山庄的崇山峻岭水态林姿，更加优美。乾隆时期山庄内的新建，在寺观方面有 1751 年修建的永佑寺，以后次第建造了水月庵、碧峰寺、旃檀林、汇万总春之庙、鸢峰寺、珠源寺、斗老阁、广元宫等寺观九处。他又创建了文园狮子林、戒得堂、烟雨楼、文津阁等景区和为数众多的轩阁亭榭，并增赋三十六景连前合成七十二景。所以，热河避暑山庄是经康熙到乾隆（1703–1780 年）七八十年间的经之营之，不断有增建修饰而成的，是我国最著名最优美也是世界著称的园林之一。乾隆在《避暑山庄后序》上就曾写有："物有天然之趣，人忘尘世之怀，较之汉唐离宫别苑，有过之无不及"的赞词，但避暑山庄地处塞外，在过去通常不易前往，因此就不像圆明园那样著称。

热河避暑山庄不仅有优美的地形环境，而且在环着山庄外围的山岭上，分布有雄伟壮丽的寺庙十处，除了康熙六十岁时（公元 1713 年），由蒙古诸王公祝寿建献的溥仁寺（通称前寺）和溥善寺（通称后寺）外，其余的八个寺庙都是乾隆修建的，在武烈河北岸有仿西藏三摩耶庙的普宁寺（通称大佛寺，建于 1755 年）和普佑寺（建于 1760 年）；在武烈河东岸有仿伊犁固尔扎庙的安远庙（通称伊犁庙，建于 1764 年），中国伽蓝但式样特殊的普乐寺（通称圆亭子，建于 1766 年），在狮子沟北岸的有仿西藏布达拉宫建的普陀宗乘庙（通称布达拉，建于 1771 年），仿香山寺的殊象寺（建于 1774 年），仿西藏式戒台的广安寺（通称白戒台，建于 1772 年），仿浙江海宁安国寺的罗汉堂（建于 1774 年）和仿西藏扎什伦布寺建的须弥福寿庙（通称扎什伦布，建于 1780 年）。所有这些寺庙都是规模宏大，豪华壮丽。同时由于这些寺庙的位置确当，使山庄得以借景，而增色不少。

乾隆以后，清朝皇帝前去山庄小住已不多见，但直到清亡之前，对于山庄还时加修葺保护，清亡之后山庄就为封建割据热河的军阀们所盘踞，而且陆续加以盗窃和破坏。辛亥革命后，避暑山庄内绝大部分建筑都被当时的热河督军姜桂题所拆毁，盗卖材料。据悉被他拆毁的有偕得堂、云帆月舫、沧浪屿、秀起堂、含晴斋、云岭精舍、松鹤清樾、碧静堂、青枫绿屿、绮望楼、花神庙等。1922 年姜桂题为另一军阀汲金纯所赶跑，往后王怀庆又割据热河，但汲王二人盘踞的为时都短，因此盗窃不多。割据热河的最后一个军阀汤玉麟驻热河时，近湖区可拆毁盗卖材料的建筑也不多了，但还拆毁了无暑清凉、金莲映月等部分建筑，并伐卖庄内很多大树古松，因此山庄古松大树今天已极少见。他不但盗伐庄内大树，就连庄外八大寺的大树也不能幸免。例如安远庙四周原有古松掩映，不下四百多株，全部为汤所盗伐，一株也不存。在日本的侵略战争已趋尾声的 1944 年，把珠源寺的铜殿佛阁拆下盗走。抗日战争胜利后，国民党军在 1947 年进占承德后又把珠源寺、清舒山馆、广元宫、南山积雪、四面云山、锤峰落照等轩馆亭榭，拆毁盗卖，树木也被砍伐了很多。这样地屡遭军阀、日本帝国主义和国民党的拆毁建筑，盗卖材料，乱伐大树，到中华人民共和国成立时整个避暑山庄只有行宫区部分的正宫建筑群尚称完整，松鹤斋的建筑大部尚存，至于园苑部分的建筑拆毁一空，幸存的静寄山房如意洲上的部分建筑，例如烟雨阁和文津阁等也因年久失修都有坍坏。

虽然避暑山庄已残缺不堪，但它的园林布局和规制尚可从残墟中辨识，就园林艺术方面来说，避暑山庄确有卓越成就，是中国园林遗产中属于自然山水园的一个杰出范例。

避暑山庄的规模和区划

避暑山庄（图4-10、图4-11）位于今承德市的市区北部，武烈河的西岸。承德市区，从自然地理区域上说，是属热河丘陵区西南部一个东西走向的天然山谷地。旧市区东西长约十里，南北二里，成为狭长条形，

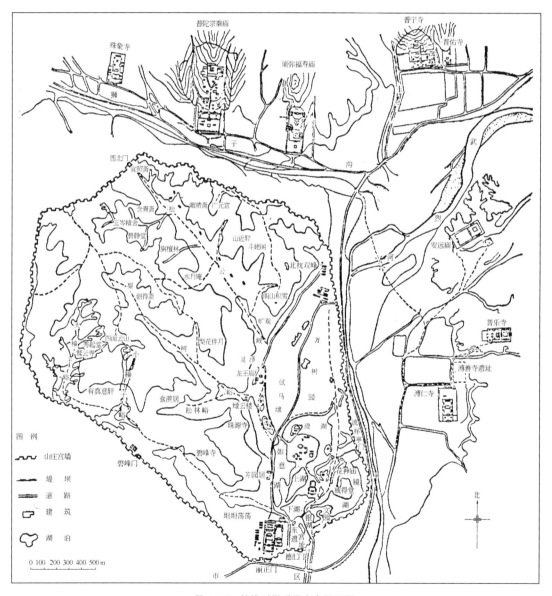

图 4-10　乾隆时期避暑山庄平面图

142

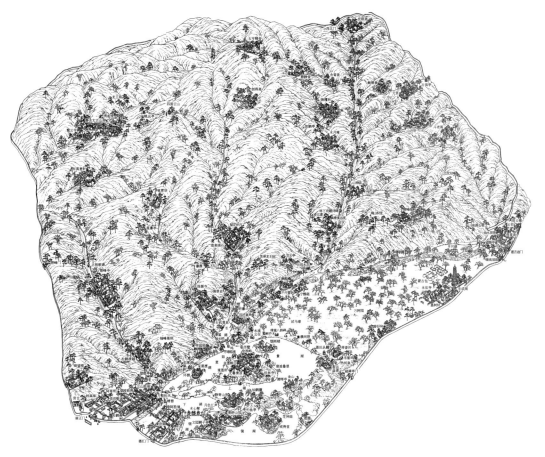

图 4-11　乾隆时期避暑山庄复原全景图

海拔高度在 800-1200 米，旧市区的南、北和西面都以山岭为界，武烈河流经市区西境的山岭下，奔南折向东，又折向南，到下营子地方入滦河。

　　避暑山庄的总面积，根据测图计算大致约为 560 公顷（8400 亩）。庄址的四界：北面是狮子岭、狮子沟；西面是广仁岭的西沟；东面是武烈河；南面是市街。山庄的整个外围线近似一个多边形，周围筑有宫垣并雉堞，好似紫禁城一样，宫垣是叠石砌作的，建筑相当讲究，其西面和北面的宫垣，沿僚山脊而造，好似长城一般；在东北隅的宫垣由山脊直下伸到开旷的平原后，沿武烈河西岸直达山庄东南角。据《热河志》记载，宫垣周长约十六里三分，宫垣本身高约一丈，厚约五尺。四周共辟六个门：南边有三门，中为丽正门，东为德汇门，西为碧峰门；东边、东北及西北又各有一门。

　　就自然地势来说，山庄内地形复杂，有天然的山岭、山谷、平原和湖泊。山地部分约占全庄总面积的三分之二，山岭起伏，沟谷交错，岗

143

峦之间，迂回曲折，异趣横生。除了西境的西峪是偏东的南北走向外，其他山岭都是西北东南走向，其间有涓涓细流的山涧多条，主沟有水泉沟、梨树峪和松云峡（又称旷观沟）。山庄东部是呈长条形的谷原，在它的南部有一泉，叫做热河泉。山庄的水系布局上，充分利用了这个泉源和几条山涧奔汇的水来穿池凿海构成了澄湖、东湖、长湖、西湖、上湖和下湖等水面。同时积土垒岗堆成了罗列其中的岛洲，如青莲岛、如意洲、戒得堂岛洲、清寄山房洲、月色江声洲、金山岛等。

避暑山庄和圆明园可称清代宫苑中规模宏伟、精心构筑的两大名园。但就形势来说，圆明园地处平原，虽然没有天然的岗峦溪谷，但都能充分利用泉水的有利条件开凿湖沼溪流，因水流而得佳景，堆土垒岗，依岗阜而得佳筑，在这样的一个人工创作的形势中展开丰富多彩的景区，是相地合宜、构园得体的园林典范；避暑山庄的特点就又不同了，它处在地形复杂的自然形胜中，有天然的山岭溪谷，有平坦的谷原和低凹的湖沼，在这样一个天然形胜中，展开丰富多彩的景区，于是傍山依谷，构筑轩斋，布列上下，是巧于因借、精在体宜的自然山水宫苑的园林典范，因此这两大名园可说是各有千秋。

避暑山庄跟清朝其他离宫别苑一样，是封建帝王为了宁静安享林泉清福而营建的。每当康熙、乾隆出巡塞外居住在避暑山庄时，常面见蒙古族等王公，这是有政治作用的，一方面用怀柔的政策来笼络他族，另一方面也是借这个山庄来显示清朝文物之盛以巩固统治。

避暑山庄的园林布局，跟圆明园的主要不同点是：避暑山庄的园址本身就已具备了山壑林泉的天然形胜，但这种天然形胜，究竟还是朴素的自然，是自然自己的作品，还不是艺术的作品。要成为艺术作品还必须经过一番匠心创作，把创作者所认识的从形象上掌握的自然形胜，加强地、突出地、具体地、巧妙地表现出来。

从避暑山庄总布局来看，首先是能够"度高平远近之差，开自然峰岚之势"，也就是说能够充分地因势以筑。就山地部分总的形势来说，西北高而东南低，逐步斜向延伸到湖沼谷原，其间有溪谷四，就是水泉沟、松林峪、梨树峪和松云峡。山地部分的布局上往往是沿着山谷，度地合宜来开辟景区，在山隈、山坞和其他适当的地点构筑堂斋轩馆，平台奥室各因地形自成一组，也就是一个景区，或"依松为斋，则窃崖润色；引水在亭，则橡烟出谷。皆非人力之所能。"或依坡布列上下，或就深搜奥隐藏，莫不巧于因借。山间道路的修建都是迂回曲折，上下连环相通，有时在溪谷之间架以大小石梁为渡。在主要山巅上各冠以亭。登高处四望，山巅回抱如环，景色天成。南望有奇特形似的僧帽峰；东望有巨人般罗汉峰和形似敲钟的木棒般竖立山上的磬锤峰；西望广仁岭一带岗峦起伏；北望金山，黑山峰峦重叠绵延，更有四周近山上宏伟壮丽的八大寺庙的建筑，图景可资外借。

湖区水源主要依靠热河泉，西部山地也有少量来水补给汇注湖区。避暑山庄的湖区跟颐和园的昆明湖或北海的那种辽阔开朗的风趣不相同。在理水手法上，避暑山庄采取了安排岛洲和桥堤的分隔手法形成七个不同的水面，有广而短的，有狭而长的，有开朗明亮的，有曲折平静的水面等。湖洲区的亭榭楼阁，大部借助于水来创作景色，或临水倚岸，或深入水际，或半抱水面而有种种变化。谷原区的地形狭长，于是种万树成园而加强了深远的意境。在山区树松成林葱郁，而有万壑松风之胜；有湖区植荷满池红白，有香远益清之概；万株梨树遍峪而有梨花伴月的诗境；有青枫绿屿而得秋来吟红的颂赞；此外满山芳草野花，锦绣天成。

总的说来，避暑山庄有着天然形胜，正如《热河志》上所说："阴阳相背，爽垲高朗，地居最胜，其间灵境天开，气象宏敞"。在这个基础上巧于因借来作风景，确能巧夺天工，而达到妙极自然。

下面就湖洲、行宫、谷源和山岭四区的局部景区加以扼要的叙说。

行 宫 区

作为上朝理政的行宫区（图4-12），位于山庄南端的山岗上，辟地而筑有正宫、松鹤斋和东宫三部分。在平面布置上仍然沿袭传统的对称均齐的格局，但在风格上又和紫禁城中宫殿不同。山庄宫室的屋顶都用灰黑色筒瓦，木材不施彩饰，楹柱不加朱漆，跟四周明媚如画的风景就能协调。正宫的大殿叫"澹泊敬诚殿"，是皇帝接见王公大臣和理朝政的正殿，全部木材用楠木，所以通称楠木殿，除梁头上有绿色彩画外全部不施彩饰，呈现出楠木纹理的本色。正殿后又有一殿叫"依清旷殿"。殿后是一长排的"十九间房"，都是居住处所。过了夹道，北面就是正宫后院，正中是幢高二层的"烟波致爽"殿（康熙第1景）。在殿的左和右，都置有四个居住建筑的小院。殿后另有高楼特起，八窗洞达，可眺望庄内景色和远处山峦朝夕阴晴的变幻，因此叫做"云山胜地"楼（康熙第8景）。楼北有门即正宫门叫做"岫云门"。

正宫东旁平行的一组建筑群称做"松鹤斋"（乾隆第3景），是皇太后等居住的地方。正殿松鹤斋和殿后"十五间房"都不存。夹道北后院的正殿"继德堂"仅存堂基，堂后有"五门楼"，格式与烟波致爽殿同。出后院的宫门另有一个院落，建筑组合较有变化，主殿前为"纪恩堂"，后为"万壑松风"（康熙第3景），用曲廊相连，万壑松风楼位于行宫区山岗尽处，据岗背湖，形势优越，北望湖光山色在长松掩映中。东宫部分现存主要建筑是"清音阁"一座残楼，中华人民共和国成立前尚完好，1954年10月不慎毁于火。楼南是正殿"福寿园"，周围接以廊屋，布置好似颐和园的"德和园"。后进院中正殿勤政殿（乾隆第2景）是皇帝视事之处，殿后即"卷阿胜境"，逼近湖区了。这些建筑现都不存。

1. 照壁
2. 石狮
3. 丽正门
4. 午门
5. 铜狮
6. 宫门
7. 乐亭
8. 配殿
9. 澹泊敬诚殿
10. 依清旷殿
11. 十九间殿
12. 门殿
13. 烟波致爽殿
14. 云山胜地楼
15. 岫云门

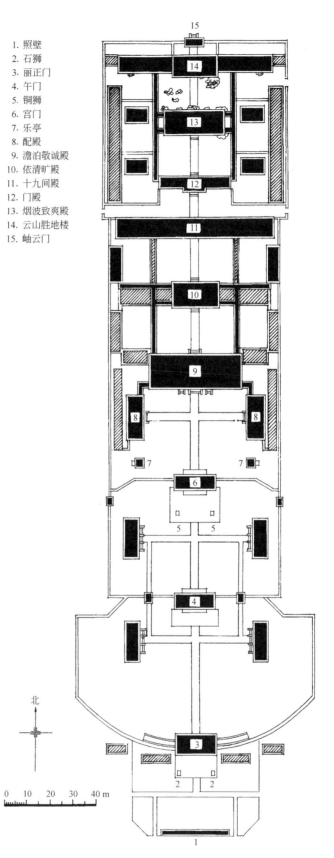

北

0 10 20 30 40 m

图4-12　避暑山庄行宫部分平面图

146

湖 洲 区

　　湖区由于岛洲桥堤的布列可分为七个水面（图4-13）。从卷阿胜境后背来到跨水的长桥。桥分三段：南段和北段各有一亭，中段有阔三间的亭，重檐飞椽，四面洞朗，题名叫做"水心榭"（乾隆第8景）。凭桥槛南望罗汉峰等山岗青翠，上下天光，影落湖中；北望湖水浩荡，远处丹碧楼台幻成异彩，上湖和下湖的水面就以水心榭石桥为分界。 过长桥东折，就是"文园"景区，园的东面和南面是宫墙，西面是下湖，从这里引水入文园，西北山岗上有一亭叫做"牣鱼亭"。文园的布局是随着这个景区的地势，模山范水，仿倪瓒《狮子林图》画意而有十六景，题曰"文园狮子林"。文园的建筑都已不存，假山洞也都坍圮，但可根据记载

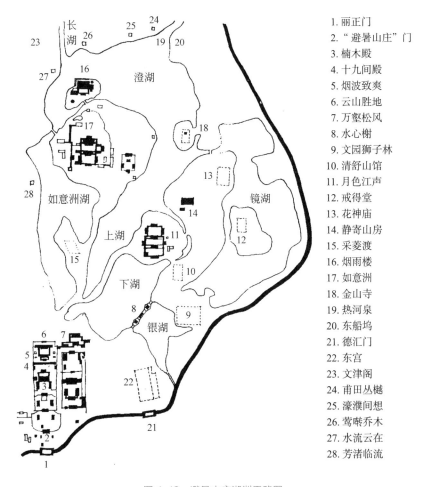

1. 丽正门
2. "避暑山庄"门
3. 楠木殿
4. 十九间殿
5. 烟波致爽
6. 云山胜地
7. 万壑松风
8. 水心榭
9. 文园狮子林
10. 清舒山馆
11. 月色江声
12. 戒得堂
13. 花神庙
14. 静寄山房
15. 采菱渡
16. 烟雨楼
17. 如意洲
18. 金山寺
19. 热河泉
20. 东船坞
21. 德汇门
22. 东宫
23. 文津阁
24. 甫田丛樾
25. 濠濮间想
26. 莺啭乔木
27. 水流云在
28. 芳渚临流

图4-13　避暑山庄湖洲区略图

约略推想原来规制。文园正门西向是阔五间的门屋，屋后即溪水，跨水有拱形石桥。桥下的水往后回抱到两头尽处汇成小湖面叫做"小瀛湖"。因此过了拱桥就是三面环水四周都是假山的文园中心部分，地形西低东高，层层升高到东界山岗，据称这里的叠石掇山颇有倪云林、黄石谷的画意。建筑前面临清水、背衬叠石、四面洞朗的敞轩"纳景堂"；堂东稍上另有一组建筑，正中有"清闷阁"高二层，左是"探真书屋"，右是"清淑斋"；阁后突起一楼叫做"延景楼"；楼东有一小池，池西一轩叫做"桐碧轩"。延景楼北面假山部分叠有委曲的石洞叫做"云林石室"。文园北面的山岗以牣鱼亭开始有墙廊顺着山脊而筑直达"占峰亭"，它是一个梅花地图式的笠亭。亭南有蹬道下至石桥，桥上有藤架，随桥曲复斜，再上沿山岗到东北角另有亭式佛阁，叫做"小香幢"。总的说来，文园狮子林是仿名家画意来叠石理水写出峰峦泉壑的笔意。今日，假山虽已坍坏，但仍可看出当年匠心和叠石的巧妙处。

过水心榭往东北，在长而弯曲的云朵洲南部就是"清舒山馆"区。区的西边有高约一米的土岗为障，经由小径登岗，忽然见到岗外别有一番湖光山色，原来东面敞着平静开朗的东湖，湖后宫墙屹然在望，墙头上栖息着庄外群山的山峰，清舒山馆区原有建筑都已不存，只能根据《热河志》上记载推想其大致规制。从土岗下去先是"学古堂"和"颐志堂"（乾隆第9景）两个建筑，背衬岗阜，面临小溪，使庭院气氛朴素宁静，是静读养志的好地方。这里沿着小溪砌有石岸栏杆。往东北行来到面阔五间的清舒山馆，正室叫"承庆堂"，东间叫"冰玺"，西间叫"含德斋"，后檐额曰"聚云复岫山房"，山馆区的西南角有别殿叫"萝月松风"。馆区的东面临着湖水有"畅远台"（乾隆第10景）和"静好堂"（乾隆第11景）。畅远台是下层为廊上层为楼屋、顶为平台的建筑。静好堂就在它西边，周围有寒竹丛碧，堂外有飞楼，登台或登楼都可眺望远景。总的说来，山馆的西面和北面是土岗，南面虽有一溪之隔，对面仍是山岗（文园部分），东面是开朗的东湖，这样就构成既清静又舒畅的局面，学古堂和颐志堂，一横一竖成局；清舒山馆这组建筑虽然格局整齐，但有别殿东向稍加变化，然后从沼溪岸的栏杆步廊到畅远台、静好堂，这是一结，结而意未尽，得以登高台飞楼，纵目四望，引人深入。

清舒山馆区东北有一小岛就是戒得堂区。岛的四周环以土岗，中为平地，好似小盆地一般，戒得堂是乾隆为庆祝七十岁生日而建。这组建筑的组合相当复杂且富变化，可惜的是今日已不存，只能凭记载推想其规制。正门在南，前临湖水，为面阔三间的门屋，东西两旁为墙廊即内廊外墙，往北连接到阔五间的正屋"戒得堂"，堂背有庑伸出额曰"镜香亭"。再进就是第二个院落，庭中心是一小池，池周叠有山石，院周接以回廊。再进后院，尽处有层楼突起叫做"问月楼"，楼两侧的围墙都是漏砖墙。这个问月楼可说是全组建筑群的一结，登楼四眺就可冲破壶中天地，放开眼界，尤其是能望到金山的大宇咸畅高立岗顶，引人深探。跟戒得堂相平行居西另有跨院，前后有轩屋三重：南第一重叫"佳荫堂"，第二重叫"来薰书屋"，第三重叫"含古轩"，前后用廊连接，佳荫堂南面有阔三间俯临溪水的"面水斋"。总的说来，岛的四周既围以土岗，堂屋又再围以墙廊，这样层层重围下更增厚了宁静的气氛。为了在宁静中不致呆滞，于是庭中心有水池之筑使之生动，然后得以层楼放开眼界，这样先紧收而后一放，对照之下，更增舒畅开旷之感。

出清舒山馆区北界直奔北，来到了向东突入湖面好似半岛一般的一个小区。这里建有汇万总春之庙（通称花神庙），因供的是花神，在建筑组合上跟一般寺庙的风趣有别。山门南向临水，面阔五间，两侧接以有风窗的漏墙，据载进山门，正殿面阔七间供十二月花神，东西厢配殿各面阔三间，周接以回廊合成一院，东北角有一洞门外通，长方形庭院相套接，别有洞天。这个跨院的三面是透空的明廊，仅北面为墙廊，庭中堆有假山，上有一小亭。东廊正中建有一楼叫做"峻秀楼"，北有书舍叫做"华敷屋"。

月色江声洲跟东边的云朵洲仅一水之隔，洲的西北为西湖之水，西南为上湖之水，洲上有静寄山房，这组居住用的建筑群，它显然具有中轴线，轴线上为四重殿屋，四周围以墙廊。第一重是面阔五间歇山顶的堂屋，也就是门屋，额曰："月色江声"；第二重是面阔七间的静寄山房；第三重是七间的"莹心堂"，堂后庭中高叠湖石成组；山石后为最后一个建筑叫做"湖山罨画"，左右各有配殿。在第一进院落墙廊的西南角建有一亭叫做"冷香亭"，方形东向；第二进庭院的西面有配殿叫做"峡琴轩"，东面也有一配殿，这些建筑尚存。从《热河志》附图来看，这组建筑的东隅另有一跨院建筑，院中有一亭，现都不存。总的说来，这组建筑群由于在西边墙廊部分有一亭一轩的安置而增加变化。因为西面是湖水，这里的墙廊就与一般的相反，它是外廊内墙，在廊里可因借湖光山色。这组建筑群的组合上变化也在西边，墙廊部分有冷香亭，有峡琴轩，也是由于借景而成。

沿澄湖东岸岗阜起伏的部分可称做东岗区。南端凸出部分叫做金山岛，东向跟东岗仅一溪之隔；岛的南、西、北三面为澄湖之水所抱。岛上除西部有小狭条平地外，全部用岩石堆叠成石山，最高处离地面约九米。石山的四面，用块石层层上叠层次分明，同时又纵横林立气势雄伟，特别是东面跟东岗平行的小溪两旁，山石壁立，如同峡谷一般，形势陡峭。石山的顶部是一平台，台南有一殿叫做"天宇咸畅"（康熙第18景），面阔三间，南向。殿后耸立着一座高三层八方形的崇阁，《热河志》上载称叫做"上帝阁"。天宇咸畅殿不存，崇阁现存，但仅有外廊，楼板和楼梯等都已拆除，阁顶已漏坏，崇阁本身约十多米，是湖洲区最高的多层建筑，无论在清舒山馆区、戒得堂区、花神庙区，登楼或登岗上都可望见，成为湖洲区一个构图中心。登上帝阁北望，谷原上万树茂密，林后水佑寺的舍利塔矗立树丛间，东、西、南眺望，庄外远山景色，都可借资。金山岛的西部，临澄湖一面有可舍舟上登围有石栏杆的平台，台后靠着山麓，构殿面阔五间，叫做"镜水云岑"（康熙第32景）。殿已不存，仅余平台。据《热河志》载称，两边有曲廊回抱好似半月一般，凭廊倚堂，烟云变化的水影佳景如画，尤其是夕阳西下，澄湖的波摇金影，非常美丽。殿后原有松山廊，顺着山势直上，连接到天宇咸畅。据载镜水云岑殿前有游廊奔北又转东连接到金山岛东北角突入水际的"芳洲亭"。总的来说，金山岛上布局能在比较有限面积上运用了不同的高度空间来产生曲折变化的景物，山石纵横林立但又有层次就不显得局促之势；东边小溪两岸石壁对峙，虽然狭窄但颇幽邃。镜水云岑等园林建筑的布置，煞费心思，不直接面临湖水而倚山趾，正由于这里的湖面较狭，逼之于前不若让之于后，可使水面空间显得开阔些，视景的范围也得以扩大些。

就以上湖洲区这一路的景色来说，从水心榭开始，经文园、清舒山馆、戒得堂、花神庙、静寄山房，直到金山岛，真是一景复一景，一区又一区，一直在动在变，好似没有止境一般，直到金山岛，上帝阁突超高拔，成为一个顶点，可以登阁回望，过境的景物又历历如在眼前，得以连贯起来，这就叫一结或合，但结而余意未尽，临阁北望，香远益清，永佑寺舍利塔，北山的"北枕双峰""南山积雪"等许多景物，又展示在眼前，引人深入，这就叫做一放，在这一收一放、一开一合中不但不断地引人入胜，而且在开合中产生曲折变化丰富多彩的意境。湖洲区的特色如此，山岭山麓区的布局原则也是如此，可以归纳为"起结开合，多样统一"八个字。

湖洲区的另一路，即从正宫后门由万壑松风的山岗下来，踱过木桥就是"芝径云堤"（康熙第 2 景），长堤蜿蜒直抵如意洲，堤上夹道种植垂柳成荫，往东有一堤或称白莲堤，通云朵洲。芝径云堤南头有一小洲就是所谓"若芝英"者也，洲上杂木丛生，洲西边有一亭叫做"采菱渡"（乾隆第 13 景），亭后有殿面阔三间，额曰环碧，亭和殿现不存。芝径云堤的东北端就是如意洲，洲形带圆近方，四面坏水，仅从芝径云堤可通，岛上四周有小岗环抱，中部平坦。洲上主要建筑是"延薰山馆"，这组建筑群，包括"观莲所""金莲映日""沧浪屿"和"般若相"等。康熙题咏的三十六景中有七景在此洲上，即"无暑清凉""延薰山馆""水芳岩秀""西岭晨霞""金莲映日""云帆月舫""澄波叠翠"。洲上建筑在乾隆初年曾遭火灾焚毁，经乾隆修复后的规制跟康熙时已有出入，乾隆咏的三十六景中也有五景在此洲上，即"观莲所""清晖亭""般若相""沧浪屿"和"一片云"。如意洲对外交通除芝径云堤外，现在跟月色江声区建有一桥相连，西北面又新建一桥通到澄湖北岸。如意洲上中心建筑是在轴线上的三重殿屋：第一重为面阔五间的门屋，题名无暑清凉（康熙第 3 景）；第二重是正殿，面阔七间，叫做"延薰山馆"（康熙第 4 景），帝王在苑中居住时办公的地方；第三重是"水芳岩秀"（康熙第 5 景），帝皇驻跸苑中时居住的地方。第二进、第三进都周接以回廊。这组建筑群也因西面有优美景色可资因借，而有数组园林建筑相连，在延薰山馆的西面，有殿西向，面阔五间叫做"金莲映日"（康熙第 24 景），据《热河志》载称，"殿前有广庭数亩，种植有金莲花万本，枝树高挺，花面圆径二寸余，日光照射精采焕目"，又称"金莲花本出五台，移植山庄……每晨光启牖，旭形临铺，金彩鲜新，烂然匝地"（注：金莲花属毛茛科，学名为 *Trollius chinensis* Bunge，华北地区海拔较高山地上都有分布，例北京的百花山顶，海拔 1800–2000 米的草带就有很多野生）。在金莲映日殿南，有廊下行连到西南角的观莲所（乾隆第 14 景），南面近水，据称这一带水面的荷花最茂盛，特建此亭为赏荷。如意洲的西北部，康熙时候曾有两个建筑，一个叫云帆月舫（康熙第 26 景），一个叫西岭晨霞（康熙第 11 景），现在连遗址也不可见，据《热河志》载称，云帆月舫在如意洲北，延薰山馆之西，临水仿舟形作室，周以石栏，窗棂洞达，上有楼面北，好似舵楼一样，可登眺。参看《避暑山庄图咏》上的图，它的构筑跟颐和园的清晏舫不同，不在水际而在岸上，《热河志》上也说"前挹湖波，后衔沙渚"，它只是仿舟形作室但并不就是舫舟。乾隆初年如意洲区焚毁后可能未再重建，因为乾隆在洲北新建沧浪屿、烟雨楼等景区，北面视景全给挡住，复建月舫也没有意义了。西岭晨霞是上下两层的阁式建筑，现不存，据志载"有梯可降，方知为上下楼"，大抵跟颐和园内谐趣园中瞩新楼的情景一样。沧浪屿（乾隆第 17 景），据《热河志》载，面积很小，"不满十弓，峭壁直下，有千仞之势。中为小池，石发冒池，如绿云置空"，又载"由西岭晨霞阁后，沿缘而下，有室三楹，窗外临池，四周石壁，空嵌嵖岈，后檐北向，额曰：'沧浪屿'"。总的说来，如意洲上布局侧重西部，敞开西面正因为景物在西，而东、南、北三面都有土岗，北部土岗较高，主为隔景，南部土岗主为掩景，园林建筑的配置，自然地侧重在西部而有数组临水建筑因景而成，各具特色。

如意洲西北有一小岛，有曲桥跨水相通，小岛旧名青莲岛，岛上中心建筑是北面临水的"烟雨楼"，仿浙江嘉兴的烟雨楼而建。南有门屋阔三间，进门左右有廊通连烟雨楼，楼四周有廊，内用格扇，楼下北面临湖部分有平台和石栏杆护岸，楼东有"青杨书屋"面阔三间，书屋外青杨翁蔚。书屋的南和北各有一亭：南亭四方形，外有坐栏，内有格扇；北亭八方形，上无楣子，下无坐栏。楼西有屋面北，阔三间，叫做"对山斋"。斋之南叠掇有假山，下构石洞，上有六角亭叫做"翼亭"。烟雨楼的仿设，正是为了欣赏澄湖烟雨之景，澄湖水面宽广，每当雨时，雨打湖面激起烟雾浮在水上朦胧弥漫，顿增胜概。北向平眺，对岸近景尚有四亭，乔木千株的万树林和驯鹿在林。楼西面的南北二亭，一为四方，一为八方，地图式不同，也各有其因，作为眺景的亭，它的地图式是圆是方是多角是梅花，常跟周遭环境和视景密切相关，身临其境去体会时就能悟得其中道理。北亭所以采用八方地图式，因为可资远借的景色是有多个方面，需要有多个视角的亭式。例如从亭的东北角两柱之间望山庄外的安远庙景色最美。就因这个视角最合适，所见既不是正面也不是正侧面而是稍斜的正面，使安远庙高耸的立体感，格外突出，从亭的两柱之间的其他面可以看到永佑寺舍利塔，或看到罄锤峰，以及它们映入湖中的倒影等。青莲岛上对山斋后假山的翼亭，也是一样，山顶的竖立峰石跟亭柱相结合构成多个视框，而且恰好在每一视框中有一个视景，西为珠源寺，西南为芳渚临流，南为如意洲上建筑群，东南为金山岛上帝阁，东北为永佑寺舍利塔，西北为文津阁。总的说来，青莲岛的地面不大而布置有一楼三亭，一屋一斋相互连接，还有假山石洞的叠掇，但因平面布置确当，体形组合合宜，并不显得拥挤。同时也因四面有可资远借的景物，使视野空间向外扩展，也就不显得地面狭小了。

湖洲区的西部即如意湖的西岸。从长堤的南头北行，东堂湖区"堤曲标横，洲平屿直，亭榭隐映，意境别致"。西岸部南头原有"芳园居"（宫苑里买卖日用品等货物的小市场）现不存。如意湖曲口稍南有一亭叫做"芳渚临流"（康熙第27景）。这个亭的位置非常确当，一方面使这一段曲岸有了重心，一方面跟如意洲的云帆月舫遥遥相对。转过此亭到达澄湖北岸的西端，即响山子头沙，长湖和澄湖相交的一块尖三角形地，原先建有"临芳墅"（乾隆第32景），面阔五间。前殿面南，叫做"知鱼矶"（乾隆第33景），正与采菱渡遥遥相对。这里临岸叠石成矶，矶下湖水清甘，时见鱼族出游，或跃或潜。往东沿着澄湖北岸散布有四亭：先是"水流云在"（康熙第36景）；次之"莺啭乔木"（康熙第22景）；再次为"濠濮间想"（康熙第17景）；次为"甫田丛樾"（康熙第35景），这四亭现在都不存，连遗址也不可觅。从甫田丛樾往东，在曲水部分东岸建面阔三间，南向的一殿叫做"萍香沜"（乾隆第19景），现不存，这一带曲水的湖水分流，出依绿藻，中多青萍，再往东到了澄湖东北上尖角那里筑有东船坞，仅存基石。船坞正南就是热河泉的所在地，泉水清冽，隆冬不冻。

谷 原 区

澄湖以北是一片大平野，从西岭山麓开始，斜向西北，西边为宫垣形成大三角边。西岭的山麓，在如意湖西岸到堤湖长湖口原有南北的跨水的长桥，桥北有宝枋额曰："双湖夹镜"（康熙第33景）；桥南也有一枋额曰："长虹饮练"（康熙第34景），跟水心榭的宝枋恰好南北遥相呼应，现长桥不存，宝枋也不在，这一带的湖面也已淤塞。桥北原有"玉琴轩"（乾隆第31景），它正当"曲涧湍流""潺潺众玉中，韵合宫徵"，好似抚琴的乐声。跟玉琴轩并峙的有"宁静斋"（乾隆第30景），依山构斋，后楼额曰"澹泊宁静"。玉琴轩末为"千尺雪"（乾隆第29景），以瀑得名，瀑源来自山根，据称总流喷薄。千尺雪也是殿名，面阔五间，仿明赵宦光"吴中寒山千尺雪"的画意所绘四图，藏贮此地，以上这些建筑现都不存。再往北，依西岭山麓有一小区，四周围有山墙，墙内树木茂深，正门西南为宽三间门屋，进门见假山，下沟上洞，上有亭台，东为台叫月台，西为亭叫趣亭。假山北建有一阁，面阔六间，高二层；藏《四

153

库全书》，叫做"文津阁"，阁前有池，池周散点山石，为自然之趣，文津阁现仅存外廊，屋顶部分已坍坏。万树园西南有一片三角形草地，草柔地旷称作"试马埭"（乾隆第21景），万树园（乾隆第20景）是一片广袤的平野，这里原滋长有数百年的老榆树林，林下绿草铺茵如毯，茂林树荫成幕帷，游乐其间，身心怡爽。这一大片丰草茂树，不仅是澄湖的绝妙背景，也是连接北岭和湖区的链子，原先在这片天然茂林中，飞雉野兔，交息其间，山庄中豢养的梅花鹿大部来此就食。这里也是秋凉时徒步行围狩的猎场。康熙乾隆时期，蒙藏等族王公入觐，就在这万树园中张幕赐宴，是观灯火马戏燕乐的场所。可惜的是这片大茂林已被毁损，仅存老榆四五株而已，万树园南，立有卧碑，刻乾隆所写绿掬八韵诗。现仍立荒榛中。

谷原东部从甫田丛樾往北，顺着跟东面宫墙平行的道路北行时，西望只见平野殿延和嘉木罗植的万树园。北行先抵位于路东的"春好轩"，它原是沿宫墙建屋数间，自成一组。再往北来到永佑寺，寺南向。寺门外原有牌坊三，山门面阔五间；前殿阔五间供弥勒佛；大殿也是五间叫宝轮殿，东西厢各有配殿；再进为后殿阔五间，后殿的东面另有一殿叫能仁殿；以上这些殿屋都不存，后殿的北面往东有八方形九层的浮屠，叫做舍利塔，塔式仿南京报恩寺和杭州六和塔，拔地耸天，高约65米，据载乾隆鉴于在北京同时期开工建的二塔，一已被烧一倒坍，就下命令把舍利塔的工程中止，另行改建，又费时十多年方告落成。塔为砖塔仿木结构，塔尚屹存，但塔的最下层的八面廊庑及廊外四周围以玉石栏杆的部分已不存。塔的最下层壁面有浮雕佛像，也因日晒雨淋而剥蚀。最下层以上全用青砖，角隅刻出圆柱状，斗栱桁椽全用绿色琉璃瓦，斗栱间小壁用黄色琉璃瓦，宝顶为金属包金，金光灿烂。原先在永佑寺的东北，有一片佳地，桧柏蔚葱，就在若干虬枝垂荫下构轩，叫做"嘉树轩"（乾隆第22景）。嘉树轩之北，重阁五间，第二重额曰："乐成阁"（乾隆第23景），阁踞城。可眺望山庄外陇亩参差。轩与阁现不存。再往北，靠近东北宫门，有一水闸，建阁其上，额曰"暖溜暄波"（康熙第19景），现不存。最后来到山庄东北角尽处，对着惠吉迪门，因其地势高敞，筑一平台览胜，叫做"宿云檐"（乾隆第24景）。

从宿云檐往西沿着北岭的山庄往南回行，先到"澄观斋"（乾隆第25景）。北岭诸水汇流到此，然后顺着山麓南行到文津阁前入夹河，就在这里背依山岩建斋，斋后有一敞亭，题曰"翠云岩"（乾隆第26景）。以上

154

建筑都不存，再南站在山坡上，就可看到危崖直下数十丈，旁无路蹊，古树根盘，进出石罅，岩壁苍苔紫藓，而后有悬瀑飞注，这里有"泉源石壁"（康熙第20景）御书四字刻在石壁上，大径二尺，其西凿有池，称半月湖；更西有亭，叫做"瞩朝霞"。

总的说来，谷原区是以万树园为主体，东面沿着墙有十二组建筑，西面沿着北岭山麓又有几组建筑，都是借景而成。平野尽处，永佑寺的舍利塔，拔地耸天，成为湖洲区各处可资近借的构图中心，同时也使平原区单调的林冠线有了高耸线条的对比，全景就生动起来。

山 岭 区

山岭区的范围广大，自然风景最胜，同时各组园林建筑的布局能够同自然地势相接合，或依松依岩，或依岩依坡，或就深奥，或就开旷，各有擅胜。山岭区的各组建筑群，虽然现仅剩残垣废址，但仍能看出在布局上因势而筑创作景物的意图，是学习园林建筑布置的优良范例。

山庄南面的低岗区，从水泉沟东口进，先有八方亭，过亭有石碑刻御书"驯鹿坡"三字（乾隆第7景）。这里背风向阳，秋凉后依然草绿，豢养的麋鹿成群来此就食而成一景。再进澄岗有依城垣为楼的"绮望楼"（乾隆第6景），面阔九间，北向，后楼三间南向，叫"坦坦荡荡"，都可登临眺望远景。

折返水泉沟口西行，先是在路北依岗辟地而筑有"松鹤清越"一组建筑（康熙第7景），门屋五间南向，内院建殿三重。松鹤清越的西面又有一组，也建殿三重，正殿面阔三间，叫做"风泉清听"（康熙第16景），据载那里有泉自两峰间出滴，微风吹拂，滴石上作琴音，是以水的音乐成景的一区。再向西前进，树木茂郁，经过长八尺幅七尺的桥板来到林深处的一寺叫做"碧云寺"，寺现仅存几间坍屋和基址。据载山门东向，左钟右鼓，前殿天王殿，正殿法华宝殿，后进为经楼，额曰："宗乘阁"，这种组合跟一般寺庙并无不同。但后院东北角有书屋南向，叫做味甘书屋，其西偏后建有丛碧楼，飞檐屋槛高出树梢，西北角有一水池，池周叠石，筑亭临池，叫回溪亭，这一组后院建筑却十分幽致。出碧云寺后门，循径又回到大路，这里已是榛子峪地段。过了谷口，峰回路转，若往北顺岐谷可到达"有真意轩"，若往西北上山岭就是西峪的几个景区。

有真意轩建在谷中，坐落在西南的一个岗坡中腰上。轩本身东向，左有"空翠书楼"，右为"小有佳处"，周接以廊，自成一个院落。轩后登岗，筑有一亭，叫做"对画"。这个亭正对着轩旁东西向的小山谷，一面崖壁削立，雨后"云崖飞瀑，万象生明，倏忽变幻"，如见"荆关妙笔"，因此亭称"对画"。亭轩虽已不存，仅有基址，但因势借景而设，规制可寻。折返谷口往西北行，路渐斜上，辨登山岗口，忽然开朗，前面是一片山岭起伏连绵的景色，从这个山岗向北斜上直达一个高峰，然后山路又转向东北，再前进就是鹫云寺、秀起堂、静含太古山房。这三组建筑群的三个景区，各据一点，鼎足而立。这三组建筑仅存基址，但参考记载来推敲其规制，各有巧妙不同。

先到鹫云寺，它踞在南面一个平岗上，寺东向。门屋面阔三间。进山门，中为六方形高三层的楼阁叫做"香界阁"，阁后才是"福因殿"。寺址西边墙（后墙）圆弧形；西北面沿山岗边缘而筑，下即山谷。出门后转百数十米有八方亭。循蹬道下，横越山谷再上，就到达"静含太古山房"这组建筑群，它和鹫云寺隔谷南北相望。山房屋南坡上侧，朝向西南，外望有万嶂环云的形势。进门西边有廊连接到一个高楼，叫做"不遮山楼"，楼下有曲径转折山腰石蹬间，廊尽有一小亭，南向，叫做"趣亭"。鹫云寺的东北为"秀起堂"，顺着东西向的谷而筑。山谷北部即朝南坡上，依岗辟地而筑堂、楼、书屋等园林建筑；山谷朝北坡上，依岗脊建有正门的门屋和曲廊，并有墙廊跨谷连接到北部，门屋后廊，东通依脊而筑的曲廊，拾级而上，一折而抵前有平台的堂屋三间，它和谷北的秀起堂对峙，这里有石阶可下抵谷底，跨涧有小桥，过桥直上达秀起堂。如穿过上述堂屋三间的东间，有墙前引，廊依岗曲折而筑，直达面向西北的堂屋三间，屋后有半圆形外墙。过此，墙廊也折向西北跨过山谷，再循屋而筑，连接到"经畬书屋"。屋后东北崇台上建楼叫做"振藻楼"，藏书用。楼前一折而上登高即堂前台阶，又登二十多步为一平台，再东折拾级而上，方是秀起堂前月台，这样数叠而上，形势雄伟，如在天半。

出秀起堂正门缘山径往东北直上，到了山庄西北部一个最高峰，构亭其上，叫做"四面云山"（康熙第9景），亭已不存，这里可说是本路区一结，同时也是榛子西峪的终点，关于榛子西峪一路的景区，仍从水泉沟东口外说起。沿南岭的东麓，顺山路到岗顶，那里原建有歇山顶面阔三间的亭叫做"锤峰落照"（康熙第12景），现已不存。从这里正好眺望山庄东界外的磬锤峰（它是一块孤石形如棒锤，矗立在群峦之上），每当夕阳西下反照时，显出孤峰挺出的独特。若顺山脊道路往北行可达"食蔗居"（见后），若仍由亭东循路而下，山麓即如意湖西畔的堤路，有芳园居、芳渚临流亭等。再北进西折，顺山麓曲径行进，先抵一石桥，桥前桥后原建有石坊。过桥拾级登山，在半山有山门东向，额曰"珠源寺"（这个山门是珠源寺这组建筑现仅存的建筑物）。过山门北折而上，在东向湖区的山坡上辟台地数层建寺，第一层是庙门前广场，左右各有幢竿，正中是面阔三间的庙门，额曰"定慧门"。进门第二层台地，左右是钟、鼓楼，正中是前殿称天王殿，殿后为佛阁，额曰"镜乘阁"，全为铜铸（跟北京颐和园的宝云阁铜殿式样相同），抗日战争胜利前为日本帝国主义所盗走。阁后是第三层台地，后建有后殿，称大须弥山，供一切诸佛菩萨。台地后沿，原建有面阔十三间飞楼，叫众香楼（通称小西天）。

从珠源寺庙门前东下来到另一景区。北面有楼耸起，额曰"绿云楼"，旁有面阔三间的敞轩，额曰"木映花承"，前有三间屋的"水月精舍"。景区的中心是"涌翠岩"（乾隆第34景），有瀑自岩而下，岩前有殿三间东向，额曰"涌翠岩"，其后有楼三间为佛庐，额曰"自在天"。这区建筑都不存，仅有遗址可寻。

再向北行进就到了梨树峪东口，进口不多远就有岔口，左行即往西南就是松林峪，右行即往西北就是梨树正峪。先进松林峪，左为涧水，右边草木深茂。"观瀑亭"遗址已不可寻。再进，顺谷势缭绕数折，两旁山壁峭峻，真有空谷幽静之感。循左右的路上登不远，忽仰见山谷上面依岩壁建有轩屋，但仅见屋角，那里就是"食蔗居"。它是依岩壁辟地而筑的一幢建筑，东向，左有屋三间，额曰："小许庵"，右有亭称"倚翠"。食蔗居东北有蹬道，上行至一亭，称"松岩"。一路来此，山径幽回，转深转妙，题曰"食蔗居"，表明渐入佳境的意思，是松林峪第一胜境，从食蔗居旁山径登山岭，循脊可直趋四面云山亭。

从岔口右行，一路平岗逶迤，不觉远近，路左下有山涧，因此一路惟闻幽涧潺鸣。行约里许，路北山坡上原有一组建筑依坡而筑，山门额曰"梨花伴月"（康熙第14景），现仅存断垣残址。它是依岗辟台地三层而筑。进山门登宝铠而上第一层台地，中为前殿称"永恬居"（乾隆第36景），殿后依坡散点岩石，叠掇自然。循石间小径行进，又登一宝铠而上第二层台地，中为内殿称"素尚斋"（乾隆第35景），背依山岗。由永恬居到素尚斋的两旁的叠落廊上登，这个叠落廊的廊基依山坡作梯级形，梯级百重，廊顷翼复歇山顶，构筑精美。可以想象由于这两列叠落廊，从下面往上去，只见一个歇山面接一个，层叠而上，仿佛直上云霄，仰视素尚斋好似空中楼阁，更显结构的巧妙。从梨花伴月山门前上行里许，有亭北向，额曰"澄泉绕石"（康熙第 29 景），现不存，亭址也掩没不可寻。再上行，过一石桥，到了西岭西峪的深处，这里有一组结构精巧的建筑群，叫做"创得斋"，现不存。它的地位正在两条山溪汇合处，有两个小山头，于是巧妙地因势构筑而成一个景区。门屋西向，阔三间，后有庑，右通曲廊连接踞山头为屋的创得斋。斋南向，面阔三间，斋后右偏，建有一楼称"夕佳"。门屋后左有台阶可下，过一跨溪小桥，再由步石向上曲廊，直行到跨溪而建的小楼，叫做"枕碧室"。从创得斋景区北下到"碧静堂"，它又是一组结构精妙的园林建筑，现仅存残址。这组建筑倚山为堂，堂称"碧静"，堂左有曲廊连到"松壑间楼"，堂右另有曲廊连接到"静赏堂"。又有一楼称"净练溪楼"，跨溪而筑，如一小阁。从碧静堂景区北行，有叠石天然成阶，顶上架岩为屋的一组建筑叫做"含青斋"，它跟北岭的"敞晴斋"正好隔松云峡遥遥相望。斋左有屋称"挹秀书屋"。斋右是"松霞室"。这里谷崖峭峻，甚是奇特，又架岩依石为屋为室，益以松林阴森，更增奇趣，可惜斋屋都已坍拆。从含青斋西行可通到"玉岑精舍"，它是山庄西北角的一组建筑。精舍位于平阔的台地上，面阔三间。在平台右偏稍下，有跨山涧而筑的城关式高台，其上筑有"云檐"。穿城关洞门陟径见有二亭，一叫"涌玉"，一叫"积翠"。玉岑精舍后，散点山石，循石间小径上登，有依山梁构室三间，称做"小沧浪"，两旁有回廊相接，这些建筑现都不存。

经由文津阁、万树园到松云峡东口，先抵"云容水态"（康熙第 28 景），殿屋面阔五间，东向。殿之北，在山麓砥平处，架屋临路，叠石为堞，其上建有"灵峰龙王庙"。另有楼西向，面阔三间，额曰"旷观"。再往前进有称做"清溪远近"的殿屋五间。其东为"含粹斋"，面阔三间，又有"仙苑照灵"，其址已不详，这一带山岭称北岭。若不登山而深入峡径，道旁大松高耸，左下涧水潺流，颇有十里云松的胜概，再行进约全峡长的一半路程，路南有一卧碑，刻乾隆写的"林下戏题"诗。再进路渐上倾，最后到达山庄的山北宫门，宫门的左上（即其北）山坡上有"宜照斋"。

登北岭，峰顶有亭称"凌太虚"（乾隆第 28 景），耸立于一个峰顶，亭址已不可寻。再前进，从通"青枫绿屿"的山径直上，路陡势峻。先抵踞峰以筑的一亭名叫"南山积雪"（康熙第 13 景），冬季可眺望山庄外远处复岭环拱。岭顶积雪经时不消，或雪后登亭环视山庄内楼阁亭轩是皎然寒玉的雪景，亭已不存。由此往北，稍下，正在一山谷之上有一组建筑叫做"青枫绿屿"（康熙第 21 景）。门屋南向，额曰"青枫绿屿"，进内有殿，面阔五间，额曰"风前满清听"。门屋外，西向有屋三间，额曰"霞标"。东向有屋四间，额曰"吟红榭"。北岭这一带原多槭树（*Acer*），夏间"浅碧浓青，全山一色"，故有青枫绿屿之称。"入秋经霜，万叶皆红，丹霞竞彩"，又是一番景色，故有霞标、吟红榭之筑。自此西折而东，有曲室踞其胜，前为平台，从曲室窗框外眺，景列远岫，峰岭烟云，林泉山石，阴晴晨昏中殊态，幅幅如画，而自然的渲皴浓淡更不是笔墨所能描出，因此把这个曲室题名叫"罨画窗"（乾隆第 27 景）。以上这几组建筑都不存。

经"青枫绿屿"面前的山路顺岭向上，到达北岭的最高峰，峰顶原建有一亭，名叫"北枕双峰"（康熙第 10 景），登亭北望远山：西北面的金山有一峰拔势极峻峭，东北面的黑山也有一峰拔起，势极雄伟，这个远景中的两峰如双阙对拱，适与此亭鼎峙，因此称亭为"北枕双峰"，亭现不存。顺岭脊西行到正在峰间稍凹的岭脊部分有小组建筑名叫"斗姥阁"，正殿向西，西有配殿名叫"莲山飞秀阁"正筑在崖上，两阁都不存。循路下至"山近轩"，这是依岭的一个高坡辟地而筑的一组园林建筑，门屋阔三间，南向。进内高台上正屋即"山近轩"，西有"清娱室"面阔三间，东有"养粹堂"面阔二间，堂之南有楼叫"延山楼"。轩的东面踞峰顶有亭，面阔三间，亭周多奇石嵌空，并有回廊，额曰"簇奇廊"。另有草亭名叫"古松书屋"。这些建筑现都不存。从山近轩下，到"敞晴斋"，它是一组安置在岗顶的建筑群，先经一岩桥，两旁奇石高下有致。进门屋后，正中殿屋即敞晴斋，左厢为"青绮书屋"，右厢为"绘韵楼"。斋面东，秋高气爽，天敞晴时，游目苍碧千里之景，此处为最胜。斋屋都不存。斋东有路可通至广元宫后山门外的"古俱亭"。广元宫是一组寺庙建筑。登古俱亭，可北望山庄外诸寺之胜，西北望有狮子林和狮子园（乾隆时修，已废）、罗汉堂（已毁）、广安寺（已毁）和殊像寺诸胜；正望即普陀宗乘庙景，气势雄伟壮丽；东北望即须弥福寿庙，居大红台群中的妙高庄严殿，殿顶金龙银瓦，辉煌夺目。更望远眺，普佑寺的大乘阁，高拔云霄，正是纵目诸庙气象万千，景色宏伟。

第五章

明清的宅园和园林艺术

一

北京的明清宅园

北京的勺园

前章提到，北京的西郊一带，泉源清流，土壤丰嘉，又有西山远景，不仅帝王在这里建离宫别苑有三园三山，就是皇亲贵戚和大官也都在这一带建造别墅和园林。京西私人名园中著称的有澄怀园、蔚秀园、承泽园、勺园、近春园、熙春园等，不幸这些名园大都遭帝国主义军队焚掠已荡然无存，这里根据书载把明末米万钟所筑的勺园介绍一下：

勺园，据洪业《勺园图录考》的考证，在现今北京大学（原燕京大学）所在地。园的建成，大抵在明万历四十年至四十二年间（公元1612-1614年间）。清初曾经作为藩邸，后改为集贤院，英法帝国主义联军侵占北京时被焚掠，沦为村陌，1920年燕京大学购此地建校舍。

勺园主人米万钟是明代有名的诗人、画家、书法家、园林家。米万钟，字仲诏，宛平县人，祖先是陕西安化人，年少时就以文章翰墨著称；因性好奇石，用"友石"为号。不但喜画石，也工画山水，他曾在北京城和西郊构筑漫园、勺园、湛园。漫园在德胜门内积水潭东，中有楼阁三层。湛园就在宅旁，但关于这个宅园的记载极简，只提到有石丈斋、石林仙苑馆、茶寮、书画船、绣佛居、竹渚、敲云亭，曲水绕亭可以流觞，有饮光楼、众香园在其下，别径十数级可以达猗台，登台可俯望蔬园。

勺园，不仅记载较详而且米万钟手笔的《勺园修禊图》遗存下来。《勺园修禊图》是个长手卷，作者在绘图时，看来是绕着园林，从不同的角度上来画成的。王世仁《勺园修禊图中所见的一些中国庭园布置方法》一文中，根据原图考证文字，把勺园的平面布置作出部分想象图，并据此试作初步分析（《文物参考资料》1957年第七期，第20—24页）（图5-1）。

《春明梦余录》卷65，载勺园"园仅百亩，一望尽水。长堤大桥，幽亭曲榭。湖穷则舟，舟穷则廊。高楼掩之，一望弥际……"。由此可见勺园的主要特色是一望尽水，水景为主，而以堤桥分隔水面，构成多个景区。《日下旧闻考》卷22之"郊坰4"，引载勺园的内容比较详细，再参照《帝京景物略》卷5所载加以补充，可以把勺园的主要内容描写如下：

进园有径，曰："风烟里"（图5-2），入径乱石磊落，并有高柳隐之。《帝京景物略》对入口的描写是："入门，客憬然矣，意所畅，穷目。目所畅，穷趾……"。说明这个园林在进口的地方就使人有一种迷离的感触。从图上看，也是这样：树木丛中的一个荆扉前面是块驻马的小台地，

图5-1 勺园之一部分布置想象图

进门前望，面前是一片清水，在桃柳夹道的长堤中有一座拱桥，通过拱桥的桥洞可望见隔水一带粉垣和亭馆，顺桃柳夹道的弯曲的堤路前进来到堤桥叫"缨云桥""桥上望园，一方皆水也，水皆莲，莲皆以白，……水之，使不得径也。"桥上有屋，下桥而北，才是园门屏墙，墙上勒石"崔滨"两字，折而北，来至"文水陂"这一景区，它的内部景色也为一抹粉墙围住，在外面只隐约可窥，而树木楼台微露墙头，使人急欲一游，门外水际，安置茅屋数间，竹篱几许，对门临溪又有月台突入水面，铺虎皮石而形成渡船码头。

入"文水陂"（图 5-3）门，立即进入跨水而筑的"定舫"，它是横越水面的平桥，桥上为榭式建筑，明窗洞开，边走边眺。出定舫后，往西有高阜，上有台，题曰"松风水月"。这是一块高突水上的台地，有古松数枝，松下置石桌棋盘，清雅古朴。站松下眺望，前望隔水的"勺海堂""逶迤梁"和后背的方亭，左望"太乙叶""翠葆榭"，右望定舫、文水陂门，全区景色连览，这个台地是全园的一个制高点，也是一个出发处，出定舫后，若往东北行绕过四方亭可至勺海堂，或往西北行，在阜断桥跨水有六折的曲桥叫做"逶迤梁"，过桥而北就是勺海堂。勺海堂是一座大敞厅，堂前有宽大月台，蹲置怪石一块，并有大株括子松倚石旁。堂前东端有廊，直通"太乙叶"，它是一个屋形如舫的建筑。这个廊子，连上太乙叶和廊岸围成一个小水面，自成一格。总的说来，这个景区中心是水面，环池有松风水月，有勺海堂是主要景物，由于逶迤梁和堤坝又隔出一个小水面；太乙叶前又是一个小水面；各自独具情趣而又相互联系，临池驳以石块的池岸，四方亭、曲廊等的布置，以树木、山石组成曲折景物，它们之间又可互相借资，彼此呼应。

太乙叶的东南有一片茂密翠筠的竹林，有碑刻"林于滋"三字，竹林中隐约露出一座高楼，穿林到临水的重楼，叫做"翠葆楼"，半出水面，隔水对岸是瘦长的山石，林立如屏障。登楼远眺，尤其是西山一带景色最优胜，米万钟曾有诗曰："更喜高楼明月夜，悠然把酒对西山。"

下楼，湖穷则舟，北渡为"槎枒渡"，到了最后一个景区，这里的中心建筑是"色空天"（图 5-4），前部突入水际。色空天的后背有台阶，登阶而上台，台上置阁，这组建筑周围尽叠山石岣嵝，又有古松数株，登阁北窗外望则稻畦千顷，因此这里北面就不用有缭垣。

勺园可说是一个水景园，从许多诗人的咏景看来也是如此，"到门惟见水，入室尽疑舟"（袁中道）；"绕堤尽是苍烟护，傍舍都将碧水环"（米

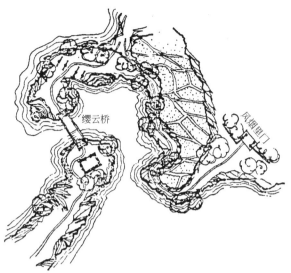

图 5-2　勺园平面想象图之一（风烟里）

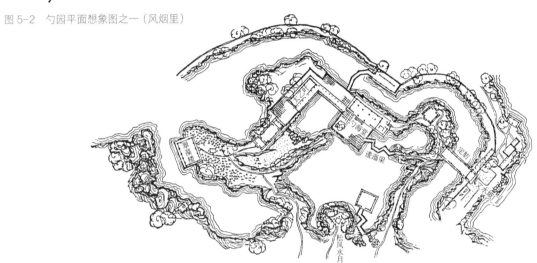

图 5-3　勺园平面想象图之二（文水陂景区）

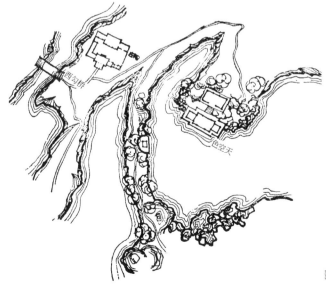

图 5-4　勺园平面想象图之三（色空天）

万钟）；"亭台到处皆临水，屋宇虽多不碍山"（公鼐）；"几个楼台游不尽，一条溪水乱相缠"（王思任）。同时，临池，夹岸，偏径，亭榭顿致婉转，使游人走在弯弯曲曲的堤岸上，可看到亭榭廊台的景物，互相因借。至于水面，或一望弥际，或堤坝分隔，或曲水似溪，或收或放，又各尽其致。整个勺园确能充分利用水源构成不同水面，运用了粉墙、跨梁、亭榭水阁以及树木的巧妙组合，形成多个景区，画成无限多个各具情趣、并富有诗意之图。

北京的一个宅园

北京是元明清三代都城，经历代数百年的营建，城中遗留的宅园名园也是众多的。面积在 2-5 亩的宅园（或称第园、邸园），据调查不下七八十处，其中有不少构园得体、精而合宜的作品。但是北京城内的宅园，因为没有河道的水可引，也缺泉源，这跟江南园林中有较大水池的风格就不同了（明清时期，在北京城内未奉旨而私引活水是违法的）。城市地形平坦，缺乏湖石就不可能有较大的叠石掇山，因此北京的宅园，一般只是模拟山的余脉小土丘，点缀一些形体浑厚的石块，或在大树下点缀数石，种植花草以供欣赏或单点湖石。在这样一种条件限制下建造的宅园，自然不能像江南园林那样就低凿水，培土堆山，而有高有凹，有曲有深，有山有水，委曲婉转，移形换景，环池顿置亭榭，绕园接以回廊，那样幽静深邃，水景生动而妙极自然。但是北京的宅园也自有其雍容厚实的风味，就是亭榭廊屋的体形也不像江南那样轻巧灵快而是浑厚雍重的。

下面介绍北京的一个宅园（见傅熹年：《记北京的一个花园》载在《文物参考资料》1957 年第七期，第 13-19 页），从中看出北京宅园的一些特点。这个宅园坐落在西城，占地约五亩，位在住宅的东部。整个宅园，从平面布局上看来可分为三个小区：一是从住宅的东部洞门进园，就是北面为"石斋"、南面为"龙龛精舍"和长方形院落的一区；一是从宅园南面临街的旧园门进去，以"池北书堂"为中心建筑，前有池后有庭的一区；一是以"莱娱室"和假山部分为一区。

目前园子的主要入口是从住宅通入的，由住宅正门进第一重院，转过照壁向东，穿过一条两旁有竹的小径，一折向北就是有大紫藤架的侧院。侧院的尽头是一堵有漏窗的粉墙，墙前正中竖着一块湖石（东边一个洞门就是通入宅园的入口，进去就是长方形院落），四周接以游廊。南面有面阔三间，卷棚歇山顶的"龙龛精舍"，北面是同样格式的"石斋"。院内北侧有海棠四株，杂植牡丹数十本；院南偏东，叠有湖石一组和几块散点湖石相呼应，石旁松树四五株，松下有石桌石凳。石斋的东廊向南北延伸也就是跟"池北书堂"一区的半虚半实的界线。

从旧园大门进入，转到面阔三间的宅园门屋。门屋左右，连接有廊并向北延伸，成为这个区的边界。进门屋有池横向，中跨石桥曲折，过桥就是"池北书堂"，面阔五间，卷棚歇山顶，四面高窗洞敞，前后带廊。在堂西头另加出南北三间的凉亭，亭前三面有小溪回环，小溪的水源是从亭北一座假山上人工水源而来，由假山上转折而下，合成一股小瀑布注入溪中，绕亭而东，在池北书堂前注成水池。池岸驳以石块，高低错落，疏密相间。池东或从门屋东廊往北稍升高，有一亭叫做"霞红亭"，可以居高临下，俯视池塘。堂前西侧有一株大槭树，荫蔽半院，东侧有高大柳树，池西南有大榆树，池前东南还有丁香和寒竹，地上细草蒙茸，全院都在浓荫之下，因此，池北书堂是消暑纳凉的好地方，而且幽静清雅。池北书堂的后庭，西边是一带假山屏障，满布爬山虎，一片浓绿，假山中部有断处，从断处穿过向南可到书堂西间凉亭，向西北就进入游廊。

书堂后庭北就是"莱娱室"，面阔五间，勾连搭卷棚硬山顶的厅堂。由莱娱室向西，穿过游廊往北，穿过一个假山洞门，来到了北部的假山区，这座假山的西部厚高，往东蜿蜒而下，中途平坦处建有八角山亭，山上杂植丁香、松桧等，并有大榆几株。假山南麓有石径纡曲有致，平地散植有果木。

总的说来，这个宅园面积不大，布置很简朴，三个小区似乎平淡无奇，但身历其境时，又觉各具不同风趣，而且处处有景，从宅园旧园门进来，先是浓荫遮院显得幽静清雅，横池曲桥，小溪西绕，曲折有致，就是池北书堂的东廊处一条狭长地，杂植丁香、榆叶梅，东界的粉墙，藤蔓纠缠，也是十分幽静。书堂的后院又是一番景象，比较开朗，西面假山屏障又遮住了西跨院的景物，但是书堂的西廊，半虚半实，既是分隔书堂区和石斋区的界线，又能穿过游廊望到西跨院的景物。

西跨院石斋区长方形的庭院就比较舒展，又是一个变化，然后由莱娱室东廊出，穿过假山洞门别有洞天，这里布置了一座假山，山上花木松桧覆盖，顿有城市山林之感。登山回望，隐约可望全园花木交映，游廊周接，亭屋错落，可说是全园的收拾处。至于各组山石的叠置、散点、瀑布、小溪，横池的安排，山石树木的结合，处处都有画意。

二

苏州的明清宅园

本书导言里曾提到江南的园林跟北方的园林在风趣上是不同的，江南地区许多城市如无锡、扬州、苏州、常熟、杭州、南浔等，有不少明清遗留下来的地主士大夫的园林，大都是宅园性质的城市园林，其中以苏州一地最为著称，也最有代表性。

苏州是我国南方的古老城市之一，在三千多年前被称为"荆蛮"之区，但到了春秋时代建立吴国，为吴的都城。秦汉时代称会稽郡，六朝称吴郡，隋时起称苏州，宋元时称为平江府、平江路，明清又恢复为苏州府。苏州唐宋以来就是丝织品和各种工艺美术相当发达的城市。苏州园林从东晋以来就有构筑。明清以来，官僚地主筑园以居，为数甚多，据南京工学院中国建筑研究室调查不下七十多处。虽然其中一部分已成废墟，或厅堂花木颓毁过半，仅剩假山池泊略存原来面目，但大体尚完好，规模俱在的还不下三十多处。苏州地处江南水乡，城市里水道纵横，随处可引水或用地下水。当地又产湖石，叠石掇山的技巧特别发达。江南气候温和，植物繁茂，花草树木品类丰富。因此"聚石引水，植林开涧"（引自《宋书·戴颙传》），构筑园林的条件也优越，名园也多。

苏州的名园都属于宅园类型，最著称的有沧浪亭、狮子林、拙政园等，各具特色。这里就最著称的五个名园的布局特色简略地叙述如下，同时对苏州宅园总的特色加以简略的评述。

沧 浪 亭

这个名园（图5-5），从布局上看可分为北园和南院两部分。北园部分的中心是一座隆起的由东往西走向的土石相间的假山。环着假山四周

图 5-5　沧浪亭总平面图

随地形的高下，周绕有曲折的回廊。假山部分，目前看来，不是同一时期作品，因为东西两半的构造各自不同。东半用黄石掇成（可能是宋代时期堆叠），而且土石相间，有真山意味；西半杂用湖石堆叠，石多于土而且石多玲珑剔透。假山上最高点偏西有方亭，上面悬有"沧浪亭"三字匾额。亭以东的山上石径曲折复杂，间以桥梁溪谷。山上古木森森，藤萝蔓挂，箬竹遍生，显得山色天然，仿佛深山野谷。

南院部分是一组以"明道堂"为主体建筑的建筑群。堂北有假山古木掩映，堂内为广庭，庭南是面阔三间的轩屋，悬有"瑶华境界"四字匾额。从瑶华境界轩屋西边走廊，穿过花墙洞门，登梯来到"看山楼"。楼的位置在沧浪亭全园最南部，建造在一座下构石洞的假山上，楼结构精巧，高旷清爽。登楼回望沧浪亭的密林亭台，如置深山丛林中，南望园外古城墙，墙外一片农村景色。更远地看出去，天平诸山隐约云烟中，山色如画，这里可说是全园的收拾处，收而意未尽，于是借景于外。

狮 子 林

元朝至正年间（1341–1368 年）天如禅师创建，有认为是狮子的假山是倪瓒（字云林）单独指导堆叠的说法，不符事实。其实是前代画家倪云林、朱德润、赵善良、徐幼文等十余人共同商酌而成，倪云林为它画了一幅狮子林图卷而已（刘敦桢:《苏州园林》刊载《城市建筑》期刊，1957 年第 5 期，第 17 页）。

从狮子林总布局来看（图 5-6），以东西横向的水池为全园中心。池的东西和东南面叠石掇山，峰峦起伏，间以溪谷；池的西面和南面墙廊部分，间以亭阁楼榭。狮子林在布局上特色之一是把四周墙同廊结合（外墙内廊的墙廊），可循墙廊到园中各处，周而复始。前园门到"燕誉堂"这组建筑群前为堂，后面是"小方厅"，中间有长方形庭院。小方厅的后院有海棠式门，穿门就到"揖峰指柏轩"。这些厅堂轩屋高敞，是旧日园主宴聚的地方，这组建筑群以西才是环池皆建筑的园的部分。从燕誉堂的前廊西侧，后廊西侧，小方厅的西侧，指柏轩南渡桥，陆路先通假山。山上石峰林立，并有古柏数株，苍劲可爱，旁边有木化石、石笋，都是元代遗物，但就峰石的堆叠来说，一味排比，好似刀山剑树，又不相连贯，甚或故意叠作狮形，画虎不成反类犬，实不足取。山下构洞就石洞内部来说，全用玲珑剔透湖石叠成，处处空灵奇突，入洞穿行可到"卧云室"，它的四面围着假山，仿佛置身石林之中。自室后再入山洞，随洞内路径上下，得路出至"六角亭"，从这里过石桥沿池西岸北进可到"湖心亭"。

在揖峰指柏轩西面有一竹园，再西为"五松园"。轩西南假山脚下有一楼叫做"见山楼"，楼后循墙廊西行到"荷花厅"，面临水池是赏荷

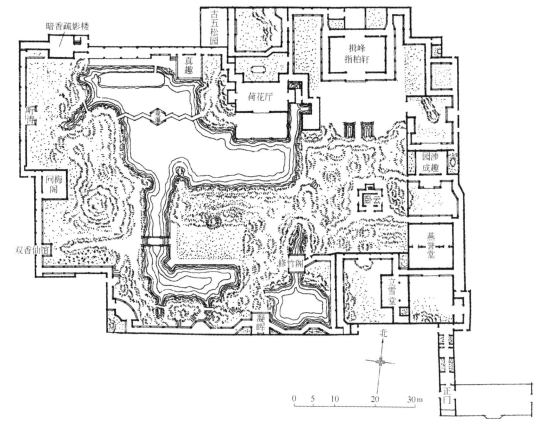

图 5-6　狮子林总平面图

最佳处。再往北折西来到真趣亭，亭西廊前建有石舫（贝氏增筑水泥旱船使池面更形拥挤）。再前到"暗香疏影楼"，沿楼前墙廊南行，中途有"飞瀑亭"，这里是园西部最高处，用湖石垒成三叠，下临深涧，上有水源（源自指柏轩后水塔而来，有机纽），开栓即有水下泻成瀑布。再往南到"问梅阁""双香仙馆"折东到"扇子亭"（园的西南角），再循墙廊转西为修竹阁。折东而返就是燕誉堂西的立雪堂。

拙 政 园

据文徵明《拙政园记》写道："所居在郡城东北，界娄齐门之间，居多隙地，有积水亘其中，稍加浚治，环以林木……。"可见拙政园是利用原来水源条件，就积水开池，然后池中垒以土石为洲岛，连以曲桥，主要建筑都环池临水而建，周接以回廊，这是拙政园中部布局的大概。目前看来山林水石尚存原先规制，但建筑物大都是后来重建，同《拙政园记》《复园记》所载已大有出入（图 5-7）。

171

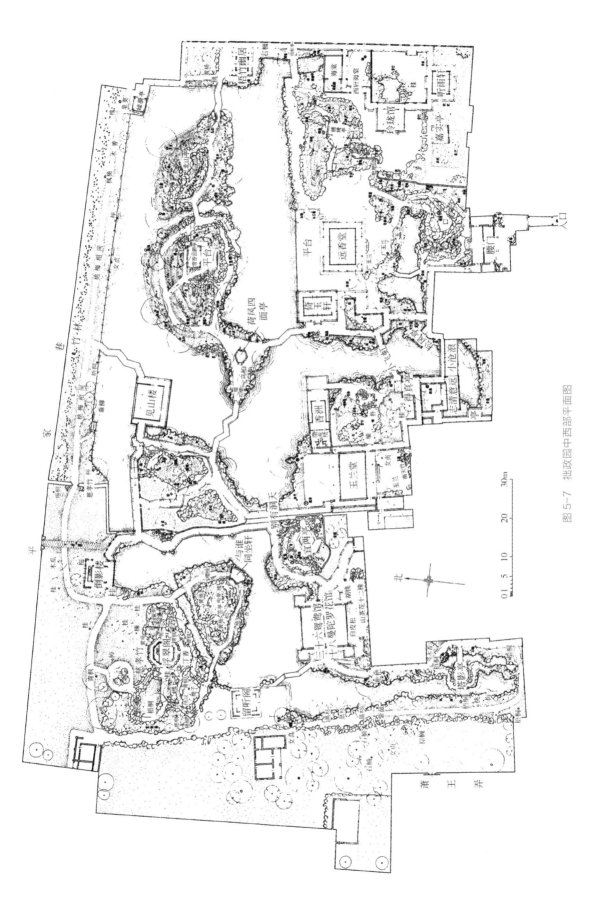

图 5-7 拙政园中西部平面图

172

进临街的大门，要经过一段狭长的甬道，才到达题有"拙政园"三个字的腰门。腰门的门屋后面是一排朱漆窗子，望过去只见块石参差地立在一座下构山洞的石山上，这座石山挡着视线不让人们立即见到园景，是运用山障手法的一例。穿洞或沿山西边甬路来到小池，渡小桥就是园林中主要建筑"远香堂"。这个堂的建筑特点是把支撑屋顶的柱都移四周廊下成为敞厅。从堂望南是进门后的石山水池，广玉兰数株倚水池北岸，东边云墙下古榆倚石，幽竹傍岩；东望可见"绣绮亭"踞土山上；西接倚玉轩和曲廊；北临荷池，池中有岛，岛上"雪香云蔚亭"同远香堂正好隔水遥遥相对，倚玉轩又称南轩也是临水建筑，跟远香堂有短廊相接。从倚玉轩西廊里可以看到对面"香洲"（通称旱船）舱里一面大镜子中映出的景致，仿佛是那一边另有深远景物一般。这也是宅园中巧妙取景的一法。

出轩往西北有小径曲桥通"四面荷花"亭，往南有修廊曲折，再前有石桥横跨水上题名"小飞虹"，过桥先有一亭叫得真亭，亭后为一水榭叫"小沧浪"。隔池有松风亭突入水际。从得真亭北望可见香洲荷花四面亭和它们倒映水中的俪影以及远山楼的楼角，正是所谓从小窥大并因水面之助顿有开朗之感。得真亭西北有小石山一座，下构山洞可穿行，有石阶可盘登山顶，再下渡卍字小桥来到"香洲"（旱船），后舱有一楼名叫"澄观楼"，宜远眺。

从香洲后舱八方门出，有庭一方，北面临池部分有石栏杆，到了廊的北头有一亭叫西半亭。这个亭的西壁有洞门，是通西部（即补园）的一个枢纽，由亭往北仍然属中部。

西半亭西壁的圆月洞门，门上横额题"别有洞天"四字，出洞门循廊往南有一座小假山，山上建有"宜两亭"。从亭西下重进廊前行，来到"十八曼陀罗花馆"和"卅六鸳鸯馆"。这是前后两厅台相接的一个建筑而分用两个馆名，十八曼陀罗花馆在南称前厅，馆前庭中原植有山茶花十八株，现存十五株，后厅鸳鸯馆跟前厅仅隔一重银杏木屏门，这个建筑用卷棚四卷，四角附身有耳室，形制特殊，馆的用途是园主宴会听曲的地方，四角耳室作侍者所在或优伶化妆更衣场所，这个建筑是分别为补园后扩建的，作为补园的主体建筑。但是由于这个厅馆的体积较大，从补园的整体全局看来，很不相称，而且限于地面，显得十分局促。

出馆西沿廊南行，一眼便看到橘红色八方亭建在狭长的水池中，这个八方亭叫做"塔影亭"。从亭西的西岸北行来到一个石桥，桥身上搭有葡萄架，过桥来到石板馆的平台，那里放着一丈多长的整块青石台，平台北面是一座方形楼阁叫做"留听阁"。出阁北行，廊外又有一座假山，登山望八角双层的"浮翠阁"，它看来好似一座短塔矗立在山丘上。

隔溪是一小岛，岛周有路沿水回抱。岛山上有亭，亭顶浑圆形很像笠帽，因此叫笠亭，构筑匀称美观，大小比例恰到好处。岛的东南临水流转角处有一扇面亭，叫做"与谁同坐轩"，但体形似嫌稍大。从扇亭沿岸边北行经过上架花棚的石桥，转北，来到"倒影楼"。出楼再往南就进很长的波状长廊，一忽儿高一忽儿低，这个跨水的长廊的中段有半个亭样的突出水际的"钓台"。廊尽东出"别有洞天"洞门就又回到西半亭。

再说中部的北段。在西半亭折东北前进，经过叫做"柳荫路曲"的曲廊，来到"见山楼"。楼三面靠水，楼西有岩梯可上，登楼平眺，全园在望，并得借景园外。楼东有曲桥接到池北岸，北岸只是一狭长条的边地，称做"花径"，临水岸边尽植梅花和碧桃。凭岸隔水南望池上相连的三岛上树木参天，竹林婆娑，显得意境幽深。花径的尽头，临水有一亭，叫做"劝耕亭"，又叫"绿漪亭"，亭畔芦苇遍水际。这一路颇有田野风味。劝耕亭东原有莱花楼，久已坍圮。

园的中心部分是横向水池，池上也有仿瀛海三岛的布置。东、南、西三面都有曲桥通岛上。西面从"柳荫路曲"的五曲石桥来到东端小岛，岛上有一六方亭叫做"四面荷风"，过亭往东是相连三岛中最大的一个，岛上有"雪香云蔚亭"，这个岛上，竹林柳槐，丛木成林，交相辉映，益以禽鸟飞鸣，颇具山林之趣，在全园楼台华丽的境域中别具一格。出亭下坡，有一溪之隔，就是三岛中最西的小岛，近三角形，岛上也有六方亭，叫做"北山亭"，又叫"待霜亭"，经亭过曲桥就又接到池畔"梧竹幽居亭"。这是一个四方攒尖的亭，亭四面有圆拱门，这个亭的位置正在园的东界上居中地段，从园景的关系上说，这里恰好是望西部诸景的一个中心视点，我们的视线通过两个圆拱门，直达对岸的西半亭，并把池中景物投入环中。西面园界外耸入云霄的北寺塔也成为极巧的借景，从亭的另一面可眺望绣绮亭、远香堂、倚玉轩和香洲等景，又一面可眺望湖中两岛、待霜亭、雪香云蔚亭、荷风四面亭、见山楼等景。总之多幅园林胜景尽收亭中，可说是全园的收拾处。

从梧竹幽居亭南行，先是东半亭题名"倚虹"。亭前有一小桥，过桥就是本园东南角的一组建筑和假山。土山西南有小块园地种有许多枇杷树称"枇杷园"，其西筑有波状围墙，粉墙中段筑有圆形洞门，通这组建筑东南的小院。院最南有一红柱方亭，叫做"嘉实亭"，连有廊，北通一小轩叫做"玲珑馆"，轩东有小池，进去点有多块玲珑石，轩后又有曲廊经东北通接"海棠春坞"，屋南阶前有榆树和构树，另有海棠一株，佳石二三。

东部原为王心一"旧田园居"（图5-8）旧址，久废，正在重建中，有平岗曲径、水石明秀等景区，在设计上试图将民族形式与现代需要结合起来，别创一格，但目前尚未完成。

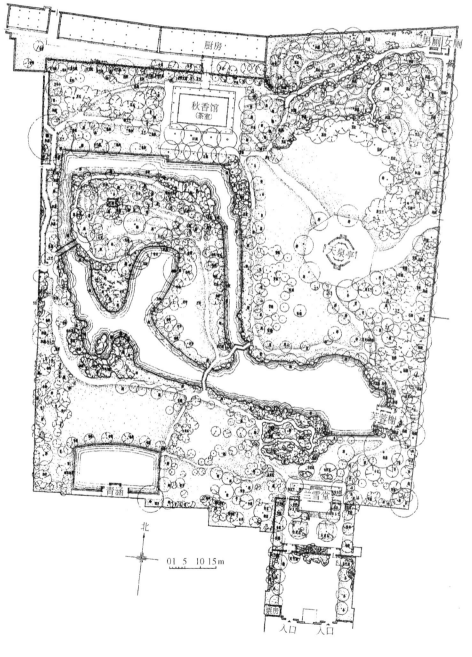

图5-8　拙政园东部平面图

175

留 园

从布局上看，留园（图5-9）可分为中部、东部、北部和西部四个部分，而以中部和东部为全园精华所在。留园中部，掘池东南，掇山西北，但以水池为主，环水叠石，布置楼阁，四周绕以回廊。东部以建筑为主，厅堂轩屋参列，间以叠石小品。西部以假山为主，构筑较简朴，别是一番情景。北部只是遍植桃杏、葡萄架、花圃而已。

中部：进了园门，顺廊前经过两个小院来到"古木交柯"，从这里的漏窗北望，隐约可见山池楼阁的片断，最为佳妙，紧接着是临水小轩"绿荫"。向西，经过水阁来到"涵碧山房"，屋前有宽敞平台，西临荷池，屋后有小院，中置牡丹台，依山房东傍的"明瑟楼"，倚山房而筑。

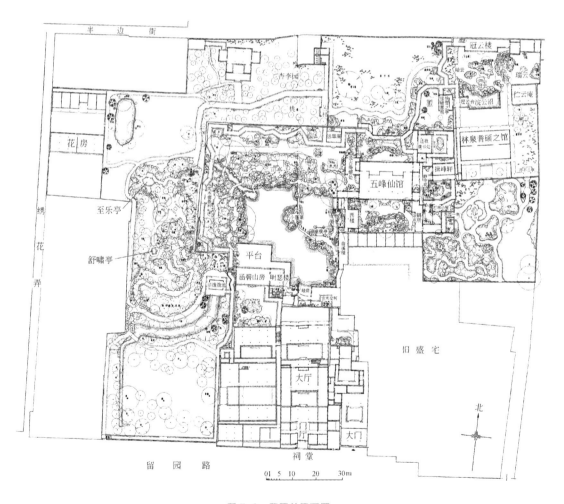

图 5-9 留园总平面图

从涵碧山房西北，登扒山游廊，中途有亭叫做"闻木樨香轩"。从这里可环视中部的各景，尤其望园东部的建筑群，前后参差，高低不一，相互呼应的楼阁轩屋，掩映在古木奇石之间。用眼望东南尽头是水池的东南角，只见灵空的漏墙，古木交柯的廊屋和水连成角景，稍缩后是明瑟楼，再后是涵碧山房的月台突出水际，这样一个错出一个，层次转深，而楼前一池清水里，倒影历历在目更增深情景。从闻木樨香轩循廊一路往北转东，经曲廊数折，就可到达"远翠阁"，这个阁的位置正在园东部东北角，阁的下层叫"自在处"，自在处的前庭有石砌花坛。若从闻木樨香轩出廊，过一石桥登假山，山顶有六角小亭叫做"可亭"，下了假山过弯曲的石桥，桥分两段，中间有小岛叫做"小蓬莱"。桥东头有方亭叫"濠濮亭"（俗称钓鱼台）。再东为"曲溪楼"，楼的底层两壁皆列砖框漏窗，游人到此，感到处处灵空，移步换形。

从曲溪楼往北，属园东部。先有水轩名叫"清风池馆"，馆北是"汲古得绠处"，小屋一间，入内四壁皆虚。馆东的走廊到"五峰仙馆"，又叫楠木厅，因梁木都用楠木，五峰仙馆是留园中一幢最大的建筑，馆的前后左右都有院子，大小不同，前院叠有厅山，所有五峰，山上相传十二生肖石。后院堆叠有小山，低洼处砌有金鱼池，清泉一泓，境界至静，山后沿墙绕以回廊，通左右前后。

从五峰仙馆东侧壁门出到林泉耆硕之馆的中间，夹有两个小院落，南面的是石林小院和"揖峰轩"，北面的是"还我读书处"。这两个小院占地不多，绕以回廊，间以砖框，庭中植有佳木修竹，萱草片石，精巧有致。"林泉耆硕之馆"有前后二厅，中间用屏门分隔，所以又称鸳鸯厅，馆右为"伫云庵"。

从五峰仙馆北的走廊往西北，出小院，左面是一片竹林青密，右边是楼台亭阁山石池沼紧密连接，中间是一条曲廊，在曲廊的中段和右侧，有亭高爽，名叫"佳晴喜雨快雪之亭"。亭中有楠木屏风六扇，绕屏风后，出园洞门便紧接着"冠云台"，台前为"浣云沼"，半方半曲，池水清澈。浣云沼北院落中，矗立着"留园三峰"三块奇特的峰石，中间的题名"冠云峰"，右边的"瑞云峰"，左边的"岫云峰"。三峰之下，山石围成台缘，花坛小径间，聚点小峰石和石笋，并缀以花草松竹。冠云峰的右侧有一亭叫"冠云亭"，亭倚一座假山，拾级可上至"冠云楼"。登楼全园景色一揽。

留园北部，旧有建筑已毁，无亭台楼阁之胜，只是遍植桃杏，豆棚瓜架，现建有水泥葡萄棚架，从东洞门起直到西部土山的北麓。留园西部为长条形地区叫做"别有洞天"，这个景区占地十多亩，北面有土石相间的假山一座，堆叠自然，山上有一片枫林，深秋时候，霜叶红于二月花，灿烂如霞的景色十分动人。枫林中原有三个亭子，已毁坏，现先恢复了西南的"舒啸亭"和西北的"至乐亭"，从亭中四望，景色优美。山左有云墙一带，高下起伏如波状，称做龙墙。土石山前弯有小溪向南出园，两岸遍植桃柳，过溪湾处石桥南行，尽处壁上嵌有"缘溪行"三字。山的东南麓有水轩，名叫"活泼泼地"，轩前有长廊直接至"缘溪行"和园的后门。

怡　园

园东部本是明代尚书吴宽住宅旧址，仅有轩馆、曲廊相接而已，西部是清代顾文彬及子顾承扩建，是全园的精华所在。东西部之间用一道复廊相隔，因此一园而分为两个境界。复廊上的漏窗精巧美妙，可称苏州各园之冠（图 5-10）。

怡园西部的中心是从东到西走向的长形水池，池南有廊榭构筑，池北有石叠掇。走出分隔的复廊北端为"锁绿轩"，走出复廊的南端有"南雪亭轩"，这里就是怡园西部的开始处。锁绿轩西有一座假山，奇峰罗列庭前。

从锁绿轩西行登假山，山虽不高，但登顶颇有居高临下气概。山上有六角亭叫"小沧浪"，亭后有石如屏，题名"屏风三叠"，是怡园奇石之一。从小沧浪左转，进山洞，洞内有石桌石椅，洞后好似无路可通，但暗处有一石缝，容身独行，便可通至山顶。山顶有螺髻亭，为园中最高处，从亭内循石级下行即"慈云洞"（亭建洞顶），出洞便是"抱绿湾"的北面。沿池北行，入"绛霞洞"，进洞自下而上再自上而下后便得口出洞，洞外便是荷池北部，这一段洞庭的布局，显得蜿蜒曲折有致。

从绛霞洞沿池的山路东行，又到一亭叫做"金粟亭"，亭的周围种植有桂树，而且四面石峰林立，环境优美。从金粟亭南行，渡池上曲桥，到达荷池南面临水的一组建筑，叫做"藕香榭"。这个建筑分两面，北边面水的叫藕香榭，南边的一面叫"锄月轩"。从藕香榭西行，只见一小屋，额题"碧梧栖凤"。这个庭院地位幽静，东边一道云墙，开有月洞门，西边有长形小屋，叫做"旧时月色小轩"。由此循廊前进到抱绿湾

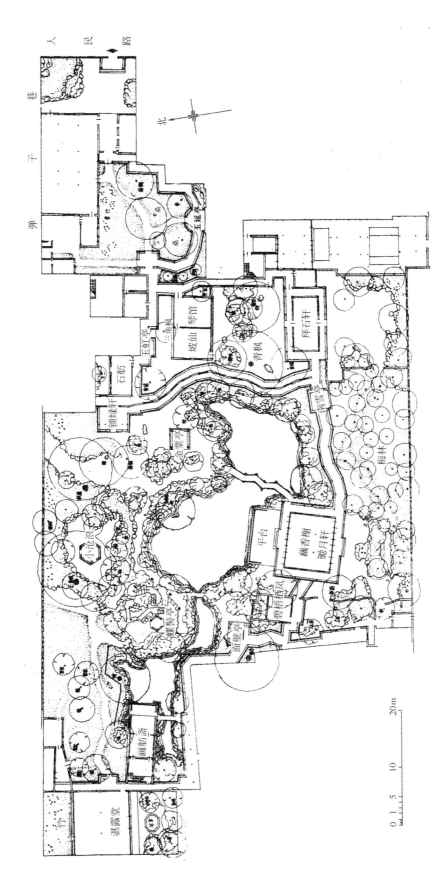

图 5-10　怡园总平面图

0 1 5　　10　　20m

179

南，有"面壁亭"，墙间悬一大镜，向镜观看，螺髻亭恰好映在镜里，成为亭中有亭。从面壁亭顺廊西行，来到船形建筑，底层叫"画舫斋"，上层叫"松籁阁"。这个舫斋的东面，对着石壁，再过去就是"湛露堂"，堂前庭中有牡丹台。

怡园在苏州名园中建筑最晚，建园时原意要兼收各名园优点，自成一格。园中复廊采用沧浪亭的样式，石山以狮子林为粉本，荷池仿自网师园，舫阁出自拙政园香洲。建园时曾零散收买了废园的湖石来叠掇，因此园中湖石最多，无论立峰或散点甚至池岸驳石上都有湖石。全园建筑不多，很少高楼台阁，显得舒朗宽畅。但是从怡园布局的手法来看，虽然疏朗，实犹散漫，看似幽曲，实则局促，而且山馆亭池之间没有中心，不分宾主，就不能起错综对比和主客相辅作用，各个仿作局部，要是独立出来看，恰有创新地方，然而又未能把各个独立局部统一起来融合起来自创一种新的格调。

苏州明清宅园风格的分析

　　苏州的私家宅园，在明清两代构筑并存留下来的不下一百数十处。1962 年 2 月作者赴苏州观摹了最著名的沧浪亭、狮子林、拙政园、艺圃、网师园、惠荫园、环秀山庄、留园、怡园等，目的是探讨这些名园布局和艺术手法，并进而试图概括明清时期江南园林艺术的特色。

　　苏州是我国江南的古老城市之一，城郭始建于春秋之时（吴国阖闾在公元前 514 年用伍子胥筑吴城）。苏州园林的构筑可以远溯到吴王阖闾战胜楚国后，建长乐宫于城中，筑高台于姑苏山；吴王夫差在城南建有长洲苑为游猎场所，扩建了姑苏台，宠幸西施，特建馆娃宫于灵岩山。特别是经历了兴盛强大的唐代数百年相对稳定的环境，随着经济的繁荣，园林的兴筑日益发达。从文史资料了解，较早的名园有晋代的顾辟疆园；东晋时王珣、王珉在虎丘山下（旧名海涌山）建别墅，后舍宅为寺；唐末吴越时广陵王元璙建花园（今沧浪亭园址）；宋时梅宣义构五亩园，朱长文因吴越钱氏旧园筑乐圃，朱勔自营同乐园等。明清时期，苏州局势安定而繁荣，科举登第、做官归来的就大建宅园，于是城市宅园林立。

　　就这次观摹的名园来看，有的可上溯到唐末吴越时代，如沧浪亭园址原是元璙的花园，宋庆历四年（公元 1044 年）诗人苏子美始建沧浪亭于园中。网师园曾是南宋史正志"万卷堂"故址，他的宅园称为"渔隐"，占地甚大，后荒废。到清乾隆时，宋宗元购得一部分故址而建网师园。狮子林原本是元至正年间（1350 年左右）天如禅师为纪念中峰和尚而在"普提正宗寺"东所建，清乾隆时寺名改称"画禅寺"，园已变为黄氏私宅，辛亥革命后变为贝氏宗祠。这些有悠久历史的名园，大部几经荒废、易主而又重建、改建，早已不是本来面目。就是明代始建的拙政园、惠荫园、环秀山庄、留园等，也是或荒芜多年、或被毁过半，至清代而又重建、改建的。拙政园的历史变迁最为复杂，先是私家宅园，后没入官为府署，再后又变为民居，又一度分割为二。清乾隆十二年（1747年）中部归蒋诵先，加以整修，改名复园，池、山布局已非原来面目，太平天国时复经改建为忠王李秀成王府的一部分；园西部割归张履谦后另建补园，园东部改为八旗奉直会馆。

明代构筑的宅园在形式上究竟跟清代的有什么不同？虽然由于现在缺乏保存完好的明代作品，不能明确断定，但还可从少数文献资料来多方探讨。例如拙政园有明代嘉靖年间文徵明的《王氏拙政园记》，可据以与现状进行比较，从其间异同来探讨明代宅园形式的特色。有些宅园如艺圃等大体仍保存明代规制；网师园中部的池、山布局，仍继承着明代遗风；惠荫园的小林屋洞是明代构筑的水假山杰作。从清代重建、新建的留园、环秀山庄、怡园等，也可看出不同时期宅园创作的风尚和手法的变化。

苏州明清宅园的内容和形式

宅园就是建于第宅之旁的园林。在封建社会里，官僚和地主都有其大家庭，还有婢仆以及门下宾客，需要大量居住房屋，因此他们的第宅常是多进的重列式或院落式建筑群。有些私家第宅就只在庭、院部分散点山石、筑厅山、埋缸池、布置花木，以享自然之趣，并不在宅旁单独占地，另设自成一体的宅园部分。例如景德路旧杨宅（图5-11）、铁瓶巷旧顾宅（图5-12）、金太史场平斋（图5-13）、葑门旧彭宅（图5-14）等，各个庭院部分点以山石、花木，可说是住宅与庭园合一的著例。

在城市里构筑第宅，为了不失城市的物质生活享受，同时又得享受大自然的情趣，就在居住建筑群的一旁布置了以山水为骨干的花园，作为日常游息宴客的生活境域。这个园林部分可说是居住部分的扩大和延伸，但又自成一体。这次观摩的名园，都是在住宅建筑群的东侧或西侧。有的宅园面积很小，占地不过一亩多，如环秀山庄；有的面积稍大，占地三四亩，如网师园、艺圃等；占地在十亩以上的有沧浪亭、狮子林、怡园、拙政园、留园等，其中以留园的面积最大，占地达50亩。

这些宅园的园主大都是退休、辞归或被斥的大官僚或当地豪门、士绅、大地主。怎样来构筑宅园呢？清乾隆年间沈德潜在《复园记》中所写："……因阜垒山，因洼疏池，集宾有堂，眺远有楼、有阁，读书有

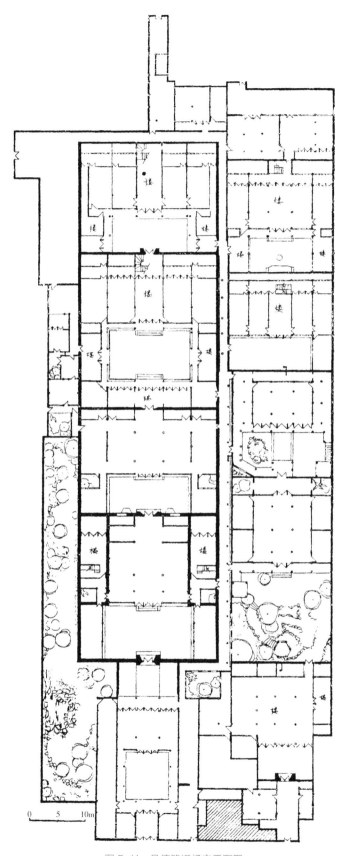

图 5-11 景德路旧杨宅平面图

183

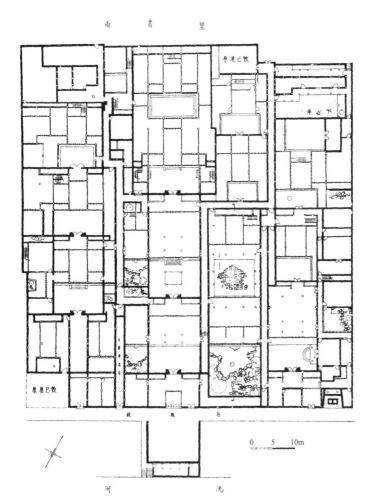

图 5-12　铁瓶巷旧顾
宅平面图

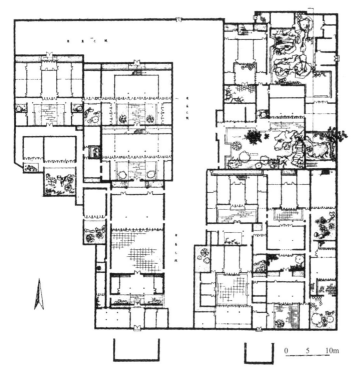

图 5-13　金太史场平
斋平面图

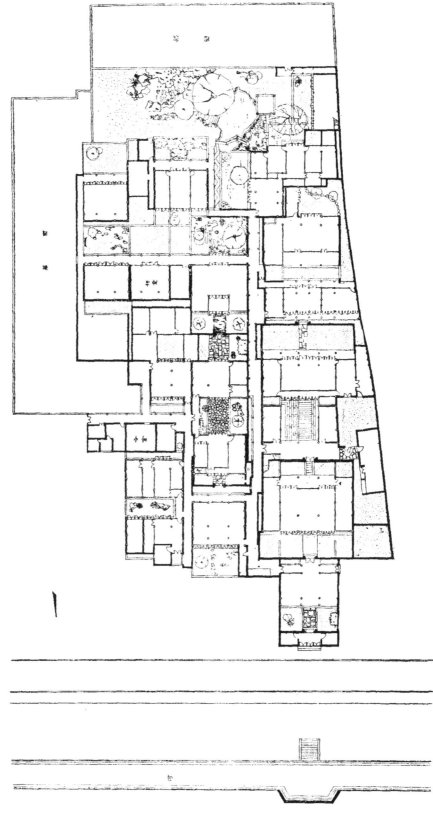

图 5-14 蒯门旧彭宅平面图

斋，燕寝有馆有房，循行往还，登降上下，有廊、榭、亭、台、碕、沂、邺、柴之属"——可说概括了一般宅园经营缔造的内容。有了这样一个宅园，于是"不离轩堂而共履闲旷之域，不出城市而共获山林之性"。

这种宅园里的"城市山林"，并不是写实地模仿自然山水或"罗十岳为一区"的缩景，而是通过艺术手法创作山水真意，达到诗情画意的境界，继承了唐宋写意山水园的形式。所谓"山水园"不能仅从字面上去理解，认为只是山和水而已。它包括了树木花草、亭楼廊榭等题材所构成的生活境域，而以山水泉石为骨干。因此宅园的山水园形式，就是在城市里的第宅中，创作一个具有山林之趣的生活境域。还必须达到他们所爱好的"处处要有景、幅幅有画意"的境地，从而使园主人的生活理想化、诗意化。

有人认为："苏州城区庭园……构成以建筑为中心……显现出自然的风趣。但是山石、花卉是作为建筑的从属物而存在，非以山水为中心，似为特殊的庭院式住宅。"这种看法颇有值得商榷的余地。首先，不能把两种不同的类型或住宅混淆起来。一类是包括庭、院在内（加以山石花木等布置）的住宅建筑群，可称作庭园。这里，当然可以说是以居住建筑为主。另一类是在宅旁单独占地自成一体的花园，这就很难说它的构成是以建筑为主。有人认为：苏州宅园中园林建筑密度很高，在中小型宅园往往高达30%～50%，大型宅园如拙政园也在15%以上。但不能就此得出结论说，是以建筑为中心而山石花卉是居于从属地位。因为仅仅从数量上看问题，是不能得出正确的论断。

有人说苏州的庭园结构，"在平面上一般以厅堂之类的建筑为主，以分散的花苑、亭榭，楼阁为辅，而借走廊、通道、围界墙等间隔组成分区繁密格式差异的院落花园。"明代计成在《园冶·立基》篇中开头就说："凡园圃立基，定厅堂为主。"不错，就花园部分的园林建筑来说，厅堂之类常是主体建筑，占据着园中因水面势的主要位置。如拙政园中部的远香堂，西部的卅六鸳鸯馆。但在"定厅堂为主"这一句之下，接着就说"先乎取景"，可见定厅堂位置要取景，没有"景"的基础，也就无从定基。

下面就以各园为例来说明：苏州宅园的形式是山水园，是以池、山为中心。先就明代拙政园来看，据文徵明《王氏拙政园记》称："界娄、齐门之间，居多隙地，有积水亘其中，稍加浚治，环以林木。"于是"滉漾渺弥，望若湖泊，夹岸皆佳木"。由此可见拙政园的始筑，是以水池为中心的。现在的拙政园中部池中有汀洲山岛，可能是"百年来废为秽区，既已丛榛莽而穴狐兔"之后，清乾隆时蒋诵先得其地而重建"复园"时所经营，沈德潜《复园记》中提到"略因阜垒山，因洼疏池"。他在复园修建过程中曾两经其地，后一次"丁卯春，以乞假南归，复游其中，觉山增而高，水浚而深，峰岫互回，云天倒映。"但不论是明代望若湖泊，或后来的池中列汀洲山岛的拙政园，都显然以池、山为中心。艺圃的花园部分（图5-15）以一泓水池为中心，而在其南掇山，更显然是依山抱水，以池为主。

清乾隆、嘉庆年间修建的网师园（图5-16）和留园中部，显然都以一泓池水为中心。但网师园的池形近方，池东南角和西北角有突出的小回水以增变化，池南岸东部叠掇有"云冈"石山，北岸有平岗曲径，西岸有高低起伏的水洼土阜。而留园的池形带心字形，南岸为榭阁月台建筑，西岸掇筑台地式带土阜，北岸掇叠有带石土山。在惠荫园（图5-17）中，就小林屋洞、环碧小舍部分来看，原有"方塘半亩"（现已淤平），塘南有曲廊斜贯其上，再南则山石玲珑，折东就是水假山小林屋洞。这一部分的设计显然是以一池一洞为主。再就后来扩建的渔舫、棕亭部分来看，也是以池、山为中心。环秀山庄（图5-18）面积虽小，仅厅北一池，池上理山还是以池为中心。

沧浪亭是一所古朴幽静的游息园。面临塘河，未进园已有引人入胜之感。园中以假山为中心，环以曲栏回廊，廊和楼以因借外景取胜。狮子林虽以假山多石峰和石洞著称，但就全园来说，仍以池山为中心，四周接以回廊。怡园由于全园东西长、北高南低，因此在理水上用狭长形塘河式水体，北半部因阜垒山并掇石洞，南半部设缓坡，就全园来说，也是以池山为主的布局。

总的说来，由于具体条件的不同，理水掇山的方式就不一样，有的池畔掇山，有的池上理山，有的池中列汀洲山岛，从而形成不同风景表现的山池骨干。然后在这个基础上树以花木，环以建筑，从而构成山水园的全形。

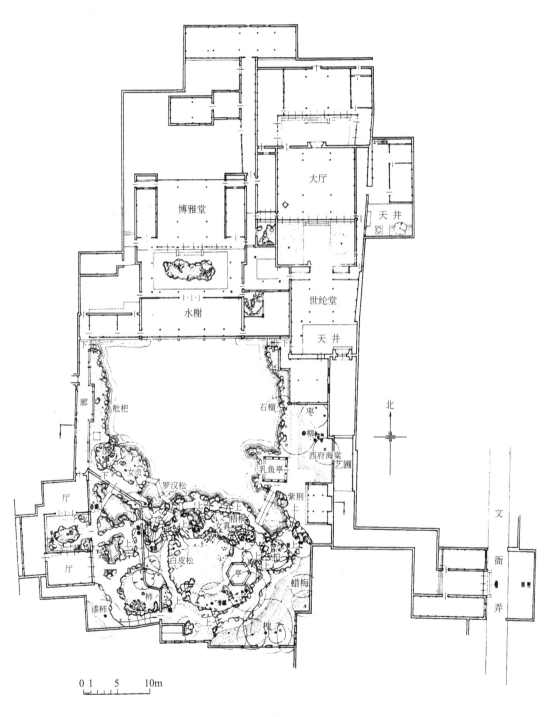

大厅

博雅堂

天井

世纪堂

天井

北

廊

枇杷

石榴

枣

柳

西府海棠

艺圃

乳鱼亭

女贞

罗汉松

梧桐

紫荆

厅

白皮松

亭

蜡梅

文衙弄

厅

柿

漆柿

槐

0 1　　5　　10m

图 5-15　艺圃平面图

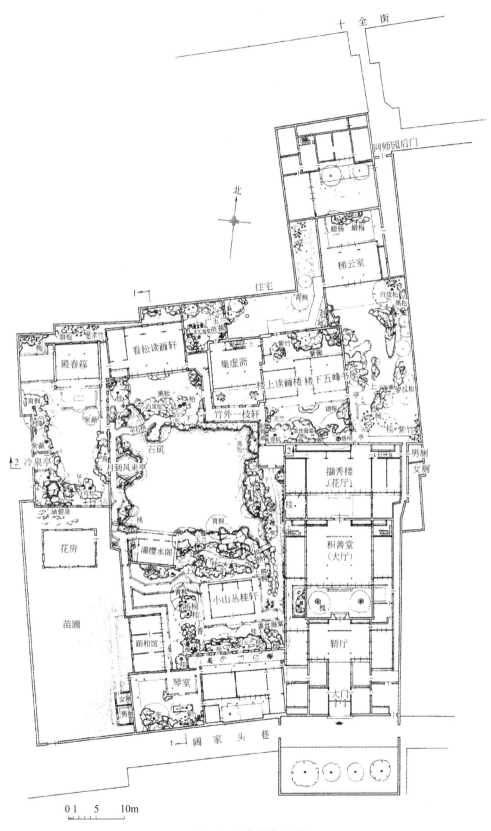

十全街

网师园后门

北

住宅

蜡杨 蜡梅

梯云室

白皮松
黑松

腊梅
慈孝竹

看松读画轩

殿春簃

集虚斋

楼上读画楼楼下五峰书屋

青枫
紫薇

青枫
紫薇

黑松
白皮松
柏下

竹外一枝轩

天兰
垂丝海棠
梧桐亭
蜡梅

桂 紫竹

罗汉松

冷泉亭

石矶

月到风来亭

黑松

男厕
女厕

涵碧泉

花房

灌缨水阁

青枫
玉兰

撷秀楼
(花厅)

桂

桃

苗圃

蹈和馆

小山丛桂轩

青枫
梧桐
桂

积善堂
(大厅)

垂丝海棠

槐

轿厅

琴室

女厕
男厕

阔家头巷

大门

0 1 5   10m

图 5-16 网师园总平面图

189

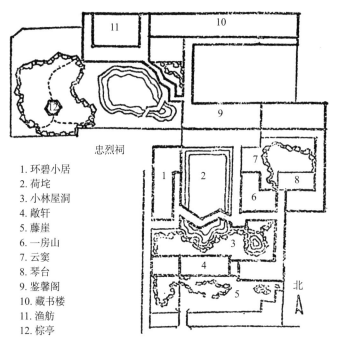

1. 环碧小居
2. 荷垞
3. 小林屋洞
4. 敞轩
5. 藤崖
6. 一房山
7. 云窦
8. 琴台
9. 鉴馨阁
10. 藏书楼
11. 渔舫
12. 棕亭

图 5-17　惠荫园局部目测平面图

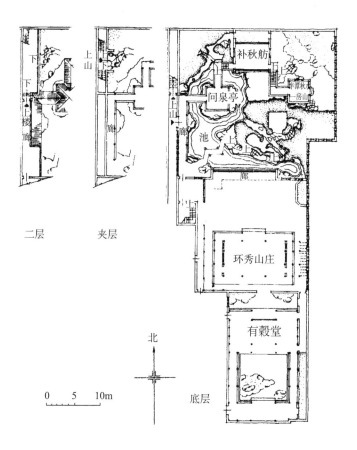

图 5-18　环秀山庄总平面图

苏州明清宅园的布局

苏州明代和清代宅园的布局，具有共同的特点，即在较小面积的园地里表现不同的山水区景。宅园是日常游息的生活境域，而又占地有限，在布局上必须因势随形地增加层次或划分景区，而且要一层又一层、一景复一景地引出曲折与变化。增加层次和划分景区的常用措施主要是粉墙、漏墙和廊，有时也用假山、树丛。但在具体手法上，又因各园的具体情况而异。

有人认为"主题突出""主次分明"是苏州宅园在布局和空间处理上的特征。但这一点既不是苏州宅园所特具，更不是中国园林所独有的特点。我们很难设想可称做艺术作品的名园，会是主题不突出、主次不分明的。外国的名园也不例外。

或有人认为：苏州宅园的特色之一是"墙院内开池凿山""实墙实廊"构成"封闭式园林"。但"为了不使它过分闭塞，常在适当位置（有景可看）留出空隙，或用花墙走廊予以适当开放"，于是空间组合上"有开有合，虚虚实实，就使园景变化无穷，耐人寻味"。其实所谓"封闭式、开放式"的特点，也不是江南园林、北方宫苑或者说中国园林所独具，就是外国园林又何尝不然。以法国的凡尔赛宫苑为例，站在官邸平台上眺望整个苑景，的确开阔深广；而其中称做"小林园"（Petit Parc）的各个丛林景区部分，又都是些自成一个单元的封闭式的小园林。

苏州的明清宅园虽然都是写意山水园，在风格上基本相同，但由于时代的不同，社会的变化和风尚的差别，园林中所表现的思想情调和艺术形式都有显著的变化。虽然缺乏各时期保存完好的园林作品，但从不完全的文献资料和园林现况来对照比较还是有可能对各时期园林创作的特点进行探讨的。

王献臣的拙政园可谓明代嘉靖年间士大夫宅园的代表作。从文徵明《王氏拙政园记》可以看出当时的风尚和园林中所表现的思想情调。拙政园园址本是"积水亘其中"在郡城东北的一片闲地，已符"地偏为胜"的条件，"稍加浚治"就形成"溔漾渺弥，望若湖泊"的池水。再"环以林木"而"林木益深，水益清映"，这样道出了该园的幽胜和野趣。在水的处理上，除了溔漾渺渺的大池外，"别疏小沼，植莲其中，曰：水花池"——这是大中见小的一个处理。又"自桃花沜而南，水流渐细，至是伏流而南，逾百步出于别圃丛竹之间，是为竹涧"——这是别具匠心的又一理水方式。"凡诸亭、槛、台、榭，皆因水面势"——可见园林建筑之属是因势随景而设。在大池南"为重屋其阳，曰：梦隐楼"；"长松数值，风至泠然有声，曰：听松风处"；"缚尽四桧为幄，曰：得真亭"；"篁竹隐翳，榆槐蔽亏，有亭翼然，西临水上者，槐雨亭也"；"江梅数百株……曰：瑶圃。圃中有亭，曰：嘉实亭"……所有这些都说明楼、亭之属都是景的产物，是赏景憩息之处，同时它本身又成为景中之景。在布局上确是"宜亭斯亭，宜榭斯榭"，自然而然地不落痕迹。明代拙政园尤致力于山林之趣："夹岸皆佳木，其西多柳，曰：柳隩""别疏小沼植莲其中……池上美竹千挺""长松数值……古木疏篁""又前循水而东，果林弥望，曰：来禽囿""竹涧之东，江梅数百株，花时香雪烂然，望如瑶林玉树，曰：瑶圃"——从这些事例中，可以想见当时城市山林的情景。然而，上述这种意境对于当时的士大夫来说，只因"潦倒未杀，优游余年"，对此"以寄其栖逸之志"而已。

再就明代构筑的另外几处宅园来看：艺圃、惠荫园大体仍保存着明代天启、崇祯年间宅园的特色。留园旧址虽是明代徐泰时始建的东园，但久已荒废，直到刘恕才就旧址重建，更名寒碧山庄，又名刘园，在规制上已非原来面目；但中部和西部布局和手法仍继承着明代风格。网师园虽是清乾隆年间宋宗元购得"渔隐"一部分故址修建，后又荒芜，到嘉庆年间瞿远村重修；但就中部的布局和手法而言，仍然继承着明代遗风，并有若干新的发展。

艺圃宅园部分位于夹道之西，北半是一泓池水，南半是带石土山，又在假山西边运用斜行墙隔出一个小院，增加变化。就水池部分来说，池形近方，但在池东南角突伸回水，上设板桥（图 5-19），水边有崖壁，情景便富层次、变化。而在池之西南角，也有礁岛、小桥隔成回水，并用伏流的方式通入小院。池南依山叠石成崖，崖下有临水石径，既狭且险，犹如栈道一般。

从明代拙政园和艺圃这两个宅园看来，可见嘉靖、万历、天启、崇祯年间的池山布局，大抵以一泓池水为主。而当水源充裕、面积广大时，更是混漾渺弥，望若湖泊，往往在池的一角突伸成回水或尾水，斜架板桥增深情景，或又设伏流引至别院而成水池。常在池边因阜掇山，池岸多用黄石垒砌。临水有建筑时，池水常伸入阁基之下。假山以土山为主，便于种植竹木，土山上蹬道夹石成径，山上叠石常因种竹植树而掩藏不

图 5-19 艺圃石桥

露（沧浪亭也是这样）。此外，明代已有用湖石掇山的，如惠荫园的小林屋洞（水假山）便是。可见用湖石掇山，并不是始自清代。

康熙年间乃至乾隆中期以前的宅园如环秀山庄、网师园等，虽然就时间说是清代，但从布局和手法来看，基本上仍继承了明代遗风。到了乾隆中期，才开始有显著的变化。网师园可说是乾隆初期构筑的代表作（但小山丛桂轩南小院和西部别院的叠石等似是嘉庆年间重修时叠掇，详后）。网师园的中心是一泓池水，池形近方，东南突伸尾水，西北角的回水区横贯曲桥，池岸全用黄石垒砌，池畔掇山。池的南岸东部有叫"云冈"的石山；池的北岸西部有平冈曲径；池的西岸是高低起伏的水涯土阜，并沿西墙筑曲廊，中途凸出有亭，名叫"月到风来"（图5-20）。从

图 5-20　网师园长廊水亭

池西望池东北，只见竹外一枝轩、射鸭廊和撷秀楼山墙错落，情景幽深。我们可以看出网师园的池山布局与艺圃的布局基本类似，手法上也颇相近。由此可见，乾隆初期的宅园布局仍继承明代遗风，但同时又开始出现了后来盛行的周接以回廊、轩屋差列的手法（留园、改建过的沧浪亭、狮子林等更为显著）。可以这样说，乾隆初期、中期筑园的风尚和池山布局，正处在一个转变的阶段。

乾隆中期以后，无论是嘉庆年间构筑或改建的，如留园以及网师园的南小院和西部别院，或同治、光绪年间始建的如怡园，在布局上显然有异于以前的特点，留园中部的池山布局是掘池东南，掇山西北。池形带曲，近心字形，西北角突然伸出溪涧，池岸多用黄石垒砌。池南临水，楼阁台榭错落有致。池西叠掇台地式带石土阜；池北假山多用湖石；池东山墙漏窗，影映水中。"临水楼阁参差"和"四周绕以回廊"，就成为清代这个时期宅园布局的一个公式。清代末期改建过的沧浪亭、狮子林是这样，光绪年间始建的怡园亦复类是。这种布局如运用恰当时，可以周而复始地在廊下行进，既不受雨淋日晒，又可随时随处从各个角度欣赏不同的园景。但如过分地运用，就易造成拥挤局促之弊，如改建后的狮子林即是。

笔者认为在网师园的"小山丛桂轩"南小院中，西部"殿春簃"别院中以及"撷秀楼"后院中的叠石（都用湖石），在手法和风格上跟中部的判然有别。留园也有相类情况，除中部环池的叠石尚继承明代遗风外，在"五峰仙馆"南的厅山，"石林小屋"的叠石，显然是发展到清代中叶后的产物。

苏州明清宅园创作中艺术手法

苏州明清宅园创作中艺术手法是多种多样的，这里只就布局上景区划分、水池处理、掇山叠石、园林建筑和植物题材的运用等方面，着重从明清各时期风尚的不同加以探讨。

（一）景区划分

明清宅园中划分景区的手段通用墙、廊、假山、树丛等，只是在具体手法上各有不同。

从文徵明《王氏拙政园记》的描述中，可知芙蓉隈是以一面弯水和丛植木芙蓉组成景区；在小沧浪和志清处之间则采用"翳以修竹"的分隔方式；此外，珍李坂、玫瑰柴、蔷薇径、桃花沜、竹涧都是运用某一植物题材为主来组成景区。明代构筑的艺圃面积较小，花园部分的布局是南山北水；但在山的西边用斜行墙隔一别院，增加变化。由此可见在明代宅园中，多用树丛划分景区空间，有时也用墙来达到同一目的。

到了清代乾隆初期，往往就用廊、桥、漏墙来划分空间，组成景区。从归王永宁之后的拙政园中部新建部分，就可看出这些变化。例如在远香堂西南用"小飞虹"廊桥划分小水面（图5-21），环以游廊，形成以这个小水面为中心的廊院。同时在其东南有"一庭秋月啸松风亭"（图5-22），西边有得真亭两相呼应。从得真亭往西，接以游廊直奔北，就以廊为西界，北以"香洲"为界，东面为池水——这样无形中又自成一小区。再看拙政园中部的东南，有称做枇杷园的一区，西边是折走的云墙（图5-23），北边就以建绣绮亭的土阜为障（图5-24），南边和东边都以粉墙为界。从西北角圆洞门进入这个景区（图5-25），有"嘉实亭"和叠石成景的小院，用短墙接到"玲珑馆"，这样就把亭院东部隔成一个小庭，它的北面用漏墙与"海棠春坞"这一小区间隔开（图5-26）。

但在宅园中划分主题与风趣截然不同的大区时，则通用墙、廊隔开。

图 5-21　拙政园自小沧浪北望荷风四面亭及见山楼

图 5-22　拙政园一庭秋月啸松风亭

图 5-23　拙政园云墙及铺地

图 5-24　拙政园绣绮亭及云墙

图 5-25　拙政园枇杷园入口

图 5-26　拙政园海棠春坞入口

留园中部和西部的主题表现不同：中部以池、山为中心，环以廊亭楼阁，表现湖泊水涯景色；西部是带石土山，山上一片枫林，表现山林之趣。因此在这两部分之间就以粉墙为界。拙政园的中部和西部在风趣上颇有差别，因此也以墙为界；而在西半亭以南和以北一段的廊墙上又开设漏窗，以免两区景色完全隔绝。又如留园的中部和东部虽然风趣不同，但联系密切，从池东的曲溪楼、西楼、清风池馆转到东部的五峰仙馆、林泉耆硕之馆等庭院区，就以楼屋的下层作通道，墙的西面开漏窗，隐约看到池山区景物，这样既是从池、山到庭院的过渡，而又把两部分适当地贯通起来。

（二）水池处理

在各个不同时期的宅园中，水池处理的手法也是判然有别的。

明代天启、崇祯年间，在一泓池水的型式上，为了加强变化，常在池的角隅突伸成回水，倚角平渡板桥，回水尽处或径设巉崖，或转入溪涧。倚角的板桥往往低平接近水面，与桥后的巉崖峭壁相对照，既使水势深远，又增山态峥嵘。艺圃和网师园中部的水池处理，正是这种手法的代表作。又如拙政园的小飞虹，由于回水的水区稍大，用廊桥等倚角点缀，可谓别具匠心，使景色频增变化。

到了乾隆中期以后，处理水池的风尚有了改变，常把水面分为大小，别为主次。例如清代拙政园的大池，就用汀洲山岛划分水面。而没有洲岛前的大池望若湖泊，自有一种弥渺浩瀚的气概。现在从"倚玉轩"（图 5-27）或"柳荫路曲"都有曲桥连到汀洲，洲上一亭，叫做"荷风四面"（图 5-28）。两座曲桥交接于汀洲，使香洲前的水面自成一区。过亭往东，"雪香云蔚亭"（图 5-29）位于山岛偏东高处，岛东有小桥，与有"待霜亭"的另一小岛（图 5-30）相联。这一系列横贯水池的洲岛处理，使大池分为南北两大水面。同时在其西北因有见山楼和接岸的曲桥，而又分出一小水面。拙政园的西部（即补园），也用山岛分划水面，但因池身原已狭小，亘以山岛就更显得比例不当。

在嘉庆、光绪年间构筑或改建的宅园中，有用湖心亭、曲桥来划分水面的，例如留园中部、狮子林和怡园的水池部分。由于水面原已较小，有时处理不当，效果并不好，尤以狮子林为最。狮子林之水池在南半既有假山石洞伸入池中（图 5-31），并扩大成为方洲；在北半又有湖心亭、曲桥斜贯西北，再加以石舫，这样就使整个水面支离破碎，拥挤不堪。怡园的水池为长形，在这长池前半水面较宽的中腰部分，斜贯以曲桥，

图 5-27　拙政园倚玉轩

图 5-28　荷风四面亭及见山楼

图 5-29　拙政园自远香堂望雪香云蔚亭

图 5-30　拙政园待霜亭及乌竹幽居

图 5-31　狮子林假山

图 5-32　网师园东部一角

其意图可能是为了增深情景和层次。但由于池水的水位较低，使桥身高出水面过多，反而明显地把水区划分为二，不能算是成功的手法。

再就池岸处理来看。明代拙政园的大池，记文中未提到垒石为岸，大抵以自然土岸为主。但在临水有楼阁台榭等建筑时，则均以石砌岸。例如："台之下植石为矶，可坐而渔，曰：钓碧"。艺圃的水池北临水阁，就用条石砌岸，而且池水伸入阁基之下，仿佛水就从那里溢出一般。池之其他三面都用黄石垒砌，尤以南边最富变化，大小相间，上下错落，有竖有横，有凹有凸。网师园水池驳岸也全用黄石垒砌，尤其是运用上凸下凹的巧妙手法，使石影落池（图5-32），益增生趣。

（三）掇山叠石

明代始建的或继承明代遗风的宅园，如艺圃、网师园、沧浪亭、拙政园等，掇山皆以带石土山为主，便于种植竹木，山上蹬道、夹石成径，山侧临水，叠石成崖，叠石、筑洞多用黄石，此石的石纹劲直，可横可竖，石性朴质，且成块状，可层层垒立，宜于表现断崖峭壁之势。叠掇石山时，都用横竖相间和连、透等手法，有进有挑，有凹有凸，有环（洞）有透（孔），特别竖与横的对比更显出峻拔之势。网师园中的"云冈"堪称运用黄石叠山的代表作。

惠荫园的小林屋洞可能是明代用湖石构洞掇山的首次创作。石洞位于方塘东南，先是湖石错立，石洞的洞口低于周围，藏而不露。从堆叠的天然成阶的湖石群拾级下到洞口，但见地上微露积水，洞中昏黑幽暗。经三折板桥进入洞内，沿壁有栈道。到了洞中深处回望方才看出妙处，借洞外射进的光线还可看到洞顶倒垂的钟乳石，像在天然岩洞内一般。折进，前路狭窄，几经转折，拾级而上，又入另一洞府，洞较宽畅，西侧有光透进，顿生明朗之感。复进，洞道更狭，佝偻而行，不久出洞，但见出口就在入口的西侧，可见洞内曲折盘旋上下的设计之精妙。据载称，小林屋洞乃仿洞庭西山山林屋洞的构造，来表现石灰洞的洞中天地。

到了乾隆、嘉庆年间，湖石掇山有了新的发展。环秀山庄的池上理山，据传系戈裕良之创作，可谓乃湖石掇山中最杰出的作品。最令人惊叹的，首先是在数弓之地上创作出层峦重叠、秀峰挺拔、峡谷幽深、洞府岩屋兼而有之的意境。出厅右（厅已废，仅存基址）从西南望池上石山，山峦层次甚为幽深。

环秀山庄的池上理山，全用湖石。湖石性润，体形不一，石面有涡有皴，有透有漏，叠石手法上只要稍为差次，就成了百衲僧衣。如狮子林的湖石假山，洞内高下盘旋、曲折变幻莫测；但山上峰石林立，排比如刀山，构洞又瘦漏太甚，处处有限，不耐细看。而环秀山庄的湖石掇山，却不仅意境深远，而且手法高妙。细察其湖石的选用，取其多涡而皴的一面，拼接之处皆有石纹石色相同的一边，自然脉络连贯，体势相称，仿佛巨石天成，浑然一体，只在必要处，间以瘦漏生奇。山侧临水基石，则凹凸有致，使水混石下，石影落池。这样，水得石而幽，石得水而活。环秀山庄的池山虽为石山，但实系外石内土，植以树木，根系深入盘固，枝叶繁茂，石面藤萝蔓延，不愧城市山林之称。

　　清乾隆中期以后构筑之宅园，不乏以湖石掇山构洞。但如环秀山庄那样杰出的作品，却不会再度出现。怡园在构筑之初，虽抱兼收名园之胜的雄图，却未能推陈出新，独创一格。湖石排布疏落、玲珑，较诸狮子林似略胜一筹，但若与环秀山庄对比，则相形之下，巧拙自见。

　　乾隆中期以后构筑的宅园特色之一，是在庭院部分设置厅山和壁山，在技法上也有了新的发展。留园五峰仙馆前庭的厅山即一著例。虽然在厅前筑山，列有五峰，略觉直逼于前，但堆叠得颇有意趣。同时又在庭院西北角凸出的小空地上，叠石而成余脉之势（图5-33）。西边廊墙辟出宽大的砖框漏窗可透望出去，使空间扩深。在墙前叠石点景，并构筑“堆石形体”的手法也较前有所发展。网师园“小山丛桂轩”南小院中，靠墙用小块湖石围成不规则外围线的园地，然后在其中点石成景（包括单点、聚点、散点等），颇饶意趣。较突出的是在南隅有用湖石堆叠构成立体结构的、具有一定形象的“堆石形体”。这个堆石形体主要用连、透、环、斗等手法，仅偶见有挑、悬的做法，但叠来生动玲珑。网师园西部殿春簃别院的庭中，在东、南、西三面都依墙叠石成壁山。堆叠时，主要用“堆石形体”和“单点、聚点、散点”相结合，组成山景。又有用小块湖石围成植坛的做法。这既可抬高土面，有利排水，而使坛内花木生长良好，且可与庭院内点石或壁山协调呼应。如留园中在涵碧山房的庭院及远翠阁前都有围石植坛的制作；东园一角虽是近代作品，却也围石成坛，种植花木。

　　上述的这些方式，到了光绪年间更为发达。如怡园东部“坡仙琴馆”的北窗外，单点有两块湖石，据称很像两位老人埋着头在听操琴的样子（图5-34）。“拜石轩”的北庭中，聚点有怪石多处（图5-35）。较出色的是锄月轩南的壁山，依墙叠石垒土，自然形成台地三层，各层边缘竖湖石包镶，台地上种有牡丹、梅、竹，并点以峰石、石笋。

图 5-33　留园五峰仙馆西侧

图 5-34　怡园湖石

图 5-35　怡园拜石轩前

图 5-36　拙政园自依虹亭望远香堂依玉轩背部

（四）园林建筑

各种园林建筑，都有其不同的功能用途和取景特点。

如在明代到清代中叶以前构筑的宅园里，厅堂都是四面开朗，周围设有檐廊，以便于眺望景物。拙政园的远香堂因水面势（图5-36），沧浪亭的明道堂因山面势——都是体积高显而成为园林中的主体建筑。以后构筑的宅园，又把厅堂移至庭院建筑群中的主要位置，把檐廊装上槅扇，同时在厅堂内部还用屏门槅扇分为前大半、后小半（图5-37）。如狮子林的燕誉堂（图5-38），留园的五峰仙馆、林泉耆硕之馆，拙政园的卅六鸳鸯馆等。卅六鸳鸯馆的建筑形制较为别致，在结构上运用卷棚数卷来扩大进深，在四角有耳室（图5-39）。据称，这种耳室在实用上可作为侍者歇息或优伶化妆更衣处。推想起来，大抵清乾隆时期昆曲在苏州极盛行，士大夫的宴会笙歌之乐的生活，需要有适于演曲的厅堂，檐廊移槅扇内，厅堂的使用面积就可增大，同时把厅堂移到庭院建筑群内，也便于眷属观戏之用。

楼的位置，在明代大都位于厅堂之后，如王氏拙政园的梦隐楼。也有立于半山的，或近水际的。沧浪亭的见山楼，筑在一座假山洞屋之上，结构精巧。它位处全园最南，也居于最后，在布局上可称为一结。虽有结而余意未尽，更上一层楼，可穷千里目。留园的冠云楼也位在东部的最后，登楼前望，园中全景在目，后望可借景园外，虎丘一带风景如画。留园的明瑟楼，临水面池，构成池景的一角，各有所宜。拙政园的见山楼，临水越池，又是一种型式（图5-40、图5-41）。登楼的方式大都是在室外叠石为岩梯，或更筑爬山廊（图5-42）。由于楼高二层，体形高显，也常成为园中一景，尤其在临水背山的情况下更是如此。

阁与楼近似，但较轻巧。阁的建筑大都重檐二层，四面开窗。它的平面或为长方形，如留园远翠阁；或为八角形，如拙政园浮翠阁；也有仅一层而仍称阁的，如拙政园留听阁（图5-43）；临水的就称水阁，如网师园濯缨水阁。

亭是憩息赏景的建筑，又是园中一景。大小不一，式样众多，总以因地随形制宜为上。有方形的，如拙政园绿漪亭；圆形的，如拙政园笠亭；长方形的，如拙政园雪香云蔚亭、绣绮亭；六角形的，如拙政园荷风四面亭；八角形的，如拙政园塔影亭；折扇形的，如拙政园与谁同坐轩。也有游廊中途突出而成为亭的，如网师园月到风来亭、留园闻木樨香轩；或在廊尽之处设亭，如怡园锁绿轩和南雪亭；或在转角点上设亭、

图 5-37　留园林泉耆硕之馆内部

图 5-38　狮子林立雪堂望燕誉堂

图 5-39　拙政园留听馆与卅六鸳鸯馆

图 5-40　拙政园见山楼侧面及五曲桥

图 5-41　拙政园见山楼背面

图 5-42　拙政园见山楼背面爬山廊

图 5-43　拙政园留听阁

图 5-44　拙政园柳荫路曲长廊

轩，如狮子林、沧浪亭的回廊上；还有依墙依门洞做半亭的，如拙政园的倚虹亭及网师园五峰书屋东洞门等。

廊的运用在苏州宅园中十分突出。它不仅是连接建筑之间的有顶建筑物，而且是分划空间、组成景区的重要手段，同时它本身又成为园中之景。一般地说，廊有"随势曲折，谓之游廊；愈折愈曲，谓之曲廊；不曲者修廊；相向者对廊；通往来者走廊；容徘徊者步廊；入竹为竹廊；近水为水廊"（李斗：《扬州画舫录·卷十七·工段营造录》），"或蟠山腰，或穷水际，通花渡壑，蜿延无穷"。拙政园的柳荫路曲，在柳树间随形曲抱组成廊院（图5-44），从倒影楼到别有洞天一段水廊好似浮廊一般（图5-45）。网师园和留园中部池西岸游廊都是随地形上下升落。沧浪亭的复廊，既因水面势而曲，又避外隐内（图5-46）。怡园的复廊既分划了两个主题表现不同的东部和西部，又是通连南北的纽带。留园东部五峰仙馆后的曲廊是在敞朗中有曲折；中部近北墙的曲廊则是直中有曲，曲处虚出小空地。在这些小空地或点以湖石，或配以花草，或植竹树花木，都有意外的情趣。

在清代中叶以后的宅园中，往往环绕全园界墙筑以回廊。如狮子林有环园回廊；留园中部的回廊还连接到东部，沧浪亭既有环山回廊，又有南建筑群的回廊。在这三个名园里，游人可以完全在廊中行走观景。

苏州宅园里的墙，不仅以透空灵巧的漏窗著称，而且还有作对景用的洞门。漏窗的式样众多，尤其是留园和怡园，范例比比皆是。对景洞门的著例：拙政园里从枇杷园北墙洞门望雪香云蔚亭，好比环中画景（图5-47）；狮子林小方厅后院海棠式探幽门洞中画景（图5-48）。各类园林建筑如厅、堂、亭、榭的洞门，也是式样众多，而且形成对景。如拙政园里梧竹幽居亭，四面为墙，中有洞门，各自构成一幅画景（图5-49、图5-50）；自别有洞天半亭洞门望园景，如在环中（图5-51）。

（五）植物题材

苏州宅园对植物题材的运用，在前文布局、划分景区、水池处理、叠石掇山、园林建筑各段中都曾结合起来谈到，这里只稍加补充。

苏州宅园中植物种类，不下一百多种，都是当地久经栽培和大家喜闻乐见的树木花草。在当时封建社会的条件下，士大夫、地主乐于种植某些种类，也有因物取祥的原因在内。例如种榉树象征中举；紫薇象征高官；萱草忘忧；紫荆和睦；石榴多子、多孙；松柏常青永贞；玉兰、

图 5-45　拙政园水廊

图 5-46　沧浪亭复廊

图 5-47　拙政园自枇杷园望雪香云蔚亭

图 5-48　狮子林探幽门

图 5-49　拙政园梧竹幽居

图 5-50　拙政园梧竹幽居望绿漪亭

图 5-51 拙政园自别有洞天东望

海棠、牡丹、桂花齐栽，象征玉堂富贵等等。不过人们愿意栽种这些园林植物，主要还是由于它们的姿态、花容、色、香等令人喜爱。

从文徵明描述的拙政园来看，明代嘉靖年间喜用某一种树木的大片丛植，来构成一个局部的意境，如芙蓉隈、桃花沜、珍李坂、蔷薇径等。带石土山上的植树，喜用多种树木的群植方式，从而富有山林之趣。有时也采用以某一种树为主的方式，如沧浪亭，山上箸竹满布，留园西部土山上以枫树为主。大抵到了乾隆中期后，园中构筑日盛，转而趋向于以少数植株为一组的丛植，或采用二三种、几株树的群植，从而着重欣赏树木的情意。最突出的做法还是以粉墙为纸，点以湖石，配置竹蕉、花木，便具画意。成功的范例很多（图5-52、图5-53），成为苏州宅园的特色之一。此外，用湖石围成植坛，点以竹木花草；或在回廊曲院围出的小庭中缀饰花木，也都饶有生趣。

植物题材的配置，首先要得其性情。人们在充分认识它们的形象表现和生态习性后，就能根据主题的要求来进行配置。如在土山上或石山上，在水旁或建筑旁，在庭院、廊院、小庭（图5-54、图5-55），或墙前（图5-56）、廊外（图5-57）、漏窗前，都要因地制宜、随形结合。以

216

图 5-52　醋库巷柴氏园

图 5-53　铁瓶巷顾宅花厅

图 5-54　留园揖峰轩曲廊

图 5-55　留园揖峰轩前小院

图 5-56　拙政园海棠春坞

图 5-57　拙政园水廊自南向北望

树木本身的结合而论，既有同一树种的丛植，又有多种树种的群植。群植时还须注意形体对比、色彩对比和花期的配合等，就全园来说，植物题材的结合还应注意四季景色的调剂，所谓四季观赏不尽，而在园中某个局部，又常须侧重某一季节的特色。如拙政园的海棠春坞着重海棠花开时的春景，荷风四面亭偏重水池荷莲之夏景，十八曼陀罗花馆以赏冬开的茶花为主。又如怡园在南雪亭和廊南有梅林，以赏冬尽春时香雪梅为主；锄月轩以赏牡丹为主；而全园多植银薇，仲夏时节在浓荫前透出白色细花，成为怡园的一个特色。留园西部土山上一片枫林，入秋红于二月花——这是以秋色为主景的著例。至于松、柏、石楠、樟树、冬青、女贞、黄杨等常绿树种，又各有所宜。花木的种植，或以粉墙为背景，或用浓绿、淡绿树丛来衬托，要以色彩对比的效果而定。粉墙为纸，可有画意；在砖框漏窗前配置植物恰当，最便于构成框景（图5-58～图5-60）。

图 5-58　拙政园扇亭窗

图 5-59　留园揖峰轩内

图 5-60　留园揖峰轩前小景

简短的结语

在封建社会里，士大夫和地主的居家生活，要求建造以山水为骨干、饶有山林之趣的宅园，作为日常游息、宴客、聚会的生活境域。为了逍遥自得，而享闲居之乐，他们因阜掇山，因洼疏池，创作山水真意，同时有亭台楼阁、树木花草之胜。

苏州现存明清构筑的名园，大都几经荒废、几度更换园主、数经匠师改作，但仍可看出不同时期所构筑的宅园，其间有着显著的变化。分期的界限不在明清之间，而可分为乾隆中期以前和以后两个时期，乾隆初期却正是一个转变的阶段。

明代宅园的布局大抵以一泓池水为主。水源充裕、面积广大时更望若湖泊，如明代的拙政园，这时常喜在池的一角延伸成为回水或尾水，斜架板桥，临水部分叠成岩崖，例如艺圃便是。同时在池边因阜掇山而以带石土山为主，便于种植竹木。康熙年间筑园，基本上仍继承明代遗风。到乾隆初期开始有了变化，如网师园可谓代表作。园中以一泓池水为中心，池东南角突伸成尾水，西北角有回水，池畔南岸东部叠掇有石山，西岸有高低起伏的水涯土阜。同时在池之东北出现的楼、轩、廊错落和周接以回廊的雏形。到了乾隆中期以后，宅园中池山布局仍继承明代规制；而临水楼阁台榭参差错落，并在池周绕以回廊——这简直成为这个时期的一个公式。清末改建过的沧浪亭、狮子林是这样，光绪年间构筑的怡园也是如此。

这些风尚上的变化影响到具体的手法。先就划分空间组成景区来说：明代以运用树丛山障为主。到了清代乾隆初期，常运用廊、桥、漏墙等作为手段，在划分主题表现与风趣显著不同的大区时，通用实墙、复廊加以分割。乾隆中期以后，尤好以曲廊回抱构成格式各异的庭院。其次，在水池处理方面，明代的做法已见前述；到了乾隆中期以后，风尚有所变化，常把水面分为大小、主次，尤喜以汀洲山岛来划分水面。嘉庆、光绪年间构园时，还有用湖心亭、曲桥来划分水面的。第三，在掇山叠石方面，明代以带石土山为主，叠石构洞多用黄石，横竖相间、连环斗透，有凹有凸、有进有挑。惠荫园小林屋洞是明代用湖石构洞（水假山）的首创作品。环秀山庄的池上理山，在数弓之地创作出层峦叠秀、峡谷幽深的意境，为成功之作，而在叠石手法上，则取多涡和摺皱的一面，自然脉络连贯，体势相称，巨石天成，浑然一体，必要处间以瘦漏生奇。乾隆中期以后的宅园多喜在庭院筑厅山、壁山，在技法上有了新的发展。如墙前叠石成景和堆叠山体结构、完成一定形象的"堆石形体"也都较前有了更大的发展。靠墙或在庭中用块石围成植坛，点以花木竹石，方式颇为新颖可喜。第四，在园林建筑方面，到了清代乾隆中期以后，园中构筑日盛，厅堂移到庭院建筑群中，居于主要的位置，檐廊也装上了槅扇。廊的运用更是突出。在廊院和曲廊所围成的小空地上，点以花木竹石，饶有情趣。临水楼阁台榭参差错落，并在池周绕以环廊，已成为固定的公式。同时，漏墙、漏窗和对景洞门的运用也更趋发达。第五，在植物题材方面，明代多用大片丛植来构成一个局部的意境，如芙蓉隈、桃花汧、珍李坂、蔷薇径等。清代中叶以后，多用少数几株的丛植或群植，借以欣赏树木的性情。此外，以粉墙为纸，点以蕉竹石树和围石成坛的方式，以砖框漏窗前配置植物成框景等，也都富有画意。

四

园林艺术的论著——《园冶》

　　明朝不但有很多名园的营造，而且有专门论述园林艺术的著作问世。计成著的《园冶》可说是我国第一本专论园林艺术的专著，这里简略介绍一下这本专著的内容。

　　计成（字无否），吴江县人，生于明万历七年（1579 年），工绘画，尤能以画意筑园，虽然没有具体的作品遗存迄今，但据他的自序和旁人写的题词中得知计成曾为吴又予在晋陵筑一园，为汪士衡在銮江筑园，又为郑元勋筑影园，赏识的人认为他所筑的园可跟荆浩、关全的绘事相比。平时，他又曾草式为文写成《园冶》一书，于崇祯七年（1634 年）刻版印行。

　　《园冶》一书可以说是计成通过园林的创作把实践中的经验结合传统的总结并提高到理论的一本专著。这本书中，也有他自己对我国园林艺术的精辟独到的见解和发挥，对于园林建筑也有独到的论述，并绘有基架、风窗、栏杆、漏明墙、铺地等图式二百多种。《园冶》是用骈体文（四、六文句）写的，在文学上也有它的地位。《园冶》共三卷，篇首有"兴造论"和"园说"两篇文字，这两篇专论可说是全书的绪论篇，然后有十篇立论。统观《园冶》的十篇立论中，"相地""掇山"和"借景"三篇特别重要，是全书的精华。十篇的顺序是以相地篇为首；第二篇到第七篇，即立基、屋宇、装折、门窗、墙垣、铺地，都是就园林建筑方面立论的，第八篇掇山和第九篇选石是关于园林方面的，而以第十篇借景为结。

　　"兴造论"的中心内容是说兴造园林，要能"巧于因借，精在体宜"。这八个字可说是计成对园林创作归纳出来的一条基本原则，什么叫因和借，怎样才能得体合宜呢？计成的论述是："因者随基势高下，体形之端正，碍木删枒，泉流石注，互相借资，宜亭斯亭，宜榭斯榭，不妨偏径，顿置婉转，斯谓精而合宜者也"。又说："借者，园虽别内外，得景则无拘远近。晴峦耸秀，绀宇凌空，极目所至，俗则屏之，嘉则收之，不分町疃，尽为烟景，斯所谓巧而得体者也"。这段文字首先申论了园林创作，要因借地形、地势的情况来布局，充分利用原来地基情况随高就低、因地制宜来布局，原有树木或有妨碍时，不妨删去一些枝枒。有水源的就可引泉流注石间，园景可互相借以为用，那儿适宜安置亭榭，方才布置亭榭，反过来说，不当安置亭榭的地点就不应有亭榭。园林建筑位置，不妨偏在路径一边，总之要安顿布置婉转。只有这样，才能精致，才能合宜。其次，这段文字也申论了园林中风景的创作。他说，景虽有园内园外之分，但得景则不分内外，也不论远近。这就是说，除了园内景物的创作还要充分利用园外的景物，借资成为园景之一，只要在园内用眼能够看到的景物都可借景。秀丽的山峦，蔚蓝的天空，绿油油的田野等等风光美景都可以用各种手法收到园中。假若视线所及，有不美观的不需要的，也可用各种手法障住屏去，这样就能巧而得体，总之能够巧妙地因势布局，随机借景，就能够做到得体合宜。

"园说"：一般的中心内容是"虽由人作，宛自天开"八个字。园林不分在城市或村落，都是人按照美的法则来创作的，但不论怎样，要使所创作的园林看来好似天然生成一般，拿现代的话来说就是必须真实地反映自然和生活——现实。这是我国园林艺术上现实主义理论的传统。

"相地篇"：为什么相地是开章明义第一篇，因为要构园得体，首先必须相地合宜，"相地篇"的中心内容是从"因"字来申论的，筑园首先要相园地的地势，所谓"园基不拘方向，地势自有高低，涉门成趣，得景随形"。又说"高方欲就亭台，低凹可开池沼"。这段文字是说：筑园的基地，不论方位怎样，总有高低的地势，应当就地势高低来考虑布局，因为得景是要从地势中获得的，地势高的地点便于眺望，可设亭台；低凹的地方水自下注，可以开凿池沼，也省土方。又说"疏源之去由，察水之来历，临溪越地，虚阁堪支；夹巷借天，浮廊可度……架桥通隔水，别馆堪图，聚石垒围墙，居山可拟"，这都是说明因势布局、顿置婉转的一些手法。特别值得我们重视的是计成对于筑园地址原有树木十分爱护，决不损毁。他认为"多年树木，碍筑檐垣，让一步可以立根，砍数枒不妨封顶，斯所谓雕栋飞楹构易，荫槐挺玉成难。"这段文字的意思是说：房屋的建造，即便是雕梁画栋飞阁楼台的建造，也是比较容易的，但树木成长为大树是要很多年的培植才能达到。因此，在规划建筑的地点若有大树时，不妨在设计时让开一步，或斫一二枝杈，总之要尽可能保留树木，这种爱护树木的精神，建筑师和园林工作者都要引以为"座右铭"。

园地可以有各种。园地的类型不同，筑园的因势处理的方法也就不同，为此，必须"相地合宜，构园得体"，《园冶》中把园地分为山林地、城市地、村庄地、郊野地、傍宅地、江湖地六类。各类园地都有它客观环境的特点，应当巧妙地结合并充分地运用这些特点来筑园，使不同园地的筑园能各有其特色。

计成认为山林地最胜，因为"有高有凹，有曲有深，有峻而悬，有平而坦"。既有这些有利条件就可以"自成天然之趣，不烦人事之工"。怎样巧妙地结合山林地形势的特点来布局，书中也作了一般的描述，从略。就城市喧闹环境来说，城市地似乎不宜筑园，但若"能为闹处寻幽"，布置合宜的构园得体，"胡舍近方图远（注："胡"作"为什么"讲)，得闲即诣，随兴携游。"因此若在城市筑园，"必向幽偏可筑，邻虽近俗，门掩无哗"，至于城市地筑园的一般手法，怎样达到城市园林的意境，书中也有一般性的描述。村庄地自有村庄之胜，所谓"团团篱落，处处桑麻，凿水为濠，挑堤种柳，门楼知稼，廊庑连芸"，又对十亩之基的田园乐居可以怎样地规划，作了一般的描述。郊野地"似多幽趣，更入深情，两三间曲尽春藏，一二处堪为暑避……"。又说"郊野择地，依乎平冈曲坞，叠陇乔林，水浚通源，桥横跨水，去城不数里，而往来可以任意，若为快也"。傍宅地"宅傍与后有隙地可葺园，不第便于乐闲，斯谓护宅之佳境也"。怎样辟宅园才能有佳境？听他说："开池浚壑，理石挑山，设门有待来宾，留径可通尔室，竹修林茂，柳暗花明……四时不谢……日竟花朝，宵分月夕……薄有洞天……碨户若为止静，家山何必求深……足矣乐闲，悠然护宅。"江湖地在"江干湖畔，深柳疎芦之际，略成小筑，足征大观也。"

第二篇"立基"：主要是以园林建筑为对象来讨论的，这里所谓"基"，可以当做总平面布置上布局讲，也可当做园林建筑的位置基地来讲。本篇开头有一段总说："凡园圃立基，定厅堂为主，先乎取景，妙在朝南……筑垣须广，空地多存，任意为持，听从排布，择成馆舍，馀构亭台，格式随宜，栽培得致。……开土堆山，沿池驳岸，曲曲一弯柳月，濯魄清波，遥遥十里荷风，递香幽室，编篱种菊……锄岭栽梅……寻幽移竹，对景莳花。……池塘倒影，……一派涵秋，重阴结夏；疏水若为无尽，断处通桥，开林须酌有因，按时架屋。房廊蜒蜿，楼阁崔巍，动'江流天地外'之情，合'山色有无中'之句。适兴平芜眺远，壮观乔岳瞻遥、高阜可培，低方宜挖。"这是总说，然后分别就厅堂、楼阁、书屋、亭榭、廊房、假山之基加以申论。举例："厅堂立基，古以五间三间为率。须量地广窄，四间亦可，四间半亦可，再不能展舒，三间半亦可。深奥曲折，通前达后，全在斯半间中，生出幻境也。凡立园林，必当如式"。至于"楼阁之基，依次序定在厅堂之后，何不立半山半水之间，有二层三层之说，下望上是楼，山半拟为平屋，更上一层，可穷千里目也"。又如"书房之基，立于园林者，无拘内外，择偏僻处，随便通园，令游人莫知有此。内构斋、馆、房、室，借外景，自然幽雅，深得山林之趣。如另筑，先相基形，方圆长扁广阔曲狭，势如前厅堂基馀半间中，自然深奥。或楼或屋，或廊或榭，按基形式，临机应变而立。"对亭榭基的立论是："花间隐榭，水际安亭，斯园林而得致者。惟榭只隐花间，亭胡拘水际，通泉竹里，按景山巅。或翠筠茂密之阿，苍松蟠郁之麓，或借濠濮之上，入想观鱼；倘支沧浪之中，非歌濯足。亭安有式，基立无凭。"对廊房之基，认为："廊基未立，地局先留，或馀屋之前后，渐通林许，蹑山腰，落水面，任高低曲折，自然断续蜒蜿，园林中不可少斯一断境界"。最后讲道："假山之基，约大半在水中立起。先量顶之高大，才定基之浅深。掇石须知占天，围土必然占地，最忌居中，更宜散漫。"总之，立基的各论部分对于各种园林建筑在总平面布局上位址、方向、它本身的结构与四周空地的关系、与园林的关系都有扼要精辟的论述。

第三篇"屋宇"：这是就我国园林屋宇的特点来论述的。头一段总说里指出了园林屋宇的特色，"凡家宅住屋，五间三间，循次第而造；惟园林书屋，一室半室，按时景为精。方向随宜，鸠工合见；家居必论，野筑惟因。虽厅堂俱一般，近台榭有别致。前添敞卷，后进馀轩。必用重椽，须支草架；高低依制，左右分为……"这篇文中不但对于园林书屋的平面布置如何变化加以申说，就是色彩或雕镂的装饰问题，亭榭楼阁怎样跟园林结合的问题，都有所发挥，在把园林建筑看作园林统一体的构成部分来加以申说，接着又把园林屋宇的定义，即门楼、堂、斋、室、房、馆、楼、台、阁、亭、榭、轩、卷、广、廊等的定义、目的，它们和景物的关系加以申说。本篇后七段讲屋宇的结构，列举五架梁、七架梁、九架梁、草架、重椽、磨角的结构，如何变化，怎样才能经济耐久，都应相机而用。计成还特别强调地图的重要性，他说"夫地图者，主匠之合见也。假如一宅基，欲造几进，先以地图式之。其进几间，用几柱着地，然后式之，列图如屋……"这就是说，必须先从平面布置着手，然后据以设计立面，书中附有架梁式共八图。厅堂和亭的地图式三。

第四篇"装折"：装折是指园林屋宇内部可以装配折叠可以互相移动的门窗等类装修。本篇只就屏门、仰尘（即天花板）、户槅（窗框）、风窗、栏杆为科目来申说各种式样图案的原理，变化的根源，繁简的次第，并附有屏门、户槅、风窗式图四十多幅，栏杆诸式一百样。这种种变式都是根据基本式样的变化举例，不逾规矩，学习时自能举一反三。同时对于回字、卍字以及取篆字制栏杆一概屏去，力矫国人好以文字作花样的通病。对于制作比较困难的锦葵式、梅花式更指出如何鸠工作料来配制的方法。

第五篇"门窗"：这是指不能移动的门窗而说的，门式作图十多幅，窗式十多幅，窗式中有大型的也可作为门空式样用。

第六篇"墙垣"：这是指"园之围墙"。从墙垣的材料来说，"多于版筑，或于石砌，或编篱棘。"接着说："夫编篱斯胜花屏，似多野致，深得山林趣味。如内花端水次，夹径、环山之垣，或宜石宜砖，宜漏宜磨，各有所制。从雅遵时，令人欣赏，园林之佳境也。"计成认为："历来墙垣，凭匠作雕琢花鸟仙兽，以为巧制，不第林园之不佳，而宅堂前之何可也，雀巢可憎，积草如萝，祛之不尽，扣之则废，无可奈何者……"这些批评是很确当的。篇中所述墙垣，分白粉墙、磨砖墙、漏砖墙和乱石墙。除了述说筑墙材料和做法外，并论及在什么条件下适宜哪种墙垣，篇末附漏砖墙式计十六式，"惟取其坚固，如栏杆式中亦可摘砌者。意不能尽，犹恐重式，宜用磨砌者佳。"

第七篇"铺地"：这是指"砌地铺街"而说，花园中跟住宅中砌地有小异，"惟厅堂广厦中铺，一概磨砖，如路径盘蹊，长砌多般乱石"书中又进一步论及在什么样的地点应当怎样砌地，用什么样材料，宜什么样，例如"中庭或宜叠胜，近砌亦可回文。八角嵌方，选鹅子铺成罗锦。……锦线瓦条，台全石板……废瓦片也有行时，……破方砖可留大用……花环窄路偏宜石，堂迥空庭须用砖，各式方园，随宜铺砌……""园林砌路，惟小乱石砌如榴子者，坚固而雅致，曲折高卑，从山摄壑，惟斯如一……""鹅子石，宜铺于不常走处，大小间砌者佳……"。又"乱青版石，斗冰裂纹，宜于山堂、水坡、台端、亭际……意随人活，砌法似无拘格，破方砖磨铺犹佳。"又说："诸砖砌地：屋内，或磨、扁铺；庭下，宜仄砌。方胜、垒胜、步步胜者，古之常套也。今之人字、席纹、斗纹，量砖长短，合宜可也。"篇末附铺地式图十五幅。

第八篇"掇山"：这是就园林的叠石掇山来立论的。先讲掇山如何立根基，"掇山之始，桩木为先，较其短长，察乎虚实，随势挖其麻柱，谅高挂以称竿，绳索坚牢，扛抬稳重，立根铺以粗石，大块满盖桩头，堑里扫于查灰，着潮尽钻山骨。"然后论述构叠峭壁、悬崖、岩峦、洞穴等原则和技巧。"方堆顽夯而起，渐以皱文而加，瘦漏生奇，玲珑安巧，峭壁贵于直立，悬崖使其后坚，岩、峦、洞、穴之莫穷，涧、壑、坡、矶之俨是。信足疑无别境，举头自有深情。蹊径盘且长，峰峦秀而古，多方景胜，咫尺山林，妙在得乎一人，雅从兼于半土。"关于峰石的安置，他认为："假如一块中竖而为主石，两条傍插而呼劈峰，独立端严，次相辅弼，势如排列，状若趋承。主石虽忌于居中，宜中者也可；劈峰总较于不用，岂用乎断然"。接着更进一步论述如何构山成景，安置亭榭以及理水技巧。"峰虚五老，池凿四方，下洞上台，东亭西榭……时宜得致，古式何裁，深意画图，馀情丘壑；未山先麓，自然地势之嶙峋；构土成岗，不在石形之巧拙；宜台宜榭，邀月招云，成径成蹊，寻花问柳。临池驳以石块，粗夯用之有方；结岭挑之土堆，高低观之多致；欲知堆土之奥妙，还拟理石之精微。山林意味深求，花木情缘易逗。有真为假，做假成真；稍动天机，全叨人力，探奇投好，同志须知"。

"园中掇山……而就厅前三峰，楼面一壁而已。是以散漫理之，可得佳境也。"这里开始所谈的掇山是指宅园中庭中片山块石，简单易从，不必有了设计才能施工。片山块石也能写出诗情画意，"缘世无合志，不尽欣赏"。计成根据这种掇山小品的地位分为多种如下，并加以评述：厅山："人皆厅前掇山，环堵中耸起高高三蜂，排列于前，殊为可笑。加之以亭，及登，一无可望，置之何益，更亦可笑。以予见，或有嘉树，稍点玲珑石块，不然墙中嵌理壁岩，或顶植卉木垂萝，似有深境也"；楼山："楼面掇山，宜最高才入妙，高者恐逼于前，不若远之，更有深意"；阁山："阁皆四敞也，宜于山侧，坦而可上，便以登眺，何必梯之"；书房山："凡掇小山，或依嘉树卉木，聚散而理。或悬岩峻壁，各有别致。书房中最宜者，更以山石为池，俯于窗下，似得濠濮间想"；池山："池上理山，园中第一胜也。若大若小，更有妙境。就水点其步石，从巅架以飞梁；洞穴潜藏，穿岩径水，峰峦飘渺，漏月招云，莫言世上无仙，斯住世之瀛壶也"；内室山："内室中掇山，宜坚宜峻，壁立岩悬，令人不可攀。宜坚固者，恐孩戏之预妨也"；峭壁山："峭壁山者，靠壁理也，藉以粉壁为纸，以石为绘也。理者相石皴纹，仿古人笔意，植黄山松柏、古梅、美竹，收之圆窗，宛然镜游也"。

宅园中理池或用"山石理池，予（计成自称）始创者。"他对于山石池的理石工程写道："选板薄山石理之，少得窍不能盛水，须知'等分平衡法'可矣。凡理块石，俱将四边或三边压掇，若压两边，恐石平中有损。如压一边；即镶稍有丝缝，水不能注，虽做灰坚固，亦不能止，理当斟酌。"如宅园地小更有简单易从的金鱼缸、池的做法："如理山石池法，用糙缸一只或两只并排做底，或埋、半埋，将山石周围理其上，仍以油灰抿固缸口。如法养鱼，胜缸中小山。"

关于峰峦岩洞的理法也有精辟的发挥。计成认为："峰石一块者，相形何状，选合峰纹石，令匠凿笋眼为座，理宜上大下小，立之可观。或峰石两块三块拼掇，亦宜上大下小，似有飞舞势。或数块掇成，亦如前式；须得两三大石封顶，须知平衡法，理之无失。稍有欹侧，久则逾欹，其峰必颓，理当慎之。"关于峦的理法，他说："峦，山头高峻也。不可齐，亦不可笔架式，或高或低，随致乱掇，不排比为妙"。关于岩的理法，"如理悬岩，起脚宜小，渐理渐大，及高，使其后坚能悬，斯理法古来罕者，如悬一石，又悬一石，再之不能也。予以平衡法，将前悬分散后坚，仍以长条堑里石压之，能悬数尺，其状可骇，万无一失。"最后又论及理山洞方法，"起脚如造屋，立几柱著实，掇玲珑如窗门透亮，及理上，见前理岩法，合凑收顶，加条石替之，斯千古不朽也。洞宽丈余，可设集者，自古鲜矣，上或堆土植树，或作台，或置亭屋，合宜可也。"

计成认为理山有水方妙，"假山以水为妙，倘高阜处不能注水，理涧壑无水，似少深意"。对于古人的曲水法他认为："曲水，古皆凿石漕，上置石龙头喷水者，斯费工类俗，何不以理涧法，上理石泉，口如瀑布，亦可流觞，似得天然之趣。"至于理瀑布的方法，他写道："瀑布如峭壁山理也，先观有高楼檐水，可涧至墙顶作天沟，行壁山顶，留小坑，突出石口，泛漫而下，方如瀑布。不然，随流散漫不成，斯谓'坐雨观泉'之意……夫理假山，必欲求好，要人说好，片山块石，似有野致。"

掇山是我国山水园营造中重要手法之一，综观全篇对如何构筑山水泉石成景的原则发挥透彻，至于厅山、内室山、池山等确是南中小品，尤有深意，本篇不附图式，因为掇山有法无定式，要因地制宜，随机掇致。

第九篇"选石"：开头就提出选石要"识石之来由，询山之远近"。选石也要根据用途而定，"取巧不但玲珑，只宜单点；求坚还从古拙，堪用层堆。须先选质无纹，俟后依皴合掇，多纹恐损，垂窍当悬。"计成再三致意于就地就近取材，因为"块虽顽夯，峻更嶙峋，是石堪堆，便山可采。"又说："夫葺园圃假山，处处有好事，处处有石块，但不得其人。欲询出石之所，到地有山，似当有石，虽不得巧妙者，随其顽夯，但有文理可也。"另一方面，也要知道"石非草木，采后复生……近无图远。"

　　结末篇"借景"："构园无格，借景有因。切要四时……高原极望，远岫环屏，堂开淑气侵人，门引春流到泽……兴适清偏，贻情丘壑。顿开尘外想，拟入画中行……湖平无际之浮光，山媚可餐之秀色。寓目一行（白）鹭，醉颜几阵丹枫。眺远高台，搔首青天那可问；凭虚敞阁，举杯明月自相邀……花殊不谢，景摘偏新；因借无由，触情俱是。"结语是："夫借景，林园之最要者也，如远借、邻借、仰借、俯借、应时而借，然物情所逗，目寄心期，似意在笔先，庶几描写之尽哉"。

五

明清的筑园匠师

　　明代除了前面已说到的米万钟、计成外，在江南有以叠假山为业而著称的匠师，姓陆，佚其名字，号称陆叠山。他是杭州人，据《西湖游览志》载："堆垛峰峦，坳折涧壑，绝有巧思"。

　　清朝初叶，以掇山著称于世的有张琏（字南垣）、张然（字陶庵）父子二人。张琏少时学画，善画人像兼通山水。后来试以画意叠石掇山，从事筑园。他当时对于在园中乱堆山者加以批评说："今之为假山者，聚危石，架洞壑，带以飞梁，矗以高峰……如鼠穴蚁蛭，气象蹙促，此皆不通于画之故也。"他认为：从画山水的笔涩中悟得的画之皴法向背，为什么不可运用在筑园的叠石方面呢？画山水的起伏波折等手法为什么不可以运用在筑园的掇山方面呢？他对于叠石掇山理水的技巧方面曾有这样一段议论的发挥："且人之好山水者，其会心正不在远，于是为平冈小坡，陵阜逶迤，然后错之以石，缭以短垣，翳以密筱，若是乎奇峰绝嶂，累累乎墙外而人或见之也，其石脉之奔注，伏而起，突而怒，犬牙错互，决树莽，把轩楹而不去，若似乎处大山之麓，截流断谷，私此数石为吾有也。方塘石洫，易以曲岸回沙；邃阃雕楹，改为青扉白屋，树取其不雕者，松杉桧柏杂植成林；石取其易致者，太湖尧峰，随宜布置，有林泉之美，无登涉之劳。"

　　张琏在江南叠石筑园五十多年，为之越久，技艺越精，土木草石，莫不熟识性情，时人称他"每创手之日，丢石散布如林，琏踌躇四顾，主峰客脊，大礜小礴，咸识于心，然后役夫受命。初立顽石，方驱寻丈之间，多见其落落难合，而忽然数石点缀，则全体飞动，若相唱和，荆浩之自然，关全之尚淡，元章之变化，云林之萧疏，皆可身入其中也。"又说他："初立土山，树木未添，岩壑已具，随皴随致，烟云渲染，补入

231

无痕，即一花一竹，疏密欹斜，妙得俯仰。"

张琏所筑园很多，以横云（李工部）、预园（虞观察）、乐郊（王奉常）、拂水（钱宗伯）、竹亭（吴吏部）为最有名。张琏有子四人传世，张然继父业最知名。张然曾为清朝内庭供奉二十多年，瀛台、玉泉、畅春诸苑都是他布置的，又怡园（在北京城南半截胡同）的布置，时人称"水石之妙，有若天然"。

清朝康熙时期以选石著称的还有一位道济和尚，字石涛，他以石涛这一笔名与清代八大山人一起以画著称应世。石涛同时也工选石，曾为江都余氏（盐商）在扬州筑万石园（用太湖石以万计，故称）。园中有越香楼、临漪槛、援松阁、梅舫诸胜，又筑片石山房内池中石山，高仅五六丈，但奇峭可爱。

清朝末叶有戈裕良，常州人，也以选石著称。时人称他在堆法上能使大小石钩带联络如造环桥法，积久弥固，可以千年不坏，能如真山洞壑一般。至于建亭馆池台，一切内部装修也无不独擅其长，筑园很多，著称的有朴园（在仪征）、文园（在如皋）、五松园（在江宁）、一榭园（在苏州虎丘）、燕谷园（在常熟）等。

清朝还有一位多才多能的艺术家，名李渔号笠翁，著有《闲情偶寄》（又称《一家言》）等书，也曾筑园多处，据载曾为贾汉复筑半亩园（在北京弓弦胡同）。选石叠土掇山，辟地导泉而为池，池中水亭，双桥通之，平台曲室，奥如旷如，又曾自营别业，称伊园，晚年又筑芥子园。

《闲情偶寄》或称《一家言》（表示他不剽窃陈言，独抒所见，自为一家立言），共十四卷。卷一至卷七为词曲部、演习部、声容部，都是讲到关于戏剧方面怎样创作剧本，进行导演、习唱以及化妆等，有精湛独到的发挥。卷八至卷十一，是居室部和器玩部，居室部除了对建屋的方向高下、因地制宜有所论及外，窗栏一章更有独创的发挥。除了式样上提出纵横欹斜、屈曲三体并附有图式外，尤其着力在"开窗莫妙于借景"之说。借景之法，要"四面皆实，独虚其中，而为便面之形，实者用板，蒙以灰布勿露一隙之光，虚者用作木框，上下皆曲，而直其两旁，所谓便面是也。纯露空明，勿使有纤毫障翳，是船之左右，止有二便面，便面之外无他物矣，坐于其中，则两岸之湖光山色……云烟竹林……进入便面中，作我天然图画。便面不得于舟，而用于房屋。……自设便面……无一不在所绘之内。故设此窗于屋内，必先于墙外置板，以备承物之用。一切盆花笼鸟，蟠松怪石，皆可更换置之……移之窗外，即是一幅便面幽兰……扇头佳菊，或数日一更……此窗家家可用，人人可办……第一乐事。"篇中附有便面和尺幅窗图式。

居室部山石一章是论及园庭中叠石掇山极为精萃的一章。他认为，"幽斋磊石，原非得已……以一卷代山，一勺代水……然能变城市为山林，招飞来峰使居平地，自是神仙妙术假手于人，以示奇者也，不得以小技目之，且磊石成山，另是一种学问，别是一番智巧。"

他认为："山之小者易工，大者难好……至于累石成山之法，大半皆无成局，犹之以文作文，逐段滋生者耳。"又说"叠高广之山，全用碎石，则如百衲僧衣，求一无缝处而不得，此其所以不耐观也（确是的评）。以土间之，则可泯然无迹，且便于种树，树根盘固，与石比坚。且树大叶繁，浑然一色，不辨其为谁石谁土，列于真山左右，有能辨为积累而成者乎？此法不论石多石少，亦不必定求土石相半，土多则是土山带石，石多则是石山带土，土石二物原不相离，石山离土，则草木不生，是童山也。"

对于小山的堆叠，他认为："小山亦不可无土，但以石作主，而土附之。土之不可胜石者，以石可壁立，而土则易崩，必使石为藩篱故也。外石内土，此从来不易之法。"

他认为，"言山石之美者俱在透、漏、瘦三字，此通于彼，彼通于此，若有道路可行，所谓透也。石上有眼四面玲珑，所谓漏也。壁立当空，孤峙无倚，所谓瘦也。然透漏二字，在在宜然，漏则不应太甚，若处处有眼，则似窑内烧成之瓦器有尺寸限，在其中，一隙不容偶闭者矣。塞极而通，偶然一见，始与石性相符。""瘦小之山，全要顶宽麓窄，根脚一大，虽有美状，不足观矣"。关于选石方面，他认为："石纹石色，取其相同，如粗纹与粗纹，当并一处，细纹与细纹，宜在一方，紫碧青红，各以类聚是也。然分别太甚，至其相悬接壤处反觉异同，不若随取随得，变化从心之为便。至于石性，则不可不依，拂其性而用之，非止不耐观，且难持久。石性维何？斜正纵横之理路是也。"此外，对于石壁、石洞也有论及。例如"假山无论大小，其中皆可作洞，也不必求宽，宽则藉以坐人，如其太小不能容膝，则以他屋联之。屋中也置小石数块，与此洞若断若连，是使屋与洞混而为一，虽居屋中，与坐洞中无异矣。洞上宜空少许，贮水其中故作漏隙，使涓滴之声，从上而下，且夕皆然。置身其中，有不六月而寒，生而谓真居幽谷者，吾不信也"。

李笠翁对山石的立论中，不仅有他的独特的发挥，而且也像前人一样，还从叠石掇山的形势上，从工程技术上和结合植物配置上立论。

第六章

试论我国山水园和园林艺术传统

这一章"试论我国山水园和园林艺术传统",在现阶段,还只能从前人著述的园林创作理论和对现存一些名园的分析和研究来评述我国山水园的特色和园林艺术传统的历史内容。有必要在这里再着重说一下,在社会主义条件下发展祖国的园林艺术,并不是机械地再现过去园林创作的思想、形象和形式,而是要在新的条件下即社会主义条件下,吸收和运用祖国遗产,不仅要继承而且要发展,这种发展必须是根据我们时代所赋予的新的内容和新的任务而创造性地发展。

一

我国的园林创作的特色

发展到近代为止，中国的园林是以风景为骨干的山水园而著称。我们对于"山水园"的理解不能仅仅从字面上来看，认为就是山和水而已，它是包括了山、水、泉石、云烟岚霭、树木花草、亭榭楼阁等题材构成的生活境域，但这个境域是以山水为骨干的。自古以来，无论是帝王的宫苑也好，士大夫、地主富商的园林也好，都是为了"放怀适情，游心玩思"而建造的，或则利用天然景区加以改造成为游息休养的生活境域，或则在城市里创作一个山林高深、云水泉石的生活境域。劳动人民，在统治阶级的压迫和剥削之下，或仅仅能使生活维持下来，或只有极少的和有限的享乐，比如说，到天然胜区的寺庙、丛林游赏。

中国人对山水的爱好是十分深厚的，而且迫切要求在居住生活中也能体现自然。要在作为生活境域的园林里去体现自然，创作山水，早在汉代就已经有了。那个时候在宫苑中创作的山水跟战国和秦代开始的方士炼丹、黄老之术，跟神仙的传说和海中有仙岛的故事相关联的。由于这种想法，于是在园林中穿凿一个大的湖池好比是大海，湖中有蓬莱、方丈、瀛洲等神山好比仙岛，身临其间时，就想象为好比"真人"一样生活在仙境中了。虽然开始的时候，这种有山有水的布置是跟皇帝统治者的妄想长生不老、妄求永统天下的思想密切相关，但逐渐地这种"一池三山"的布置就成为园林中布置山水的一个传统。当然，这个传统随着社会经济的发展，随着人们对认识和表现山水（自然）的技巧上的不断进步，其内容是在变化着的。

在我国文化传统中，歌颂自然的文学艺术作品是非常丰富的。它们都确切地表明我国人民对山水的爱好是十分深厚的，感受是非常深刻的。伟大祖国的锦绣河山永远是中国人民热爱歌颂的对象，启发了人们无尽的诗情画意。毛主席《沁园春·咏雪》的诗句有"江山如此多娇，引无数英雄竞折腰。"充分说明了我们民族是如何热爱自己祖国的多娇河山。由于中国人民对山水的爱好，并迫切要求在城市生活中也体现自然和接近自然，由于历代匠师们的积极而创造的努力，就发展了怎样在生活境域的园林中具体地体现自然的技巧。到了宋代，山水园的创作已获得优秀的全面的成就，到了明代有更为完善的成就，并得能写成园林艺术专书。山明水秀人文发达的江南地区，在明、清两代，兴建了许多名园。干燥寒冷的北方，特别是明、清两代的京都，在康熙、乾隆两朝，宫苑的兴建极盛，由于这些庞大规模的园林修建的实践，使园林艺术获得了前所未有的卓越的成就。

园林里所体现的自然，所创作的山水，还只是形成传统的园林的一个骨干，或者说一个自然环境基础。这种地形创作一般要求是有山有水。有了山也就是有了高低起伏的地势，就可以扩增空间。但有了山还只是静止的景物，必须有水方好，所谓"山得水而活"。有了水就能使景物生动起来，而且在筑园的实际上，凿池就能堆山（土方平衡）。有了山也不能是童山濯濯，必有草木的生长才能有效，所谓"山得草木而华"。有山有水，有树木花草，也就是有了自然景物，还必须可行可居，可以进行各种文化、休息活动才能成为生活境域。于是有处可居就有轩斋堂屋，有景可眺就有亭台楼阁，借景而成就有榭廊敞屋，以及竞马射箭、弈棋抚琴、宣奏乐曲等活动的场所。所有为了这些功能要求而有的建筑物我们统称之为园林建筑。这些园林建筑的摆布全在相其形势之可安顿处、可隐藏处、可点缀处，……或架岩跨涧，或突入水际，或依山麓，或置山巅……总之，要根据创作的形势相配合，是因景而生，藉景而成。只有这样才能见景生情，才能真有意味，所以园林建筑常是景物创作的对象之一。

无论是宅园里或宫苑里的园林建筑，除了某些在一定地点的亭榭之类建筑常作为单独建筑物来布置以外（例如在半山、山顶的作为休息眺景的亭或水际的榭等），一般的园林建筑常是由各种不同的单个建筑组合成为一个建筑群，或称建筑组合。建筑组合的基本形式或是"一正两厢"围成中心落院，通称四合院；或是由中心轴线上多重组合，通称为重列式；或是四合院式和中轴线上重列式相结合。而在园林中更多见的是在上述基础上或增一间半室，或错前列后，或依势因筑而有错综复杂的变化。单独建筑物平面的本身也可以有种种样式的变化，例如口字形、工字形、曲尺形、偃月形等等。这些建筑群又常以回廊界墙围合起来，并结合树木花草、山石水体的配置，连同四周的自然风光而意境自成，可以成为独立性的局部，有时可称作景区。

园林建筑毕竟不同于一般性的建筑物，除了满足居住的、休息的或游乐的生活等实际需要外，往往是园景的构图中心。至于一些构筑物如码头、船坞、桥梁、棚架、墙廊等也未尝不是如此，除了满足一般功能要求外，也往往是园中的景物。

我国园林中的树木花草（观赏植物）不仅是为了使山水"得草木而华"，或是为陪衬园林建筑而相结合和点缀其间。观赏植物本身也常组成群体而成为园林中的景，例如梅林、竹林等。特别是在城市宅园中要达到城市山林的意境，更要有嘉树丛林的布置。用植物题材构成的意境，首要是得植物的性情。

总的说来，我国的传统园林是以山水为骨干的，在这个创作的"自然"基础上，随着形势的开展和生活内容的要求，因山就水来布置亭榭堂屋，树木花草，互相协调地构成切合自然的生活境域并达到"妙极自然"的生活境界。所以这种园景的表现，不仅是一般自然的原野山林一般，而是表现了人对待自然的认识和态度，思想和感情，或则说表现了一种意境。

我们要求怎样来具体表现所认识的山水呢？也就是说，达到怎样一种境界呢？我国园林艺术专著《园治》中有这样一句名言，叫做"虽由人作，宛自天开"，或则如古人所说的要达到"妙极自然"的境界，或则如曹雪芹在《红楼梦》中借贾宝玉评稻香村时所提出的一番议论，"……有自然之理，得自然之趣，虽种竹引泉亦不伤穿凿，古人云：'天然图画'四字，正是非其地而强为其地，非其山而强其山，虽百般精巧，终不相宜。"这些都说明园林创作的意境要切合自然，要真实，也就是说园林中的一丘一壑，一泉一石，林木百卉的摆布都不能违背自然的规律，不能矫揉造作，而要入情入理。清朝方薰在《山静居画论》里写道："画之为法，法不在人；拙而自然，便是巧处；巧失自然，便是拙处。"这里所谓法就是规律，所谓不在人就是说不是人的意识所能左右的。法是客观存在的规律，画山水而能符合山水构成的规律，便是巧处，不合山水构成的规律即便百般精致也是拙处。当然，这里所谓符合山水构成的规律是指创作的山水应当符合自然地理学的山水构成原理，但是并非说就是自然地理的景观图。山水园或山水画是艺术作品，既要真实又要表现人对自然的思想感情。所以"妙极自然"并不就是自然的翻版，"宛自天开"并不就是跟天生的一模一样，拿现代的话来说"妙极自然"和"宛自天开"可以理解为就是要真实地、具体地、深刻地反映自然。符合这一根本命题的园林才是艺术创作的园林。

我国著名的园林如承德的避暑山庄，北京的颐和园、北海，苏州的拙政园等对于今天的我们还葆有艺术意义，并继续使我们得到美的享受。首先就是，因为这些园林是有生命的艺术作品，是与艺术中某种永恒的东西联系着的，是由于它们的内容，真实性和以优美的艺术形式表现出来的山水深深地感动着我们。优秀的古典作品总是吸取了人民的素材，人民数千年来所积累的所创作出来的艺术形象、技术经验等，因此它的根源是在人民深处，是在人民的创作之中。所以任何一个名园中的优秀的叠石掇山和理水，亭榭楼阁和轩斋，树木花草的配置，无一不是和人民的创作相联着的。

自从秦汉以来直到清代，无论是帝王的宫苑或士大夫、地主富商的园林，都是封建社会的产物，其思想内容都是反映了封建统治者、地主阶级的生活、心理、美的概念。对待客观景物的评价或态度等，都是为统治阶级少数人服务的，这是它的明确的基本思想内容。但是在不同的历史发展阶段，园林的基本内容及其形式也自有不同的地方。总的说来，秦汉的宫苑形式是苑中有宫，宫中有内苑，别馆相望，阁阁复道相属，以豪华壮丽气象宏伟的宫室建筑为苑的主题。正因为它是从建筑构图而来，这种离宫别苑里的建筑布局虽然有错前落后曲折变化，但仍有轴线可寻。在主题的多样性上既保存有殷周的狩猎之乐的囿的传统，同时，因为宫室建筑而有犬马竞走之观，荔枝珍木之室，演奏宣曲之宫，而宫城之中更有聚土为山，十里九坡，凿池称海，海中有神山的地形创作。隋代的富苑是一个转折点。到了宋代，苑官的基本内容就不一样了，不在宫室建筑群而在乎山水之间。正因为它是从创作山水的构图而来，布局上就不是什么轴线处理了。在创作山水为骨干的基础上，随形相势，穿凿景物，摆布高低，列于上下，处处都是从景上着眼。在主题多样性上，展开有各种不同意味的景区，它们是山水、建筑、植物互相协调地结合而表现出各具特色的意境。

二

传统的布局原则和手法

传统的布局原则

我国园林形式的特色首先表现在布局上充分利用因山就水高低上下的特性，以直接的景物形象和间接的联想境界，互相影响，互相关联，组成多样性主题内容。占地广大时，出现园中有园、景中有景的多个景区，展开一区又一区，一景复一景，各具特色的意境；占地不大的，也自有层次，曲折有致地展开一幅幅诗情画意之图。

我国园林创作的布局上有哪些传统经验呢？概括起来，可以归纳为下列几条，即：相地合宜，构园得体；景以境出，取势为主；巧于因借，精在体宜；起结开合，多样统一。

相地合宜，构园得体：我国园林创作上，首先要"相地合宜，构园得体"（见《园冶》）。这就是说，规划一个园林的布局时，最基本的是要考虑到园地的自然条件的特点，充分利用结合并改善这些特点来创作景物，才能构园得体。我们在第四章中也已有所论及。例如承德避暑山庄是山林地又有泉源，山地部分，"有高有凹，有曲有深，有峻而悬，有平而坦，自成天然之趣，不烦人事之功。"至于圆明园，在北京西郊平原区，虽没有岗峦溪谷之胜，但能充分运用泉水丰富的有利条件，溪涧四引，就低汇注湖池，处处掇山堆阜，周流回环，创作自然形胜。《园冶》一书中"相地篇"把园地分为多种，各有其宜，只要相地合宜，精心经营，巧妙安排，自能构园得体，有天然之趣和高度的艺术成就。

景以境出，取势为主：至于怎样在布局中创作景物？古人云："景以境出"。也就是说，景物的丰富和变化都要从"境"产生，这个"境"就是布局。"布局须先相势"（见清沈宗骞《芥舟学画编》），或说布局要以"取势为主"（见董其昌《画旨》），然后"随势生机，随机应变"（见清方薰《山静居画论》）。总的来说，景物的创作要从布局产生；布局必须相势取势，随着形势的开展而有景物，所谓得景随形，随着景物的变化而有布局的错综，所以布局和景物是相互关联的。如果单纯地创作景物，有景物的变化而没有布局，势必乱杂无章不成其为整体的园林了。

巧于因借，精在体宜：园林的得景虽从境出，其关键还在能"巧于因借"（见《园冶》）。所谓"因者，随其基势高下，体形之端正……"（见《园冶》），为此"因"就是因势、取势的同义词。《园冶》中又写道："借者，园虽别内外，得景则无拘远近"。就园内景物来说，不仅要因势取势，随形得景，还要从布局上考虑使它们能互相借资，来扩增空间，达到景外有景。具备这样一个布局时，当我们从园林的某一个景物外望，周围的景物都成了近景、背景，反过来从别的景物地点看过来，这里的景物又成了近景、背景，这样相互借资的布局合宜，就能频增多样景象而有错综变化。不但园内景物可以互相借资，就是园外景物不拘远近，也可借资，从不同的角度收入园内，也就是说在园内一定的地点、一定的角度就能眺望到的，好似是园内景物一般。但不论是因或借，也不问是内借或外借，其运用的关键全在一个"巧"字。就是说，任何因借，必须自然而然地呈现在作品里，要天衣无缝，融洽无间，才能称得上巧。能够巧于因，才能"宜亭斯亭，宜榭斯榭"；能够巧于借，才能"极目所至，俗则屏之，嘉则收之，不分町疃，尽为烟景，斯所谓巧而得体者也。"（见《园冶》）。

起结开合，多样统一：布局不但要相势取势来创景，巧于因借来得景，同时这些多样变化的景物，如果没有一定的格局那么就会零乱庞杂，不成其体的。既要使景物多样化，有曲折变化，同时又要使这些曲折变化有条有理，使多样景物虽各具风趣但又能互相联系起来，好似有一条无形红线把它们贯穿起来，从这个意境，忽然又别有一番意境，走向另一个意境激发人们无尽的情意。具有这样一种布局是我国园林最富于感染力的特色之一。

多样统一的章法，在我国传统上归之于"起结开合"四个字，应当首先指出这样章法的运用，当然不能公式化，而是要决定于布局所要求的特定任务。

什么叫做"起结开合"，清沈宗骞在《芥舟学画编》里有很透彻的发挥，他说道：布局"全在于势。势者，往来顺逆而已。而往来顺逆之间，则开合之所寓也。生发处是开，一面生发，即思一面收拾，则处处有结构而无散漫之弊。收拾处是合，一面收拾一面又思生发，则时时留有余意而有不尽之神。……中间承接之处，有势好而理有碍者，有理通而不得势者，则当停笔细商，候机神之凑会，开一笔便增许多地面，且深且远，但如此不商，所以收拾将如何了结？如遇绵衍抱拽之处，不应一味平塌，宜思另起波澜。盖本处不好收拾，当从他处开来，庶免平塌矣。或以山石，或以林木，或以烟云，或以屋宇，相其宜而用之。必于理于势两无妨而后可得。总之，行笔布局，一刻不得离开合。"这段议论的大意是说，布局全在开合（即起结），一开一合之中，曲折变化无穷。但是在开合的布局中，一面展开景物，一面就是想到如何收拾（即合）；一面收拾，一面又要想到怎样再拓开景物。只有这样才能使结构严密，不论是开是合，都要既取因地之势又要合乎自然之理，总之处处要入情入理。

布局的手法

布局是就园林的总的群体来构图（相当于一般所说的总体规划），也可叫做总布局。或则就总体中一个大的群体（功能分区，景区等，也叫做局部）来构图，也统称布局。前面已说过：布局是要使个别的因素和总体协调地统一起来，使所要表现的东西更具体更集中地表现出来，这就必须讲究艺术手法，才能明确交代思想主题。

每个新的时代的园林有它新的任务；每个具体园林还有它自己的任务所要求的思想、主题，有它自己的自然特点、个别因素和总体关系等等。我国园林艺术传统上有哪些布局手法，可以从中吸取创作经验，灵活地运用到新型园林的创作中。当然，学习手法是跟学习布局原则一样，不能把它们公式化、概念化，而是要善于学习和把握前人对于该时代反映自然和生活的艺术表现手法。

前人经验所累积的布局手法是广大而多样化的。这里概括了一些布局上重要的手法，即起结开合中障景、隔景的手法，对比的手法和借景的手法。不同任务的不同主题的园林设计，提出新的布局和手法的要求。要能很好完成这种任务要求，全在于我们学习前人经验的基础上创造性地运用，所谓"匠心独运"。

障景、隔景的手法：我国园林中起手部分的一个传统手法，就是既不要使园内景物一览无余，又要能引人入胜地开展。为了达到这样一个要求，于是有所谓障景的手法。起手部分的障景可以运用各种不同题材来完成，这种屏障可以是叠石垒土而成的小山就叫做山障。例如颐和园仁寿殿后的土石山，苏州拙政园内腰门后的叠石构洞的石山。也可以是运用植物题材，例如一片树丛，就可以叫做树障。也可以是运用建筑题材。通常在宅园方面，往往是要经过转折的廊院才来到园中，就可叫做曲障。例如苏州的留园，进了园门顺着廊前进，经过两个小院来到"古木交柯"和"绿荫"，从漏窗北望隐约见山、池、楼阁的片断；怡园也是要经过曲廊才来到隐约见园景的地点。或则像无锡的蠡园那样进洞门后有墙廊引领到园中，廊的一面敞开为了可见太湖水景，廊的内面是漏明墙，墙后又有树丛，使人们只能从漏窗中树隙间隐约见园中景物。

总之，障景的手法不一，并非呆板成定式，但其目的则一也，采用障景手法时，不仅适用的题材要看具体情况而定，或掇山或列树或曲廊；而且运用不同的题材来达到的效果和作用也是不同的，或曲或直，或虚或实，或半隐或半露，或半透半闭，全应根据主题要求而匠心独运。障景手法的运用，也不限于起手部分，园中处处都可灵活运用。

我国园林特色之一，正是由于障景的起手，才能有引人入胜的生发。以宅园为例，进了园门或穿过曲折的山洞，或宛转丛林之间，或走过曲廊小院来到可以大体半望园景的地点。这个地点（生发处）往往是一面或四面敞开的轩亭之类的园林建筑，便于停息而略窥全园或园中主景。这里常把园中优美景色的一部分呈现在你的眼前，或隐约可见，但又可望而不可及，使游人对于这个园林产生欲穷其妙的想望，也就是引人入胜的生发。

过去，无论是私人宅园，或是帝王宫苑，都是供少数人游乐的，即使像帝王的宫苑规模尽管大，但在手法上还是从少数人出发，因此，曲廊小院的曲障，叠石构洞的山障，对于我们今天群众性文化公园的起手部分来说不能照式抄袭，但是在一定的主题要求下，障景的手法还是需要的，而且可以达到同样的效果和作用，例如北京陶然亭公园的东门，宽广的入口在广场的背面是树丛，而且路分左右，一边到露天舞池去，一边到园的南部。由于树丛的障景，转折一段后才能见到东湖水面和牌坊、锦秋墩等远景。

要使景物有曲折变化，就得在布局上因势随形划分多个景区，然后一区又一区，一景复一景地展开。规模宏敞的园林可以有数十个景区，例如圆明园、避暑山庄等。即使规模小的园林以及园中之园或宅园等，甚或不能有明显的区划时，至少有层次地展开，一重又一重的景物展开。例如北海的静心斋，这个园中之园的主体部分，一重一重地展开了曲折的山景，增进了深远的意境，叠翠楼是收拾处，但又有住而不住之势，于是从那里下来又有枕峦亭、山洞、叠石等余势。

我国园林中划分景区通用的手法可称做隔景。在题材的运用上或以绵延的土岗把两个不同意境的景区划分开来，或同时结合运用一水之隔的方式。例如圆明园的各个景区，绝大部分是用岗阜环抱、溪河周流的方式，或左山右水、或隔水背山等。为了隔景和划分景区而运用的岗阜，势不在高，二三米即可，三四米亦可，只要其高足以挡住视平线即可。隔景手法上可运用的题材也是多种多样的，或用树丛植篱，或用粉墙漏明墙，或用敞廊、墙廊、复廊。总之运用的题材不一，但其目的则一，都是为了隔景分区。这种隔景本身又常成为它所组成的景区背景，甚或就是主体。隔景分区手法所起的效果和作用要根据主题要求而定，或虚或实，或半虚半实，或虚中有实，或实中有虚。简单说来，一水之隔是虚，虽不可越，但可望及；一墙之隔是实，不可越，也不可见。疏朗的树林，隐隐约约是半虚半实；而漏明墙或有风窗的墙廊是亦虚亦实。一水之隔也可以说是虚中有实，是虚，因为视线并未受阻，但虚中有实，因为并不就能越过。步廊可说是实中有虚，是因为明明有一廊之隔，但又是虚，因为视线可以透过。

运用隔景手法来划分景区时，不但把不同意境的景物分隔开来，同时也使新的景物有了一个范围。由于有了范围物，一方面可以使注意力集中在所围合的景区内，一方面也使从这个景区到那个不同主题的景区时感到各自别有洞天，自成一个单元，而不致像没有分隔时那样有骤然转变和不协调的感觉。清沈宗骞在《芥舟学画编》里说得好："布局之际，务须变换，交接之处务须明显。有变换则无重复之弊，能明显则无扭捏之弊。"事实上，隔景也成为掩藏新景物的手法而起障景的作用。因此所谓隔景、所谓障景不过是就其所起作用和效果而说的，是便于分析具体作品的说明而有的，实际上它们都是布局上完成一定要求的手法。

对比或对照的手法：一开一合中产生曲折变化的一个重要手法就是对比或称对照的运用。所谓对比，就是有矛盾和参差，或则说有互相不同特点的，各自发挥其特性的形象同时呈现在一个景内，因而就能产生非常有效果的变化。例如明和暗、动和静、虚和实、高和低等等，清沈宗骞在《芥舟学画编》里关于对比作了透彻的发挥。他写道："欲直先横，欲横先直……将仰必先作俯势，将俯必先作仰势。以及欲轻先重，欲重先轻，欲收先放，欲放先收之属，皆开合之机。"接着又写道："至于布局，将欲作结密郁塞，必先之以疏落点缀，将欲作平远纡徐，必先之以峭拔陡绝；将欲虚灭，必先之以充实；将欲幽邃，必先之以显爽；凡此皆开合之为用也。"从这段开合之机、开合之为用的议论来看，横和直是线条的对比，仰和俯是形势的对比，轻和重是量的对比，收和放是境的对比，……曲折变化尽在其中。我国园林中无论是布局上和造景上运用对比手法的例子，随在皆是。例如本是树丛夹道，浓密荫闭，俄而豁然开朗，一片平远的景色呈现在眼前，所谓柳暗花明又一村，正是明暗的对比。峭壁之下，一池横列，正是纵形和横形的体量对比。一株亭亭如华盖的古树下散点山石数块，益显得古木参天的高大，正是高和低、大和小的对比。或如长河溪流随其势而有宽有狭，正是一收一放的境的对比。闲闲小园、寂寂庭院中，引来一股清泉，蜿蜒在岩石花草间，潺潺水声，正是动和静的对比。或如"万绿丛中一点红"，正是色彩对比的运用。

借景的手法：在一定地域内（即园内）即使能够熟练地运用各种手法来造景，使园景多样化但还总属有限，更重要的是能够"巧于因借"。计成在《园冶》借景篇里写道："夫借景，林园之最要者也。"在"兴造论"里写道："借者园虽别内外，得景则无拘远近……极目所至，俗则屏之，嘉则收之，……斯所谓巧而得体者也。"这就是说得景不分内外，园内景物固然可以互相借资为用，园外风光更应借资，收入园内。只有这样，园景的变化才能扩延于无穷，而且得来不费分文。

借景的手法也有多种："如远借、邻借、仰借、俯借，应时而借"（见《园冶·借景篇》）。远借主要是借园外远处的风光美景，如峰峦岗岭重叠的远景，田野村落平远的景色，天际地平线湖光水影的烟景，只要极目所至的远景，都可借资，但远借往往要有高处，才可望及，所谓欲穷千里目，更上一层楼。因此远借时，必有高楼崇台，或在山顶设亭榭。登高四望时，虽然外景尽入眼中，但景色有好有差，必须有所选择，把不美的屏去，把美的收入视景中，这就需要巧妙的构图。或利用亭榭的方位，使眺望时自然而然地对着所要借资的景物，为此在布局时必须注意建筑物的朝向角度，或地位使然。只能注目到某一朝向，例如避暑山庄烟雨楼西北角的方亭。或利用亭榭周旁的竖面，或种植树丛来屏去不美的景物，使视线集中在所要借资的景物。

高处既可远借，也可俯借。这里所谓高处，自是相对而说的，观渔濠上，或凭栏静赏湖光倒影，都是俯借。俯借和仰借只是视角的不同。一般地说，碧空千里，白云朵朵，明月烁星，飞鸟翔空都是仰借的美景；仰望峭壁千仞，俯望万丈深渊，这也是俯仰的深意。邻借和远借只是距离的不同，一枝红杏出墙来固然可以邻借，疏枝花影落于粉墙上也是一种邻借，漏窗投影是就地的邻借，隔园楼阁半露墙头也是就近的邻借。至于应时而借，更是花样众多，拿一日之间来说，晨曦夕霞，晓星夜月。拿一年四季来说，春天风光明媚，夏日浓绿深荫，秋天碧空丽云，冬日雪景冰挂，这些四时景物都可借资不同季节的气候特点而表现。就拿观赏树木来说，也是随着季节而转换的，春天的繁花，夏日的浓荫，秋天的色叶，冬日的树姿，这些也都可应时而借来表现不同的意境。

这种借景手法，全在能"巧而得体"。例如第四章清朝宫苑中提到的避暑山庄内望僧帽峰、罗汉峰，这些远景仿佛就在园内，而不觉它们是庄外远借的景色。一方面也因为山庄内西部原有峰岭自然环境，一方面僧帽峰、罗汉峰虽在东垣外，因东垣内堆叠的岗阜将宫垣隐去，使得山庄内堆叠的岗阜好似是堆于前的山阜，使山庄外的山岭成为前后层次的视景，相连成一体，斯正所谓巧而得体者也。

局部中框景的手法：园景如果没有变化，固然单调无味，有了变化而不能统一起来，就会繁琐紊乱。因此布局造景不仅要有曲折变化，还要能统一起来，使富于变化的景物能够互相关联，有规律地统一起来。所谓多样统一就是既要多样又要统一，既要使其在布局中有变化，又要在变化中使其集中，在集中里又使其有变化。多样统一看起来似乎是很繁复的结构问题，其实只要真正胸有成竹，把握住一定规律和景物的相互关系，自然而然地就能和谐，就能统一。前面我们讲到的起结开合，曲折变化等手法就是既有变化又能统一的，因为在一开一起中展开景物的变化而归之于一结一合，自然而然地一气呵成，和谐统一，布局中障景隔景的手法也是为了多样统一。

从局部构图来说，既要在构图中使其变化，又要在变化中使其集中的常用手法就是称做框景的构图法。由于外间景物不尽是可观的，或则平淡中有一二可取之景，甚至可以入画，于是就利用亭柱门窗框格，把不要的隔绝遮住，而使主体集中，鲜明单纯，好似一幅画一般。例如颐和园的湖山真意亭，运用亭柱为框，把西望玉泉山及其塔的一幅天然图画收入框中，于是人们注意力就集中在这幅天然制作的画面而不及其他。如果在庭院里、室内从里朝外眺望，只要构图合宜，二三株观赏树木或几块山石、数株修竹……都能够入画。对平淡的景物有所取舍，使美好景物强调突出在框格中自成佳景。

这种框景构图的处理如果能够灵巧地运用在总体布局中，那么就能随着人们的行进面面有景，处处有情，千变万化，如山阴道上应接不暇。特别是在苏州园林中，框景的运用十分巧妙，大有一转、变一象，一折、变一景，见景生情，情景结合，既变化又集中，给人有力的感染。

前人的园林创作经验上所积累的布局造景手法是广大而多样化的。这里只是概括了一些布局上的主要手法，只能举其萦萦大要。重要的是我们向古典园林作品的学习应当就前人如何反映当时的现实这个前提下去体验和领会前人创作景物的手法、技巧。重要的是能匠心独运，巧于因借，精在体宜，布局和造景固然是为了产生变化，在变化中又有集中并能多样统一。这种变化应当自然而然地呈现在作品里，跟内容融合无间，好似本来就存在于题材之中，通过作家才把它发掘出来，而这变化原是存在于现实本身之中。

三

关于掇山叠石

　　作为生活境域之一的我国园林的骨干是山水，而且一般地说，都是在原有的地形凸凹和水源可寻的基础上来进行的。"疏源之去由，察水之来历"，低凹可开池沼，掘池得土可构岗阜，使土方平衡，这是自然合理而又经济的处理手法。在没有天然水源的地方筑园，当然就很难引水注池。但兴造规模较大的园林，早在相地时候就注意到水源的条件。面积很小的宅园、花园的兴造，即便没有天然水流也可利用井水提注，"小藉金鱼之缸"或一洼清水而小巧有致。

　　我国园林中创作山水的基本原则是要得自然天然之趣，明代画家唐志契在《绘事微言》中说："最要得山水性情，得其性情便得山环抱起伏之势，如跳如坐，如俯如仰……亦便得水涛浪萦洄之势，如绮如鳞，如怨如怒，……。"这里所谓得其性情就是要掌握山水构成的规律，从思想感情上把握着山水的客观形貌所引起的性格特点，只有掌握了山水构成的规律才能使所创作的山水真实，只有从思想感情上把握住山水的客观形貌所引起的性格特点，才能生动地、具体地、集中地表现自然。

　　因此，我们对于园林作品中山水创作的评价，首先要求合乎自然之理，就是说要合乎山水构成的规律，才能真实，同时还要求有自然之趣，也就是说从思想感情上把握着山水客观形貌所引起的性格特点，才能生动，才能感动人。园林里的山水，不是自然的翻版，而是综合的典型化的山水。

掇山总说

　　因地势自有高低，园林里的掇山应当以原来地形为据，因势而堆掇，掇山可以是独山，也可以是群山。"一山有一山之形势，群山有群山之形势"，而且"山之体势不一，或崔巍、或嵯峨、或崎拔、或苍润、或明秀，皆入巧品"（见清唐岱《绘事发微》）。怎样来创作不同体势的山？这就需要"看真山，……辨其地位，发其神秀，穷其奥妙，夺其造化。"

　　如果掇山而岗阜连接压覆就称作群山，例如北宋的寿山艮岳。群山之立局，虽然在园林著作中未见有论及，但早在五代荆浩、宋代李成、韩拙等论画中都有发挥（见本书第四章）。清唐岱在《绘事发微》中所论也是同一番意思，他说："其重叠压覆，以近次远，分布高低，转折回绕，主宾相辅，各有顺序。"要掇群山必是重重叠叠、互相压复的形势，有近山次山远山，近山低而次山远山高，近山转折而至次山，或回绕而至远山。近山次山远山，必有其一为主（称主山），余为宾（称客山），各有顺序。众山拱伏，主山始尊。群峰盘亘，祖峰乃厚。这是总的立局。总的立局确定，就可"逐段滋生"，就可"土石交复以增其高，支陇勾连以成其阔。一收复一放，山渐开而势展，一起又一伏，山欲动而势长。"不论主山、客山都可适当地伸展，而使山形放阔，向纵深发展，这样就可以有起有伏，有收有放，于是山的形势就展开了，动起来了，一句话，就能富有变化了。同时古人又指出，既是群山必然峰峦相连，就必须注意"近峰远峰，形状勿令相犯"不要成排比，或笔架烛列。

　　明清遗存的宫苑，例如避暑山庄的湖洲区和圆明园的残迹，尚可看到岗阜连接压覆的形势，跟上段论画中对于群山的议论可说是相通的。至于像北海琼华岛的白塔山那样高广的大山也可说是叠大山中目前仅有的范例。但掇山的形体变化不一，不能定式，而且掇山不像建筑那样，难以先有施工详图然后完全照图施工。当然掇山必先胸有丘壑，也就是说掇山的规模和大体的轮廓还是可以设计的，也可以做出模型，然后在施工过程中指导局部的支陇勾连。园林中掇山的技法，诚如《闲情偶寄》中所说的"另是一种学问，别有一番智巧。"

　　就一山的形势来说，山的主要部分有山脚（即山麓）、山腰、山肩和山头（即山顶）之分。掇山必须相地势的高低，要"未山先麓，自然地势之嶙嶒"（见《园冶》）；至于山头山脚要"俯仰照顾有情"，要"近阜下以承上"，这都是合乎自然地理的。山又分两麓，"阴阳相背"而且"半寂半喧"，这就是说山的阴坡土壤湿润，植被丰富而喧，阳坡土壤干燥，植被稀少而寂，山的各个不同部分又各有名称，而且各有形体。洪谷子云："尖曰峰，平曰顶，员（注：同圆）曰峦，相连曰岭，有穴曰岫，峻壁曰崖，崖下曰岩，岩下有穴而名岩穴也。……山岗者，其山长而有脊也。……山顶众者山巅也。……岩者，洞穴是也。有水曰洞，无水曰府。言堂者，山形如堂屋也。言嶂者，如帷帐也。……土山曰阜，平原曰坡，坡高曰陇。……言谷者，通路曰谷，不相通路者曰壑。穷渎者无所通，而与水注者，川也。两山夹水曰涧，陵夹水曰溪，溪中有水也"（见宋代韩拙《山水纯全集》）。这里摘录的都是一些通见的名称。此外，山峪（两山之间流水的沟），山壑（山中低坳的地方），山坞（四面高而当中低的地方），山隈（山水弯曲的地方），山岫（有洞穴的部分）也是常见的一些名称。所有这些，都各具其形，都可因势而创作。对于这些个别的形势的掌握若不是曾经"身历其际，……融合于中，又安能辨此哉"（见清唐岱《绘事发微》）。

更有进者，"山有四方体貌，景物各异。"这就是说山的体貌因地域而有不同，性情也不一样。所谓"东山敦厚而广博，景质而水少。西山川峡而峭拔，高耸而险峻，南山低小而水多，江湖景秀而华盛。北山阔墁而多阜，林木气重而水窄。"宋朝韩拙在《山水纯全集》中这段议论确是深刻地观察了我国各方的山貌而得其性情的确论。

高广的大山

要堆掇高广的大山，在技术上不能全用石，需用土，或为土山或土山带石。因为既高而广的山全用石，从工程上说过于浩大，从费用上说不太可能。从山的性情上说，磊石垒垒，草木不生，未免荒凉枯寂。堆掇高广的大山，全用土，形势易落于平淡单调，往往要在适当地方叠掇点岩石，在山麓山腰散点山石，自然有嶙嶒之势。或在山的一边筑峭壁悬崖以增高巉之势，或在山头理峰石，以增高峻之势……所以堆掇高广的大山总是土石相间。李渔在《闲情偶寄》中写道："以土代石之法，既减人工，又省物力，且有天然委曲之妙……垒高广之山，全用碎石则如百衲僧衣，求一无缝处而不得，此其所以不耐观也。以土间之，则可泯然无迹，且便于种树，树根盘固，与石比坚，且树大叶繁，混然一色，不辨其为谁石谁土……此法不论石多石少，亦不必定求土石相半。土多则是土山带石，石多则是石山带土，土石二物，原不相离。石山离土，则草木不生，是童山矣。"

例如北京景山的掇山，它主要用土堆叠形成，但在山麓、山腰以及山径多用叠石，使山势增加，可说是土山带石。北海的白塔山是高广的大山。前山部分，未山先麓，自然地势之嶙峋，缓升的山坡上，山石半露，好像从土中天然生出一般，而且布置得错落有致，好像天然生成的岩层一般，再上有一部分叠掇的山石和散点的山石以壮山势以增秀气。后山部分可说是外石内土，堆石不露出土的石山。从揽翠轩而下，岩石叠掇的形势，俨然是沿断层上升的断层山崖之势。这里洞壑宛转，山径盘纡。或两崖之间路凹，夹径块石林立森然；或叠山洞曲折有致，忽又出至小庭，仰望峭壁逼于前，其势高危。转而到后山西部，真有峰峦崖岫，巉岩森耸的形势，不愧"云烟尽态"这四个字的题赞。在后山的山麓部分，先是山崖险危，然后层石横列，好似横层天生一般。像北海白塔山后山部分这样规模的堆石不露土的掇山，工程耗费巨大，不是一般情况下力所能及。但是它的局部构图和叠石的技巧还是可以学习的。

小山的堆叠

小山的堆叠和大山不同。当然这里所说的小山，是指掇山成景的小山，例如颐和园谐趣园中的掇山，北海静心斋中的掇山等。李渔在《闲情偶寄》中写道："小山亦不可无土，但以石作主而土附之。土之不可胜石者，以石可壁立，而土则易崩，必仗石为藩篱故也。外石内土，此从来不易之法。"这就是说堆叠小山不宜全用土，因为土易崩，不能叠成峻峭壁立之势，尽为馒头山了。同时堆叠小山完全用石，也不相宜。从未有完全用石掇成石山，甚或全用太湖石的。李渔认为全石山"如百衲僧衣，求一无缝处而不得，此其所以不耐观也"，却是确论。大抵全石山，不易堆叠，手法稍低更易相形见绌。例如苏州狮子林的石山，在池的东、南面，叠石为山，峰峦起伏，间以溪谷，本是绝好布局，但山上的叠石，在太湖石组上益以石笋，好像刀山剑树，彼此又不相连贯，甚或故意砌仿狮形，更不耐观。

一般地说：小山而欲形势具备，可用外石内土之法，即可有壁立处，有险峻处。同时外石内土之法也可防免冲刷而不致崩坍。这样，山形虽小，还是可以取势以布山形，可有峭壁悬崖、洞穴、洞壑，做到山林深意，全在匠心独运。《园冶》的"掇山篇"说得好："方堆顽夯而起，渐以皴文而加，瘦漏生奇，玲珑安巧。峭壁贵于直立，悬崖使其后坚。岩峦洞穴之莫穷，洞壑坡矶之俨是。信足疑无别境，举头自有深情，蹊径盘且长，峰峦秀而古，多方景胜，咫尺山林。"例如北海静心斋的掇山，苏州环秀山庄和拙政园的掇山，都不愧是咫尺山林，多方景胜，意境情深。

计成认为小山的堆叠要"瘦漏生奇，玲珑安巧。"什么叫做透、瘦、漏？李渔在《闲情偶寄》的"山石第五"中写道："此通于彼，彼通于此，若有道路可行，所谓透也。石上有眼，四面玲珑，所谓漏也。壁立当空，孤峰无倚，所谓瘦也。然透漏二字，在在宜然，漏则不应太甚……偶然一见，始与石性相符。"但是这些论述，主要是就山石本身来说的。至于就小山的形势来说，不外要有峰峦起伏，有洞穴洞壑，有峭壁悬崖。

李渔还认为掇小山以理石壁较易取胜。他写道："山之为地，非宽不可。壁则挺然直上，有如劲竹孤桐，斋头但有隙地，皆可为之。且山形曲折，取势为难，手笔稍庸，便贻大方之诮。壁则无他奇巧，其势有若累墙。但稍稍迂回出入之，其体嶙峋，仰观如削，便与穷崖绝壑无异。且山之与壁，其势相因，又可并行而不悖者，凡累石之家，正面为山，背面皆可做壁。匪特前斜后直，物理皆然，……即山之本性，亦复如是，透迤其前者，未有不崭绝其后，故峭壁之设，诚不可已。但壁后意作平原，令人一览而尽，须有一物焉，蔽之使坐客仰观，不能穷其颠末，斯有万丈悬崖之势，而绝壁之名为不虚矣。蔽之者维何？曰：非亭即屋。或面壁而居，或负墙而立，但使目与檐齐，不见石丈人之脱巾露顶，则尽致矣。"又写道："石壁不定在山后，或左或右，无一不可，但取其地势相宜，或原有亭屋，而以此壁代照墙，亦甚便也。"

李渔擅长用土石相间的方法来点缀小山，而且有作品遗存。《履园丛话》载："惠园在宣武门内西单牌楼郑亲王府（按：即现在二龙路高等教育部），引池叠石，饶有幽致，相传是园为国初（指清初）李笠翁手笔。"《鸿雪因缘记》也记载及牛排子胡同半亩园是李笠翁的手笔，还有新街口棍贝子花园，相传也是李笠翁设计的。李笠翁筑园的特色是"把小土山当作大山的余脉来布置，有如山水大局中剪裁一段，没有奇峰峭壁和宛转洞壑，不以玲珑取胜，只在平远绵衍的小土山上点缀些形体浑厚的石头，疏的密的，全都安顿有致"（这段引文见朱家溍：《漫谈叠石》载《文物参考资料》1957 年第 6 期，第 30 页）。

掇山小品

我国宅第的庭院里或宅园中虽仅数十平方米的面积也可掇山，但所掇的山只能是称作小品（好比小品文）。计成在《园冶》的掇山篇中对于叠山小品，因简而易从，尤特致意。计成根据掇山小品的位置、地点或依傍的建筑物名称而分为多种。"园中掇山"就称园山，"……而就厅前一壁楼面三峰而已，是以散漫理之，可得佳境也。"计成认为："人皆厅前掇山（称厅山），环堵中耸起高高三峰排列于前，殊为可笑。加之以亭，及登，一无可望，置之何益？更亦可笑。"这样塞满了厅前，成何比例？而又高又障住，成何体态？他的意见：不如"或有嘉树稍点玲珑石块。不然墙中嵌理壁岩，或顶植卉木垂萝，似有深境也。"例如北海画舫斋的古柯庭，就是依古槐稍点玲珑石块，自有深意的一例。苏州园林中也都有这种特色，在庭院中疏疏落落布置几组叠置的太湖石，配合一些花草、修竹和大树。

或有依墙壁叠石掇山的可称"峭壁山""靠壁理也，藉以粉壁为纸，以石为绘也。理者相石皱纹，仿古人笔意，植黄山松柏、古梅、美竹，收之圆窗，宛然镜游也。"这就是说选皱纹合宜的山石数块，散点或聚点在粉墙前，再配以松桩（好似生在黄山岩壁上的黄山松）、梅桩，岂不是一幅松石梅的画？以圆窗望之，画意深长，不必跋山涉水而可卧游。又例如颐和园乐寿堂西的扬仁风，在横池的东边依乐寿堂的西墙作峭壁山，既掩饰了砖墙，又和池边点缀的山石相呼应而有连续之势。称做"书房山"的跟厅山相似，只是掇山地点不在厅前而在书房前。《园冶·掇山篇》写道：书房山，"凡掇小山，或依嘉树卉木，聚散而理。或悬崖峻壁，各有别致。书房中最宜者，更以山石为池，俯于窗下，似得濠濮间想。"更有"池山"："池上理山，园中第一胜也。若大若小，更有妙境。就水点其步石，从巅架以飞梁；洞穴潜藏，穿岩径水，峰峦飘渺，漏月招云；莫言世上无仙，斯住世之瀛壶也。"苏州环秀山庄的掇山，所以称为池山杰作，正由于它能在小面积庭院中池上理山，山的东北部土多柱石，西南部用太湖石叠掇，峥嵘峭拔；其间构成两个幽谷，一自南而北，一自西北走向东南，在中间相会，从巅架石为梁。其下池水狭曲，环续山的西南二面，一部分水伸入谷内，就水点步石。不愧洞穴潜藏，穿岩径水，峰峦飘渺，漏月招云之赞。不但如此，山石之间，植以垂藤萝，顶植枫柏，俨然城市山林的深境。

峰峦谷的堆叠

掇山和叠石虽然是两件事，然而在园林的地形创作中往往是相互为用不易分开。例如前面所说堆掇高广的大山不能全用石，也不宜全用土，而是土山带石，尤其峰峦洞壑崖壁等都需要用叠石来构成。堆掇小山虽然以叠石为主，但也不可无土，至少是外石内土。总之，掇山时无论是土山也好，石山也好，或土石相间，或外石内土，或堆石不露土，或完全用叠石构山都离不开要运用叠石。前面我们已就大山或小山的总貌构成立论，这里再叙述掇山方面有关峰峦等局部的叠石处理手法。

峰：掇山而要有凸起挺拔之势或则说峻峰之势，应选合乎峰态的山石来构成，山峰有主次之分，主峰应突出居于显著的位置，成为一山之主并有独特的属性。次峰也是一个较完整的顶峰，但无论在高度、体积或姿态等属性方面应次于主峰。一般地说，次峰的摆布常同主峰隔山相望，对峙而立。

拟峰的石块可以是单块形成，也可以多块叠掇而成。作为主峰的峰石应当从四面看都是完美的。若不能获得合意的峰石，比如说有一面不够完整时，可在这一面拼接，以全其峰势。峰石的选用和堆叠必须和整个山形相协调，大小比例确当。若做巍峨而陡峭的山形，峰态尖削，叠石宜竖，上小下大，挺拔而立，通称为剑立式；若做宽广而敦厚的中高山形，峰态鼓包而成圆形山峦，叠石依玲珑而垒，可称垒立式；或像地垒那样顶部平坦，叠石宜用横纹条石层叠，可称层叠式；若做更低而坡缓的山形，往往没有山脊或很少看出山脊，只能有半埋的石块好像残存下来的岩石露头，为了突出起见，对于这种很少看到山脊、较单调的山形有用横纹条石参差层叠，可称做云片式并可有出排。

掇山而仿倾斜岩脉，峰态倾劈，叠石宜用条石斜插，通称劈立式。掇山而仿层状岩脉，除云片式叠石外，还可采用块石竖叠上大下小，立之可观，可称作斧立式。掇山而仿风化岩脉，这种类型的峰峦岭脊上有经风化后残存物，常见的凸起的小型地形有石塔、石柱、石钻、石蘑菇等。石塔、石柱、石蘑菇可选合态的块石或多块拼接叠成，其取其意不求其形似。计成在《园冶》里所写："或峰石两块三块拼掇，亦宜上大下小，似有飞舞势。或数块掇成，亦如前式。"仿石灰岩风化成石柱，或花岗岩石柱又称笔尖岩，也可采用石笋或剑石来叠掇。

上述这种小型凸起的地形可以独立存在，也可和大型凸起地形的峰峦岭脊紧连成一片，后者的情况下就较复杂，式样也繁多。独立存在的可以用单块或并接合成的巨石来模拟。不是独立存在的，也就是说峰石不是一个而是多个成为群体，也就是说除了拟峰的主石外，还有陪衬的配石。一般地说，主石不宜居中，常偏侧靠后。这样摆布易于使峰势有前后层次和左右起伏之势，同时也易于使主石突出而有动态之势。所谓配石就是配备在主石的周侧，高低参差，承上趋下，错落而安，来陪衬主石之势。

　　配石的手法是根据主石的形态及对峰势的要求而定。例如峰态剑立，主石上小下大，就可运用石形剑立，使体小的石块，参差配立周侧来增强主石的峻峭之势。这种手法在传统上叫做配剑。主石剑立，但体形较敦厚的，可用方厚的石块墩在主石偏侧来加强敦厚的峰势，这种手法在传统上叫做配墩。主石剑立但其岩基较平坦，可用条状顽夯之石平卧在主石下，以竖和横的对比手法来增强峻拔之势，这种手法在传统上叫配卧。此外，斧立式、劈立式都可以用相同体形的配石来增强峰势。如果拟峰的主石是垒立式、层叠式，或有出挑，配石也应采取垒立状、层叠状或有出挑的叠石，但体形较小。

　　配石可以只有一个，在传统上叫做单配。单配时应贴近主石的一侧。单配的石块，从体形上说通常为主石的高度或体积的三分之一、三分之二或五分之三。配石也可以有两个，在传统上叫做双配。这时这两个配石的体形虽较主石为小，但二者本身之间常一高一低，一大一小，而且不等距地配立在主石的周侧。无论是单配和双配，配石的位置应避免同主石位在一条线上，或配石的正面和体形同主石相平行，这在传统上叫做切忌"顺势"。应避免把配石位在主石的正前而遮挡峰面，这在传统上叫做忌"景"，也应避免把配石位在主石的后背，这在传统上叫做忌"背"。

　　配石也可以有两个以上，这在传统上叫做多配。采用多配的方式时，更应注意其相互间的位置，间距的安排。多配的各个配石切忌排成一条线而排成笔状，也忌由低而高成阶梯状，或中间高两端低而成笔架式。多配的各个配石之间的间距切忌等距而安，各个配石的安置应当有前有后，错落有致，有连有拒，若断若续，有依有舍，聚散相间，嵌三聚五，疏密相间。就这个群体来说，应避免单薄的排列而力求有层次，要有隐有显造成峰势宛回而有深远之感。同时相互之间避免角度一致，要因势而配，一呼一应，多样统一。

峰顶峦岭本不可分所谓"尖曰峰，平曰顶，圆曰峦，相连曰岭"（宋韩拙：《山水纯全集》）。从形势来说，"岭有平夷之势，峰有峻峭之势，峦有圆浑之势"（清唐岱：《绘事发微》）。峰峦连延，但"不可齐，亦不可笔架式，或高或低，随致乱掇，不排比为妙"（计成：《园冶·掇山》）。

悬崖峭壁：两山壁立，峭峙千仞，下临绝壑的石壁叫做悬崖；山谷两旁峙立着的高峻石壁，叫做峭壁。在园林中怎样创作悬崖峭壁呢？关于理悬崖的方法，计成在《园冶》里写道："起脚宜小，渐理渐大，及高，使其后坚能悬，斯理法古来罕者。如悬一石亦悬一石，再之不能也。予以平衡法，将前悬分散后坚，仍以长条堑里石压之，能悬数尺。其状可骇，万无一失。"这里道破了理悬崖必须注意叠石的后坚，就是要使重心回落到山岩的脚下，否则有前沉陷塌的危险。立壁当空谓之峭。峭壁常以页岩、板岩，贴山而垒，层叠而上，形成峭削高峻之势。

理山谷是掇山中创作深幽意境的重要手法之一。尤其立于平地的掇山，为了使意境深幽，达到山谷隐隐现现，谷内宛转曲折，有峰回路转又一景的效果，必须理山谷。园林上有所谓错断山口的创作。错断和正断恰恰相反。正断的意思是指山谷直伸，可一眼望穿。错断山口是指在平面上曲折宛转，在立面上高低参差左右错落，路转景回那样引人入胜的立局。

洞府的构叠

李渔在《闲情偶寄》里写道："假山无论大小，其中皆可做洞。"计成在《园冶·掇山》篇写道："峰虚五老，池凿四方，下洞上台，东亭西榭。"这表明堆叠假山时，可先叠山洞然后堆土成山，其上又可作台以及亭榭。小型的洞府例如避暑山庄烟雨楼西侧的假山石洞，上有一亭，文津阁前的假山石洞，上为月台。较大型的洞府例如颐和园佛香阁两旁的山洞顺山势而下穿（反过来说，拾级转折而上），中途有多个通上的出口，出口处有亭阁。北海琼华岛后山的石洞，顺着山势穿行其中，更是蜿蜒深邃，盘曲有致。

在自然界，大多数山洞是地下水溶解岩石的结果，在喀斯特地区洞穴尤其丰富。当然岩洞不限于喀斯特地形，只是在其他不易溶蚀的岩石中洞穴少见罢了。喀斯特地区山里的山洞很少是孤立的，大多数是成带的。山洞的起点常在山坡或山沟中高于谷底地方的一个或宽或窄的洞孔，往往生在陡峭巉崖之中。进了洞孔可以立即进入第一个广宽的大洞，或经一上一下通过狭窄和弯曲的通道才来到大厅样的大洞。再进有大小不等、形状像楼阁厅堂的宽广的洞，由狭小的像胡同样或暗廊般的通道互相沟通。这些大厅和通道系统或分布在同一水平上，或倾斜到某个方面，或成多层的阶级。有时整个山洞是一片错综复杂的迷宫样的山洞构成，总长甚至有一二百公里以上，或从进口到尽头的直距达几公里到十多公里。石灰岩地区山洞的大洞里有坚硬的滴凝石，即由顶面从上而下逐渐发展形成的钟乳石和滴落在底部凝聚而成的石笋。如果在发育中一个个连接起来便成为钟乳石和石笋的群体。这些石乳凝成的物状，往往奇姿百出并呈现出无数奇景，例如我国广西桂林的七星岩，全长三里多，其中石洞可分六洞天、两洞府，能容万人，是我国著名的最大最奇的岩洞之一。它有两个入口，两个出口。入口由第一洞天分路，左入大岩，右入支岩，同会于第二洞天的"须弥山"下。出口在第三洞天的"花果山"下，分为两路，右经"玉溪洞府"后右出马坪街，左入大岩经"群仙洞府"，上"天梯"出至七星岩后山。各个洞天洞府里，石乳凝成各种奇异物状，古来根据各个不同的奇异形象给予各种景名（上述引号中都是景名），有的还和神话传说相结合。

喀斯特地区的有些山洞，现在还有隐河淌着，另一些山洞保存着大小不等的隐湖，这些隐湖是由个别山洞底部汇集起来的静水造成的。广西阳朔的"冠岩"（岩洞的名称），岩门很高，入口内部开朗，右侧有石级，可以曲折登一平台，俨然是一座大石屋，洞顶遍悬各种奇形怪状并带有彩色的钟乳石，再往里有一条清溪，可乘小艇而入，内洞有一线长窄的天光从山顶射下，故又名"光岩"，下有沙渚和潺潺流水，不知源头何处。在江南著称的石灰岩洞，如宜兴的张公洞也有隐湖，需卧躺小艇而入。

园林中的掇山构洞，除了像上述北海、颐和园顺山势穿下曲折有致的复杂山洞外，有时创作不能穿行的单口洞，单口洞有的较宽，好似一间堂屋，也可能仅是静壁垒落的浅洞。李渔在《闲情偶寄》里写道："……作洞。亦不必求宽，宽则藉以坐人，如其太小，不能容膝，则以他屋联之。屋中亦置小石数块，与此洞若断若连，是使屋与洞混而为一，虽居屋中与坐洞中无异矣。"

关于理山洞做法，计成在《园冶》里写道："理洞法，起脚如造屋，立几柱著实，掇玲珑如窗门透亮，及理上，见前理岩法，合凑收顶，加条石替之，斯千古不朽也。洞宽丈余，可设集者，自古鲜矣。上或堆土植树，或作台，或置亭屋，合宜可也。"这里可看出计成对理洞工程的著意。前面提到他对于掇山工程就极重视基础工程，"掇山之始，桩木为先，……立根铺以粗石，大块满盖桩头。"理洞的洞基又未尝不是如此。关于洞基两边的基石，要疏密相间，前后错落而安。在这基础上再理上时，"起脚如造屋，立几柱著实"，但理洞的石柱，可不能像造屋的房柱那样上下整齐而应有凹有凸，参差上叠。在弯道曲折地方的洞壁部分，可选用玲珑透石如窗户能起采光和通风作用，也可以采用从洞顶部分透光好似天然景区的所谓"一线天"。及理上，合凑收顶，可以是一块过梁受力，在传统上叫单梁；也可以双梁受力就有双梁或丁字梁的叫法；也可以三梁受力，通称三角梁；也可以多梁而构成大洞的就称复梁。洞顶的过梁切忌平板，要使人不觉其为梁而是好似山洞的整个岩石的一部分。为此过梁石的堆叠要巧用巧安。传统的工程做法上为了稳住梁身，并破梁上的平板，在梁上内侧要用山石压之，使其后坚。过梁不要仅用单块横跨在柱上，在洞柱两侧应有辅助叠石作为支撑，既可支承洞柱不致因压梁而歪倒，又可包镶洞柱，自然而不落于呆板。

从上洞的纵长的构叠来说，先是洞口，洞口宜自然，其脸面应加包镶，既起固着美观作用，又和整个叠石浑为一体，洞内空间或宽或窄，或凸或凹，或高或矮，或敞或促，随势而理。洞内通道不宜在同一水平面上而宜忽上忽下，跌落处或用踏阶，或用礓碌。通道不宜直穿而曲折有致，在弯道的地方，要内收外放成扇形。山洞通道达一定距离或分叉道口地方，其空间应突然高起并较宽大，也就是说，这里要设"凌空藻井"，如同建筑上有藻井一般。

理石的方式

我国园林艺术中，对于岩石这一材料的运用，不仅叠石掇山构山洞，而且成为园林中构景的因素之一。如同植物题材一样，这种运用岩石的点缀只要安置有情，就能点石成景，别有一番风味，统称为理石。在运用岩石点缀成景加以欣赏时，一块固可，二三块亦可，八九块也可。其次，在运用岩石作为崇台楼阁基础的堆石时，既要达到工程上的功能要求，又要满足局部的艺术要求，因此，这类基础工程的叠石也是园林艺术上理石方式之一。此外，在园林中还利用岩石来筑建盘道、蹬阶、跋径、铺长路面等。这类工程也都是既要完成功能要求又要达到艺术要求的特殊的理石方式。至于利用岩石作园林中天然用具如天然石桌石凳等，"名虽石也，而实则器也。"

理石的方式众多，其手法也随之而异，归纳起来可分为三类，第一类是点石成景为主的理石方式，其手法有单点、聚点和散点。第二类理石方式虽然也同样以构景为主，但和前者的区别是通常不用单块石而是用多块岩石堆叠成一座立体结构的、完成一定形象的堆石形体。这类堆石形体常用作局部的构图中心或用在屋旁、道边、池畔、水际、墙下、坡上、山顶、树底等适当地点来构景。在手法上主要是完成一定的形象并保证它坚固耐久。据山石张的祖传：在体形的表现上有两种形式，一称堆秀式、一称流云式。在叠石的手法上有挑、飘、透、跨、连、悬、垂、斗、卡、剑十大手法；在叠石结构上有安、连、接、斗、跨、拼、悬、卡、钉、垂十个字。第三类理石，首要着重工程做法，尤其是作为崇台楼阁的基础，但同时要完成艺术的要求。至于盘道、蹬级、步石、铺地等不仅要力求自然随势而安，而且要多样变化不落呆板。

点石手法

由于某个单个石块的姿态突出，或玲珑或奇特，立之可观时，就特意摆在一定的地点作为一个小景或局部的一个构图中心来处理。这种理石方式在传统上称做"单点"。块石的单点，主要摆在正对大门的广场上、门内前庭中或别院中。例如颐和园的仁寿殿前的庭中有多座独立的石块，乐寿堂院中有一座特大的石块叫青芝岫，排云门廊前左右排列着十二块衙石，石丈亭的院中也有一座独立的石块。这些在庭中、院中单点的石块，常有基座承受。座式可以有多种，或用白石雕成须弥座，或用砖石砌座外抹白灰。一般地说，座式以平正简单为宜，细工雕琢不是必要的，因为主体是座上立之可观的石块。上述颐和园中几处庭中、院中的独立石块的安置好似安设雕塑像座的处理一般，但一则是自然产品，一则是艺术作品。

块石的单点不限于庭中院中，就是园地里也可独立石块的单点。不过在后者的情况下，一般不宜有座，而直接立在园地里（当然要使块石入土牢固，必要时埋入土中的部分可凿笋眼穿横杠），如同原生的一般，才显得有根。园地里的单点要随势而安，或在路径有弯曲的地方的一边，或在小径的尽头，或在嘉树之下，或在空旷处中心地点，或在苑路交叉点上。单点的石块应具有突出的姿态，或特别的体形表现。古人要求或"透"或"漏"或"瘦"或"皱"，甚至"丑"。但是追求奇形怪状，认为越丑怪越能吸引人的癖好是完全不足取的。

另一种点石手法是在特定的情况下，摆石不止一块而是两三块、五六块、八九块，成组地摆列在一起作为一个群体来表现，我们称之为"聚点"。聚点的石块要大小不一，体形不同，点石时切忌排列成行或对称。聚点的手法要重气势，关键在一个"活"字。我国画石中所谓"嵌三聚五""大间小、小间大"等方法跟聚点相仿佛。总的来说，聚点的石块要相近不相切，要大小不等，疏密相间，要错前落后，左右呼应，要高低不一，错综结合。聚点手法的运用是较广的，前述峰石的配列就是聚点手法运用之一。而且这类峰石的配列不限于掇山的峰顶部分，就是在园地里特定地点例如墙前、树下等也可运用。墙前尤其是粉墙前聚点岩石数块，缀以花草竹木，也就是以粉墙为纸，以石和花卉为绘也。嘉树下聚点玲珑石数块，可破呆板，同时也就是以对比手法衬托出树姿的高伟。此外，在建筑物或庭院的角隅部分也常用聚点块石的手法来配饰，这在传统上叫做"抱角"。例如避暑山庄、北海等园林中，下构山洞上为亭台的情况下，往往在叠石的顶层，根据亭式（四方或六角或八角）在角隅聚点玲珑石来加强角势，或在榭式亭以及敞阁的四周的隅角，每隅都聚点有组石或堆石形体来加强形势，例如颐和园的"意迟云在"和"湖山真意"等处。在墙隅、基角或庭院角隅的空白处，聚点块石二三，就能破呆板得动势而活。例如北海道宁斋后背墙隅等等，这种例子是很多的。此外，在传统上称做"蹲配"的点石也属于聚点。例如在垂花门前，常用体形大小不同的块石或成组石相对而列。更常用的是在山径两旁，尤其是蹬道的石阶两旁，相对而列。这种蹲配的运用，如能相其形势巧妙运用，就能达到一定的艺术效果。如果过分滥用，常形成矫揉造作和呆板的弊病。

又一种点石手法，统称做"散点"。所谓散点并非零乱散漫任意点摆，没有章法的意思，乃是一系列若断若续，看起来好像散乱，实则相连贯而成为一个群体的表现。总之，散点的石，彼此之间必须相互有联系和呼应而成为一个群体。散点处理无定式，应根据局部艺术要求和功能要求，就地相其形势来散点。散点的运用最为广大，在掇山的山根、山坡、山头，在池畔水际，在溪涧河流中（还可造成急湍），在林下，在花径中，在路旁径缘都可以散点而得到意趣。散点的方式十分丰富，主取平面之势。例如山根部分常以岩石横卧半含土中，然后又有或大或小或竖或横的块石散点直到平坦的山麓，仿佛山岩余脉或滚下留住的散石。山坡部分若断若续的点石更应相势散点，力求自然。山坡上一定地点安石还应为种植和保土创造条件。土山的山顶，不宜叠石峻拔，就可散点山石，好似强烈风化过程后残存的较坚固的岩石。为了使邻近建筑物的掇山叠石能够和建筑连成一体，也常采用在两者之间散点一系列山石的手法，好似一根链子般贯连起来。尤其是建筑的角隅有抱角时，散点一系列山石更可使嶙峋的园地和建筑之间有了中介而连接成一体。不但如此，就是叠石和树丛之间，或建筑物和树丛之间也都可用散点手法来连接。总之，散点无定式，随势随形而点，全在主事者。至于池畔水际和园径等散点的运用，将分别在园路理石和理水等小节中讲到。

堆石形体

　　堆叠多块石构造一座完整的形体，既要创作一定的艺术形象，在叠石技法上又要恰到好处，不露斧琢之痕，不显人工之作。历来堆石肖仿狮、虎、龙、龟等形体的，往往画虎不成反类犬，实不足取。堆石形体的创作表现无定式，重要的在于"源石之生，辨石之态，识石之灵"来堆叠，主取立面之势。这就是说要根据石性，即各个石块的阴阳向背，纹理脉络，要就其石形石质堆叠来完成一定的形象，使形体的表现恰到好处。总之堆石形体既不是为了仿狮虎之形而叠，也不是为了峻峭挺拔或奇形古怪而作，它应有一定的主题表现，同时相地相势而创作。

　　据山石张祖传口述，堆石形体的表现有"堆秀式"和"流云式"。堆秀式的堆石形体常用丰厚积重的石块和玲珑湖石堆叠，形成体态浑厚稳重的真实地反映自然构成的山体或剪裁山体的一段。前述拟峰的堆叠中有用多块石拼叠而成峰者，可有堆秀峰（即堆秀式）和流云峰（即流云式）。掇山小品的厅山、峭壁山、悬崖环断等都运用堆秀式叠法。

　　流云式的堆石形体以体态轻飘灵巧为特色，重视透漏生奇，叠石力求悬立飞舞，用石（主为青石、黄石）以横纹取胜。据称这种形式在很大程度以天空云彩的变化为创作源泉。但流云式的演变到后来落于抽象和单纯追求形式的泥沼。

　　堆石形体的叠法，计成写道："方堆顽夯而起，渐以皱文而加"（《园冶·掇山》篇）。李渔在《闲情偶寄》中写道："石纹石色，取其相同。如粗纹与粗纹，当并一处，细纹与细纹，宜在一方。紫碧青红各以类聚是也。……至于石性，则不可不依拂其性而用之，非止不耐观，且难持久。石性维何，斜正纵横之理路是也。"堆石形体在艺术造型上习用手法，据"山石张"祖传口述还有十大手法，即挑、飘、透、跨、连、悬、垂、斗、卡、剑是也。

挑：多石相叠，下小上大，顶石向一面或两侧平面飞出或稍向上翘，悬空而造成飞舞招展之势，常称为"挑"或"出挑"。出挑的样式很多，有单挑、重挑，有担挑、伸挑之分。出挑的部分俗称"挑头"。由于挑头稍向上仰，前口呈上斜悬空才显飞舞招展之势，挑石宜求其渐薄。挑石以横纹取胜，用石不得有纵纹，否则挑头易断落。挑石的后部必有石压之使其后坚。

飘：挑头置石称做"飘"，目的在破挑头的平淡。飘的式样有单飘、双飘，有压飘、过梁飘之分。飘石的石性即其纹理色泽必须与挑头相同或相协调。飘石运用确当时，更能增加挑的动势，仿佛如云飘一般。

透：叠石架空，留有环洞，常称做"透"。李渔在《闲情偶寄》中写道："此通于彼，彼通于此……所谓透也。"石块架叠，留有环洞。所谓"环"就是叠石相接形成像洞门般，或有意仿山岩缺落凹陷的小口者。流云式堆石形体的特点，在于环透遍体，来显示轻盈，但须知巧用巧安，错落而叠，使各透口的形状不同，转向不一，大小不等，位置不匀，即所谓透口必破，方为至境。

跨：顶石旁侧外悬似壁而挂石，常称做"跨"。这样可以增强堆石形体的凌空之势。这种外悬而挂的"跨"跟"悬"和"垂"是有区别的，跨并不直下悬垂，往往是斜出的挂石。

连：用长石相搭接或左右安石延伸开去形成环透都称做"连"。要知透的变化全看连石如何。连石求其高低错落使环洞的方向不一，大小不等，间距不均，就能生巧。

悬和垂：悬和垂都是直下凌空的挂石，但正挂为"悬"，侧挂为"垂"。悬和垂的做法也是变化多端，全在匠心独运。

斗和卡：叠石成拱状腾空而立常称做"斗"。要达到形体环透，也常用斗法。斗的做法也是很多的，或叠石只有一层和一面腾空，或有一层以上的立体腾空，有时，一块独立的石块，由于石形有缺憾，可用斗法来弥补独立石块形象的不足，使姿态更完美，同时也使立石更稳固。

"卡"在堆石形体上起支撑体的作用，稳其左右。但卡石恰当又能起艺术上的效果。有时也为了使主石和配石连贯起来而在其间用卡石。

剑：在叠石当中凡以竖向取胜的立石都称做剑。堆秀式的峰石，下大上小，峻拔而立，称做剑立，或上大下小的斧立都可统属于剑的手法。就是流云式中，用湖石做嵌空突兀宛转之势加以叠落或上大下小增强动势也属于剑的手法。

在叠石构成一座完整的堆石形体时，或挑或飘，或连或环或透，或跨或悬或垂，或斗或卡或剑，并不截然分划开来，也就是说在同一形体的堆叠中并不决然只用一种手法，而是根据主题要求，辨石之性，综合运用各种手法。

采取堆石形体来创景时，在手法上切忌呆板或凌乱，尤其是安置在建筑物的正面或四周的堆石形体。举例来说，北京动物园内"鬯春堂"的前后左右围列有连接起来的堆石形体，好似一道透空的短墙一般，用意未尝不好，但由于大部分的堆叠呆板，缺少真趣。或有不全相连而半抱建筑成为半环式的外围物，例如颐和园"湖山真意"亭的北背和西边的堆石形体，其用意在起障景作用，但由于堆叠的手法呆板，显得矫揉造作，而且跟周遭形势不相协调。

朱家溍在《漫谈叠石》一文中写道："……完全不顾形势和纹理，虽然用的是好的玲珑石，而横一块竖一块的乱堆，并且石与石之间只有很少一点面积彼此衔接着，可能作者的意图是故意出奇，但是每块石头都显着没根而又凌乱，很像北京的糖食类的花生粘形状，这种花生粘式的湖石假山，是近几十年一种风格，还有一种用青石堆的，……是用直纹的青石架着横纹的青石，很规则地摆起来，摆出很多整齐的长方孔，上面可以放花盆，有些像商店的货架，又很像北京饽饽铺卖的蜜供，这种蜜供式的青石假山也是近几十年的一种风格"（以上引文见《文物参考资料》1957 年第 6 期，第 29 页）。当然这种不顾形势和纹理，呆板成定式的堆叠是不足取、也是我们所反对的。同样是堆叠形体，安置在什么地方，什么形势如何布局，大有讲究，形体的构思，叠石的手法就大有高低好坏之分。我们应当承继优秀的传统手法并根据创景和主题的要求来堆叠，创造性地运用叠石技巧，才能发扬并发展叠石的优秀传统。

基础和园路理石

有时为了远眺，为了借景园外而建层楼敞阁亭榭，宜在高处。于是叠小山（楼山、阁山）作为崇台基础而建楼阁亭榭于其上或其前或其侧。《园冶·掇山》篇中写道："楼面掇山，宜最高才入妙，高者恐逼于前，不若远之，更有深意。"对于阁山，计成认为："阁，皆四敞也，宜于山侧，坦而可上，便以登眺，何必梯之。"这种例子也是很多的。例如北海"静心斋"的"叠翠楼"，就位在叠石掇山的假山侧，楼中并不设楼梯，利用楼前假山的叠石自然成梯级，要登楼远眺时就从楼外岩梯上楼。热河避暑山庄的"烟波致爽"楼，苏州沧浪亭后园的"看山楼"，拙政园的"见山楼"等都是。此外，从假山或高地飞下的爬山廊，跨谷的复道，墙廊等，在廊基的两侧也必有理石，或运用点石手法和基石相结合，既满足工程上要求又达到艺术上效果。渡山涧的小桥，伸入山石池的曲桥等，在桥基以及桥身前后也常运用各种理石方式，使它们与周遭的环境相协调，形势相关联。

园路的修建不只是用石，这里仅就园林里用石的铺地、砌路、山径、盘道、蹬级、步石和路旁理石的传统做法简述如下：计成在《园冶·铺地》篇中写道："如路径盘蹊，长砌多般乱石"。又说，"园林砌路，惟小乱石砌如榴子者，坚固而雅致，曲折高卑，从山摄壑，惟斯如一"，称乱石地。又说："鹅子石，宜铺于不常走处，大小间砌者佳，恐匠之不能也"称鹅子地。"乱青版石，斗冰裂纹，宜于山堂、水坡、台端、亭际"，称冰裂地。以上这几种园路铺地的处理，可相地合宜而用。有时，通到某一建筑物的路径，不是定形的曲径，而是在假定路线的两旁散点和聚点有石块，离径或近或远，有大有小，有竖有横，若断若续的石块，一直摆列到建筑的阶前。这样，就成为从曲径起点导引到建筑前的一条无形的但有范围的路线。有时必须穿过园地到达建筑，但又避免用园路而使园地分半，就采用隔一定蹑距安步石的方式。如果步石是经过草地的，可称跋石（在草地行走古人称"跋"）。

假山的坡度较缓时山路可盘绕而上，或虽峭陡但可循等高线盘桓而上的路径，通称盘道。盘道也可采用不定形的方式，在假定路线的两旁散点石块，好似自然而然地在山石间踏走出来的山径一般。这样一种山径颇有掩映自然之趣。如果坡度较陡，又有直上必要，或稍曲折而上，都必须设蹬级。山径、盘道的蹬级可用长石或条石。安石以平坦的一面朝上，前口以斜坡状为宜，每级用石一块可，或两块拼用亦可，但拼口避免居中，而且上下拼口不宜顺重，也就是说要以大小石块拼用，才能错落有致。在弯道地方力求内收外放成扇面状，在高度突升地方的蹬级，可在它两旁用体形大小不同的石块相对剑立，即长的称做蹲配的点石。这蹲配不仅可强调突高之势，也起扶手作用，同时有挡土防冲刷的作用。有时崇台前或山头临斜坡的边缘上，或是山上横径临下的一边，往往点有一行列石块，好似用植物材料构成的植篱一样。这种排成行列的点石也起挡土防冲刷的作用。但在运用上切忌整齐呆板，也就是说这些列石要大小不等，疏密相间。

选　石

无论是掇山叠石或各种理石，都需要用石。用石不一定非太湖石不可，计成在《园冶·选石》篇中说得好："好事只知花石"，未免囿于成见。"夫太湖石者，自古至今，好事采多似鲜矣。如别山有未开取者，择其透漏、青骨、坚质采之，未尝亚太湖也"。事实上，称湖石并不限太湖水崖因风浪冲激而成的穿眼通透的玲珑湖石，沿大江有石灰岩岸地区皆产湖石，例如采石矶、湖口等。就是山地的石灰岩，经过水的溶解作用而成多孔质、或地衣藓苔等侵蚀而有纹理的石灰岩，习惯上称象皮石、黄石等类，未尝亚太湖也。北京地区的房山、平谷以及唐山就产这类用石。山产石灰岩"有露土者，有半埋者，也有透漏纹理如太湖者。"也有"色纹古拙无漏宜单点"者，石灰岩洞中钟乳石，有"性坚、穿眼、险怪如太湖者"，也有"色白而质嫩者，掇山不可悬，恐不坚也"，可掇小景。也有以石笋作剑石用（不限石笋）。

掇山叠石的用石，当然不限于太湖石、象皮石、黄石等石灰岩类，计成在《园冶·选石》篇前言中就说："是石堪堆，便山可采。石非草木，采后复生"。在篇末又说："夫茸园圃假山，处处有好事，处处有石块，但不得其人。欲询出石之所，到地有山，似当有石，虽不得巧妙者，随其顽夯，但有文理可也。……何处无石？"以岩石学的岩山分类来说，属火成岩的花岗岩各类，正长岩类、闪长岩类、辉长岩类、玄武岩类，属层积岩的砂岩、有机石灰岩，以及属变质岩的片麻岩、石英岩等都可选用。

"是石堪堆，便山可采"，是就石的来源而说的，至于具体堆叠时还应"源石之生，辨石之态，识石之灵"。也就是说，选用石时要根据地质构造的岩石成因即地质学上岩石产生状态来用石。地质上岩石产生状态确有显著的区别存在，有的位置多倾斜而成不规则的块状、脉状，有位置近水中而成层状、板状，又有多少成层状或片状但不全这样，或多少又经变化。用多种岩石时，应当把石头分类选出，地质上产生状态相类、生在一起的才可在叠石时合在一起使用，或状貌、质地、颜色相类协调的才适合在一起使用。有的石块"堪用层堆"，有的石块"只宜单点"，有的石块宜作峰石或"插立可观"，有的石块"可掇小景"，都应依其石性而用。至于作为基石，中层的用石，必须满足叠石结构工程的要求，如质坚承重，质韧受压等。

石色不一，常有青、白、黄、灰、紫、红等。叠石中必须色调统一，而且要和周围环境协调。石纹有横有竖，有核桃纹多皱，有纹理纵横，笼络起隐，面多坳坎，有石理如刷丝，有纹如画松皮。叠石中要求石与石之间的纹理相顺，脉络相连，体势相称。石面有阴阳向背。最后，有的用石还稍加斧琢，"石在土中，随其大小具体而生，或成物状，或成峰峦……须藉斧凿，修治磨砻，以全其美，或一面或三四面全者，即是从土中生起，凡数百之中无一二"。

四

关于理水和水法

理水总说

　　我国山水园中，水的处理往往是跟掇山不可分的。前面说过，掇山必同时理水，所谓"山脉之通，按其水径；水道之达，理其山形"。在自然界，山区的天然降水有一部分蒸发；一部分渗透到土石下面，然后细水长流成为山溪山涧的水源（凡是有溪水的山谷，习惯上称做峪）；一部分形成径流，顺坡而下山谷，成为只有雨时才有水的山涧水源。山涧的水又因地形地势而可转成为其他形式，例如"众水汇而成潭""两崖迫而成瀑"。有时由于特殊地质构造，山间也可汇成涝，古称天池天湖。例如长白山的天池是属于熔岩湖的成因；也有属于水迹湖成因的天湖。涧水出山出峡就成为江河，并在它冲积成的平原上奔流。江河奔流入海，但也有汇注而成湖泊（当然湖泊的成因也有多种）。面积广阔的湖泊又有港湾岛洲，它们的形象也不尽相同。此外，有一部分天然降水渗透土石下面之后潜流到低地，再冲出地壳薄处而成泉，……。这种种的天然水体形式，古人也都因地因势运用在园林创作中，随山形而理水，随水道而掇山。

　　园林里的理水，首先要"察水之来历，源之起由。"因为水源的来龙去脉怎样，水源是否充裕？园地的地势怎样等都会影响到理水形式的选择。一般地说，没有水源，当然就谈不上理水，另一方面，在相地的时候，通常就应考虑到所选园地要有水源条件。如果就水的来源而说，不外地面水（天然湖泊河流溪涧），地下水（包括潜流）和泉水（指自溢或自流的）。实际上只要园址内或邻近园址的地方有水源，不论是哪一种，都可用各种方法导引入园而利用起来，造成多种水景。

一个园林的具体理水规划是看水源和地形条件而定，有时还要根据主题要求进行地形改造和相应的水利工程。假设在园址的邻近地方有地上水源，但水位并不比园地高，就可在稍上的地点拦坝筑闸贮水以提高水位，然后引到园中高处，比如说叠山掇石的最高处，然后就可以"行壁山顶，留小坑，突出石口，泛漫而下，才如瀑布"（《园冶·掇山·瀑布》）。这是一景。瀑布的"涧峡因乎石碛，险夷视乎岩梯"，全在因势视形而创作飞瀑、帘瀑、叠瀑、尾瀑等型式，瀑布之下或为砂地或筑有渊潭，又成一景。从潭导水下引，并修堰筑闸，也成一景。我国园林中常在闸上置亭桥（北海后门的水闸上本有亭，现不存；避暑山庄"暖流喧波"的闸上，早先也有亭），又成一景。导水下引后流为溪河，溪河中可叠石中流而造成急湍。溪河可萦回旋绕在平坦的园地上，或由东而西或由北而南出。溪流的行向切忌居中而把园地切半，宜偏流一边。溪流的末端或放之成湖泊或汇注成湖池。湖泊广阔的更可有港湾岛洲，或长堤横隔，岸茸蒲汀，景象更增，例如颐和园的昆明湖，避暑山庄的湖洲区等。当然，上面所引说的，是在地形条件较为理想的情况下，可以有种种理水形式随之而设。一个园林中理水并不需要式式具备，往往只要有一种水景之胜就能突出。苏州的许多宅园，只是就低而有溪池之胜。即便是某个园林里只能有溪流之胜时，也可绕回轩馆四周，或引而长之，萦回曲折在林间，时隐时现，忽收忽放，开合随境。不但宅园中可以这样处理，就以颐和园来说，后山的后河也是忽收忽放开合随境，最后放为谐趣园的水池。

理水手法

园林里创作的水体型式主要有湖泊池沼，河流溪涧，以及曲水、瀑布、喷泉等水型。先就湖泊、池沼等水体来说，大体是因天然水面略加人工或依地势就低凿水而成。这类水体，有时面积较大，例如北京的北海、中南海，颐和园的昆明湖，杭州的西湖等，可以划船、游泳、养鱼、栽莲等。在这类开阔的水面上，为了使水景不致陷于单调呆板和增进深远可以有多种手法，如果条件许可时，可以把水区分隔成水面标高不等的二三水区，并把标高不等的水区或用长桥相接从而在递落的地方形成长宽的水幕。例如承德避暑山庄的上湖和下湖相连接地方有跨水的"水心榭"桥，桥下因落差而形成长宽的水幕。也可以用长堤分隔，堤上有桥，例如颐和园的西堤和练桥地方的水幕。标高不等的水区也可以各自成为一个单位，但在湖水连通地方建闸控制，例如北京的什刹海和北海之间的闸，过去闸上还建有亭（称做亭闸），可以观赏水从闸口泻落，好似瀑布一样。

开阔的水面上，一望无涯千顷汪洋是一种表现，也可以使用安排岛屿、布置建筑的手法增进曲折深远的意境。例如避暑山庄的湖洲区，每个岛洲都自成一个景区。也可像颐和园内昆明湖用长桥（十七孔桥）接于孤岛成为跟南湖的分隔线，又有西堤和小堤的横隔，形成几个景趣不同的水面，即昆明湖、南湖、上西湖和下西湖，每个湖区又各有它自己的岛屿建筑为构图中心，这样，就于十里烟雨、湖空一色的画境中辟增了赏景点。这些岛屿大小不同，大的仅有一亭和一些树丛，例如颐和园南湖的凤凰墩；较大的可以有城阁式的建筑成为一个景区，例如颐和园上西湖的治镜阁。

对于开阔水面的所谓悠悠烟水，应在其周围或借远景，或添背景加以衬托。例如避暑山庄的澄湖有淡淡云山可借；颐和园的昆明湖可近借玉泉山，远借小西山；或像中南海那样就以漠漠平林为背景。开阔水面的周岸线是很长的，要使湖岸天成，但又不落呆板，同时还要有曲折和点景。湖泊越广，湖岸越能秀若天成。于是在有的地方垒作崖岸，例如颐和园后湖的绮望轩等布局；或有的地方突出水际，礁石罗布并置有亭，例如颐和园昆明湖的知春亭。码头、傍水建筑前，适当的地方多用条石整砌，例如颐和园昆明湖的北岸东端从藕香榭、夕佳楼起始转经水木自亲、长廊前直到临河殿以北，全都是条石整砌的湖岸。

规模小的园林或宅园，或大型园林中的局部景区，水体形式取水池为主。例如苏州的拙政园，北京北海的静心斋等都是。特别是拙政园，全园以水池为主，池中有岛，岛上有山。环池皆建筑也，得近水楼台之胜，或凭虚敞阁，成石桥跨水，成浮廊可渡。池岸藉廊榭轩阁的台基为界而修直整齐，或临池驳以石块而参差曲致，或垂柳柔枝拂水，或翠竹茂密水际，再加上清池倒影更有妙境。同样临池驳以石块，也要看手法如何。以北海静心斋内抱素书屋前水池来说，面积虽小但因池周的叠石，大小相间，聚散不一，错落有致，曲折凹凸，俨若天成，显得生动自然。水池的式样或方或圆或心形要看条件和要求而定。如果是庭中作池多取整形，往往池凿四方或长方，池岸藉廊轩台基用条石整砌，例如北海的春雨林塘殿，静心斋的前庭水池等。

庭园里又常在"池上理山，园中第一胜也。若大若小，更有妙境。就水点其步石，从巅架以飞梁，洞穴潜藏，穿岩径水，峰峦飘渺，漏月招云"（见《园冶·掇山》）。苏州汪氏耕荫义庄的庭上理山，是优美范例之一，这个宅园原是明代申行时的住宅，程现告山庄在补积山房前亩许的庭中池上理山，以山为主、池为辅。补积山房前有东西二亭，东亭稍后，高踞假山上，西亭稍前临水池。水池的水面偏西小半和南半，一部分伸入谷内。叠山方面，西南部湖石叠迭，其势峭拔，其貌峥嵘，好似画家大壁法。东北部土多于石，坡缓。整个叠山有两个幽谷，一自南而北，一自西北向东南，在山中部会合，上架石梁。幽谷中涧水潺游，岩脚有余，高露水上，石致潮湿。也可以穿岩径水入洞，洞穴潜藏玲珑透亮，漏月招云。或从西南曲桥越入登山，山石间藤萝蔓延，杂植枫柏嘉树，俨然山林一般。总之，在这样一块小天地里，胜景自然奇特，据传这个叠山作品是清代戈裕良的杰作。

关于河流溪涧等水体型式的处理也有种种。规模较大的园林里的河流或采取长河的型式。例如颐和园的后河，一收一放，开合随境。收合的地方，夹岸叠迭湖石，好似峡谷；开放的地方，可设平台于柳暗花明之处。河岸线应随形而变，或呈段丘状，或缓坡接水，或曲折或修直，然后景从境出。溪涧的处理要以萦回并出没岩石山林间为上，或清泉石上流，漫注砾石间，水声淙淙悦耳；或流经砾石沙滩，水清见底；或溪涧环绕亭榭前后，例如济南市金屑泉的庭院；或穿岩入洞而回出，例如苏州环秀山庄的山涧。

瀑布这一理水方式，必须有充裕的水源，一定的地形和叠石条件。从瀑布的构成来说，首先在上流要有水源地（地面水或泉），至于引水道可隐（地下埋水管）可现（小溪形式）。其次是有落水口，或泻两石之间（两崖迫而成瀑），或分左右成三四股甚至更多股落水。再次，瀑身的落水状态必须随水形岩势而定，或直落，或分段成二迭三迭落下，或依崖壁下泻，或凭空飞下等。瀑下通常设潭，也可以是砂地，落水渗下。瀑布的水源可以是天然高地的池水溪河水，或者用风车抽水，或虹吸管抽到蓄水池，再经导管到水口成泉。在沿海地区，有利用每天海水涨潮后造成地下水位较高的时候，湖池高水线安水口导水造成瀑泉，例如上海豫园快楼的瀑布。有自流泉条件时流量大、水量充裕可做成宽阔的幕瀑直落，水花四溅。分段迭落时，绝不能各段等长，应有长有短。或为两迭，如上海叶家花园的瀑布。或为三迭，如苏州狮子林飞瀑亭的瀑布、上海桂林公园的瀑布。或仅有较小的水位差时，可顺选石的左右宛转而下，例如颐和园中谐趣园瞩新楼北的玉琴峡，水流淙淙，从山石间注入荷池，其上架有板桥，仿佛置身山谷间。若两个相连的水体之间水位高差较大时，可利用闸口造成瀑布。在设有闸板时，往往可在闸前点石掩饰，其前后和两旁都可包镶湖石，处理得体时趣味自然。闸下和闸前水中点石，传统做法是先有跌水石，其次在岸边有抱水石，然后在水流中有劈水石，最后在放宽的岸边有送水石。

我国山水园中各种水体岸边多用石，小型山石池的周岸可全用点石，既坚固（护岸）又自然。此外码头和较大湖池的部分驳岸都可用点石方式装饰。更有进者在浅水落滩或出没花木草石间的溪水，就水点步石，自然成趣。

五

关于植物题材

植物题材

观赏植物（树木花草）是构成园林的重要因素，是组成园景的重要题材。园林里用植物构成的群体是最有变化的组成部分。这种特殊性就因为植物是一有机体，它在生长发育中不断地变换它的形态、色彩等形象。这种形象的变化不仅是从幼年而壮年而老年的历史发展，就是一年之中也随着季节的变换而变化。这样，由于植物的一系列的形象变化，借它们构成的园景也就能随着季节和年份的进展而有多样性的变化。

我国园林中历来对于植物材料的运用和手法是怎样的？起些什么作用？由于过去有关园林植物的记载语焉不详而感到困难。历来园林的记载中对于植物的配置，说一句"奇树异草，靡不具植"（如《西京杂记》袁广汉条）。或说道"树以花木""茂树众果，竹柏药物具备"（如《金谷园亭》），或提到"高林巨树，悬葛垂萝"（《华林园》）。或举例松柏竹梅等花木的植物名称而已。从这样简单的三言二语中，很难了解园林里的植物题材是怎样配置的，怎样构成园景和起些什么作用。但另一方面，特别是宋代以来的花谱、花艺一类书籍中，有对于植物的描写，写出了人们对于观赏植物的美的欣赏和享受。此外，从前人对于植物的诗赋杂咏中也可以发掘到人们由于植物的形象而引起的思想情感。从诗赋中也可以间接地推想和研究古人在园林中组织植物题材和欣赏的意趣。

从初步研究的结果看来，我国园林中历来对于植物题材的运用，如同山水的处理一样，首先要得其性情。所谓得其性情就是从植物的生态习性、叶容、花貌及其色彩和枝干姿态等形象所引起的情感来认识植物的性格或个性。把握了这个之后，就能运用由于观赏植物的某种性质所能引起的精神上的影响作为表现的主题。当然这种情感和想象是要能符合于植物形象的某个方面或某种性质，同时又符合于社会的客观生活内容。

植物的艺术认识

从上述这个方面来开始我们对植物题材的研究时，需要博览群书，从类书、杂记、诗集中去搜集资料进行整理。同时，由于社会的人处在不同的生活关系、场合或条件下，对同一种植物会有不同的艺术感受，或则说对植物的艺术认识也是不同的。譬如古人有"梧桐飒飒，白杨潇潇"的感受，是别恨离愁的咏叹，这是由于一定的生活关系、场合，即当时的情境而有的。今人沈雁冰同志（茅盾）在抗日战争时期曾写过一篇《白杨礼赞》，大致描写了白杨的活力、倔强、壮美等性格。这个描写的情景交融的感受更符合客观现实中的白杨的性质、特征和社会生活的内容，因此也就更能引导人们欣赏白杨。艺术上的一句名言，"形象大于主题"说明了自然物及其形象的自然美虽是离开了人的意识而存在的，但人们给它以意识即感情、想象上的性格化主题，却是随着人们社会生活的发展而发展的。

总之，这种具有特定的具体内容的感受是随着民族、时代、传统而不同的。比如说西方人对于某种植物的美的感受就跟我们不同。拿菊花来说，我们爱好花型上称做卷抱、追抱、折抱、垂抱等品种，而西方人士却爱好花型整齐像圆球般圆抱类品种。这也由于彼此对线条的表现爱好不同。从中国画中可以体会到我们对于线条的运用，喜好采取动的线条。譬如画个葫芦或衣褶的线条都不是画到尽头的，所谓意到笔不到，要求含蓄，求之余味。正因为这样，在选取植物题材上喜用枝条横施、疏斜、潇洒、有韵致的种类。由于爱好动的线条，在园林中对植物题材的运用上主要表现某种植物的独特姿态，因此以单株的运用为多，或三四株、五六株丛植时也都是同一种树木疏密间植，不同种的群植较少采用。西方人就爱好外形整齐的树种，能修剪成整枝的树种，由于线条整齐，树冠容易互相结合而有综合的线条表现构成所谓林冠线。

对于植物的艺术认识，首先从植物的生态和生长习性方面来看。以松为例，由于松树生命力很强，无论是瘠薄的砾石土、干燥的阳坡上都能生长，就是峭壁崖岩间也能生长，甚至生长了百年以上还高不满三四尺。松树，不仅在平原上有散生，而且在海拔一千数百米的中高山上也有生长。古人云："松为百木之长，诸山中皆有之。"由于松"遇霜雪而不凋，历千年而不殒""岁寒然后知松柏之后凋"，因此以松为忠贞不渝的象征。就松树的姿态来说，幼龄期和壮龄期的树姿端正苍翠，到了老龄期枝矫顶兀，枝叶盘结，姿态苍劲。因此园林中若能有乔松二三株，自有古意。再以垂柳为例，本性柔脆，枝条长软，洒落有致，因此古人有"轻盈袅袅占年华，舞榭妆楼处处遮"的咏句。垂柳又多植水滨，微风摇荡，"轻枝拂水面"，使人对它有垂柳依依的感受。

由于树木的花的容貌、色彩、芬香等引起的精神上的影响而有的诗句是最丰富的。清代康熙时增辑的《广群芳谱》，辑录有丰富的诗料，可供研究。这里只能略提几种最著称的花木为例作为说明。以梅为例："万花敢向雪中出，一树独先天下春"（杨商夫诗），是从梅的花期而引起的对梅的品格的颂赞。林和靖句："疏影横斜水清浅，暗香浮动月黄昏"，更道出了梅的神韵。人们都爱慕梅的香韵并称颂其清高，所谓清标雅韵，高风亮节，是对梅的性格的艺术认识。

正由于各种花木具有不同的性质、品格，在园林里种植时必须位置有方，各得其所。清代陈扶瑶在《花镜》课花十八法之一的"种植位置法"一节里有很好的发挥。他提到种植的位置首先要根据花木的生态习性，因此说："花之喜阳者，引东旭而纳西晖；花之喜阴者，植北圃而领南薰。"同时又说："其中色相配合之巧，又不可不论花。"他认为："梅花蜡瓣之标清，宜疏篱竹坞，曲栏暖阁，红白间植，古干横施""桃花夭冶，宜别墅山隈，小桥溪畔，横参翠柳，斜映明霞"；"杏花繁灼，宜屋角墙头，疏林广榭"；"梨之韵、李之洁宜闲庭旷圃，朝晖夕蔼"；"榴之红、葵之灿，宜粉壁绿窗，夜月晓风"；"海棠韵娇，宜雕墙峻宇，障以碧纱，烧以银烛，或凭栏，或欹枕其中"；"木樨香胜，宜崇台广厦，抱以凉飔，坐以皓魄"；"紫荆荣而久，宜竹篱花坞；芙蓉丽而开，宜寒江秋沼"；"松柏骨苍，宜峭壁奇峰，藤萝掩映"；"梧、竹致清，宜深院孤亭，好鸟间关"等。他认为草木方面的"荷之鲜妍，宜水阁南轩，使薰风送麝，晓露擎珠"；"菊之操介，宜茅舍清斋，使带露餐英，临流泛蕊。"又说："至若芦花舒雪，枫叶飘丹，宜重楼远眺；棣棠丛金，蔷薇障锦，宜云屏高架。"总之，"其余异品奇葩，不能详述，总由此而推广之，因其质之高下，随其花之时候，配其色之浅深，多方巧搭，虽药苗野卉，皆可点缀姿容，以补园林之不足，使四时有不谢之花，方不愧为名园二字"。

275

上面这些举例，虽然仅窥一斑，已可概见所谓得其性情来运用植物题材的特色。这种从植物的生态习性、叶容花貌等感受而引起的精神上的影响出发，从而给予各种植物以一种性格或个性，也就是所谓"自然的人格化"。然后借着这种艺术的认识，以植物为题材，创作艺术的形象来表现所要求的主题，这是我国园林艺术上处理植物题材的优秀传统，是客观通过主观的作用。但重要的是怎样从植物的具体形象上去把握其性格品质，同时这种感受和性情的把握既符合于自然形象的某一性质或品质，也符合于客观现实中的社会生活内容，然后才能生动地深刻地用它们来创作园林中艺术的形象，并由于这个生动活泼的艺术形象能够引起游人有同样的情感和想象，同样的主观上的精神影响。问题还在于我们用形象所要表现的主题是怎样的一种思想感情，是哪个集团、阶级、民族的思想感情。

　　或有认为某些观念是封建社会的思想意识，因此连由传统习惯上已构成的象征某些观念的植物种类也要弃而不用，这是不正确的。例如"牡丹富贵"，因此欣赏牡丹就是资产阶级气息，这种想法是错误的，牡丹有知必然会叫屈的，因为牡丹是一种客观存在的优美的观赏植物，花朵盛大，色彩富丽，有着豪放的气息。劳动人民同样爱好牡丹花，但爱好牡丹花的阶级心理当然和封建地主阶级的心理不同，这是可以理解的。我们不能根据封建社会的欣赏观念来否定一个客观存在的、人人可以欣赏的对象。同样的立论，我们不能因为幽雅、冷洁、宁静是封建社会士大夫的超脱境界中的观念，在创作今天的新型园林中连幽雅、宁静等主题也完全不需要了。比如说一个文化休息公园中需要有工余散步的安静的休息区，或要有适合老年人散步的分区，难道说这种静的休息区也要用大红大绿的色彩开朗的主题吗？毫无疑问，这种静的休息区应该是以幽雅清静为主题的，才是符合任务和要求的。

　　我国历来文人特别是宋以后的文人，常把植物人格化后所赋予某种象征固定起来，认为由于植物引起的这样一种象征的确立之后，就无须在作品中再从形象上感受而直接联想其本身就产生某种情绪或境界。梅花清标韵高，竹子节格刚直，兰花幽谷品逸，菊花操介清逸，于是梅兰竹菊以四君子入画。荷花出淤泥而不染，也是花中君子。此外还有牡丹富贵、红豆相思、紫薇和睦、茑萝姻娅等等。比拟的运用固然简化了手法，然而比拟某种性格有时虽能勉强说明一些概念，引起联想，但其感染力显然是很微弱的。过去还有因石榴的果实多籽，于是作为"多子多孙"的象征，由蝙蝠的字音而转为"福"的象征，鹿转为"禄"（财富）的象征，更是文字游戏，是庸俗的，一无可取。

今天，我们不能局限于传统上象征某些观念的种类，应当充分运用祖国极其丰富的植物材料，各种各样植物的生动的具体的形象，来表现社会主义所要求的主题。在这里还应当指出，不是说比拟的手法完全不宜用，有时还是需要的。例如"五月石榴红如火"，把石榴花开时，红花朵朵，如火如荼比拟着火一般燃烧着的热情还是可以的。因为石榴花开时（红花品种）确实具备了这样一种自然而明朗的感情饱满的条件。

园林植物的配置方法

我国园林中对于植物题材的配置方式，根据场合、具体条件而不同。先就庭院这个场合来说，大都采用整齐的格局。我国一般住宅的院落（四合院）有正房，有东、西厢房，合成正方形或长方形的庭（南方称做天井）。在这种场合下，自然以采取整形的配置为宜，大抵依正房的轴线在它的左右两侧对称地配置庭荫树或花木。若是砖石铺地的庭院，为了种植，或沿屋檐前预先留出方形、长方形、圆形的栽植畦池；或满铺时也可用盆植花木来布置，更有用花台来种植灌木类花木。这种高出地面、四周用砖石砌的花台，或倚墙而筑，或正位建中。花台上还可点以山石，配置花草。在后院、跨院、书房前、花厅前，通常不采用上述这种整形布置，或粉墙前翠竹一丛，或花木数株并散点石块，或在嘉树下缀以山石，配以花草。

再就宅园单独的园林场合来说，树木的种植大都不成行列，具有独特姿态的树种常单植作为点景。或三四株、五六株时，大抵各种的位置在不等边三角形的角点上，三三两两，看似散乱，实则左右前后相互呼应，有韵律有连接。花朵繁密色彩鲜明的花木常丛植成林，例如梅林、杏林、桃花林等。这类花木都有品种十多种到数十种，花色以红、粉、白为主，成丛成林种植时，红白相间，色调自然调和。

少量花木的丛植很重视背景的选择。一般地说，花色浓深的宜粉墙，鲜明色淡的宜于绿丛前或空旷处。以香胜的花木，例如桂花、白玉兰、蜡梅等，更要位置适当才能凉飔送香。

植物的配置跟建筑物的关系也是很密切的。居住的堂屋，特别是南向的、西向的都需要有庭荫树遮于前。更重要的，是根据花木的性格和不同的建筑物、结构物互相结合地配置。诚如前面列举的（见陈扶瑶《花镜》）梅宜疏篱竹坞、曲栏暖阁；桃宜别墅幽隈、小桥溪畔；杏宜屋角墙头、疏林广榭；梨宜闲庭旷圃；榴宜粉壁绿窗；海棠宜雕墙峻宇等等。

我国园林中对于单花的配置方式也是多种多样的。在有掇山小品或叠石的庭中，就山麓石旁点缀几株花草，风趣自然。叠石小品要结合种植时，还应在叠石时就先留有植穴，一般在庭前、廊前或栏杆前常采用定形的栽花床地，或用花畦，或用花台。所谓花畦（又称花池子）是划分出一定形状的床地，或方形或长方形，较少有圆形，周边或有矮篱（用细竹或条木制）或砌边（用砖瓦或石，式样众多），在畦中丛植一种花卉或群植多种花卉。花畦边也可种植特殊的草类来形成。在路径两旁，廊前栏前，常以带状花畦居多，但也有用砖瓦等围砌成各种式样的单个的小型花池，连续地排列。在粉墙前还可用高低大小不一的石块圈围成花畦边缘。

我国园林里也有草的种植，但不像近代西方园林里那样加以轧剪成为平整的草地。历来在台地的边皮部分或坡地上，主要用沙草科的苔草（*Carex*），禾本科的爬根草（*Cynodon*）、早熟禾（*Poa*）、梯牧草（*Phleum*）等，种植后任它们自然成长，绿叶下向，天然成趣。在阶前、路旁或花畦边常用生长整齐的草类例如山麦冬（*Liriope*）和沿阶草（又称书带草 *Ophiopogon*）等形成边境。至于一般园地常任天然草被自生，但加以培植，割除劣生的野草，培植修洁的草类以及野花，不仅绿草如茵而且锦绣如织毯。

水生和沼泽植物在自然界是生长在低湿地、沼泽地、溪旁河边或各种水体中。在园林里既要根据水生植物的生态习性来布置，又要高低参差，团散不一，配色协调。在池中栽植，为了不使它们繁生满池，常用竹篓或花盆种植然后放置池中。庭院中的水池里要以形态整齐以花胜的水生植物为宜，也可散点慈姑、蒲草，自成野趣。至于园林里较大的湖池溪湾等，可随形布置水生植物，或芦苇成丛形成荻港等。

结束语

就我国的园林历史发展的总体来看，在整个封建社会时代，不论是帝王的宫苑或地主阶级的宅园、别墅、游园都是为了放怀适情、游心玩思而建造的生活境域，都是为统治阶级少数人服务的，其主要形式是山水园，在内容上充分反映了封建统治阶级的生活、心理、美的概念等。

今天建设社会主义时代的新型园林（在导语中已论及），必须是"内容上是社会主义的，形式上是民族的"，在园林中所有的各种构筑范围内都是为劳动人民服务的，新型园林是城市或乡村中构成人民的劳动、生活、休息和保健活动的物质生活境域，它要能充分反映社会主义国家人民的真正幸福的美好生活。

在社会主义国家，新型园林的建设是社会主义城市建设中一个有机构成部分。在规划各种类型园林时要根据该城市的总体规划的要求来分布不同功能的园林，新型园林既是物质生活的境域，同时，还应该是艺术作品，也就是说，社会主义现实主义的园林，既要满足功能上的要求又要满足艺术上的要求。所以，一个园林工作者既须是艺术家，因为他要用艺术形象来反映现实，又须是建设者（工程师），因为他的作品是物质生活境域的基本建设。我们也可以这样说：园林作品既是物质文化的成果，也是精神文化的成果。

我们的时代要求多种多样的即各种类型的园林，并给予各种新的任务。这里先把"类"和"型"的界说简单地叙述一下。"类"是指不同功能的、不同结构组织的园林单位。在每一"类"中还要有区分时，就把这种"类"以下的区分叫做"型"。

广义的或总括园林绿地的类，一般可分为公共绿地、专用绿地、特用绿地和游赏、休养绿地四大类。

（1）公共绿地包括文化休息公园、体育公园、儿童公园、花园、林荫路、场园、街坊内花园等；

（2）专用绿地包括校园、医疗机构绿地，公共建筑和科学研究机构的绿地；

（3）特种用途绿地包括植物园和动物园特种大型绿地、各种防护绿地、工厂绿地、铁路公路旁绿带，墓园、专用园林绿化苗圃等；

（4）游览休息绿地包括郊区游览旅行基地、休养疗养基地、少先队野营基地、自然保护区、森林公园等。

"类"以下"型"的区分：可以根据园林绿地的规模范围的大小分为大型、中型、小型；也可根据在城市中分布位置而有市中心型、区公园型、环城型（例如环城绿地）等；也可按组织题材的特殊性质和结构而区分，例如植物园可有树木园、药用植物园、高山植物园等；花园可以有以某种植物为主题的梅园、蔷薇园、杜鹃花园等；也可根据不同风景组织要求而有特殊结构和题材组织的草原风景园、沙漠风景园、岩石园、水景园等。

各种类型的园林，除了作为一个园林都应具有的总的任务要求外，还应有它自己特殊的任务要求。因此，怎样在总任务要求下，结合特殊的任务要求来进行新型园林布局，构图就不是一般的泛论所能概括的，必须针对不同类型园林的内容、任务和要求出发，来灵活地运用民族遗产和传统，也就是批判地运用传统中能够传承下去的、能够适应和表现时代所赋予的新内容的部分。

我们向古典的园林作品主要学习些什么呢？在本书"前言"和第六章"试论我国山水园特色和园林艺术传统"已经提出了真实性和人民性即现实主义的和历代劳动人民经验积累所创造出来的艺术形象和手法。然而必须指出的是我们向优秀的古典作品学习的艺术真实性，只是真实地反映了自然即创作了典型的山水这一方面，至于生活的真实，古典作品中所反映的封建社会时代统治阶级的生活、心理和美的概念等绝不是也不可能用以来表达现代的人民的生活、思想和情感。

就以自然风景的表现为主题来看时，不同时代对自然的美的评价态度也不尽相同。虽然自然山水——风景是客观的存在，有它自身构成的规律，现代自然地理学、地貌学的发达，对景观的科学阐明，不等于艺术创作风景的理论。艺术中的风景是客观通过主观的结合。正如我国山水画的发展中，开始时山水只作为人像画的背景一样，园林中山水只是建筑宫苑的局部和背景。到了以山水为主题的自然山水园时期，也是与出世的思想意识、超脱秀逸冷洁等意境的表现相连的；再进而以诗情画意写入园林，表现为地主阶级的生活的诗意化、理想化。然而到了今天，建设社会主义时代，我们所要表现的自然，总是要表现着人类改变周围现实的愿望，是和社会主义时代人们所需要的创造美的自然相联系的，是人类的创造劳动所改造过的更加美丽的更加适宜的也有利于人类生活的自然。艺术家的现实自然，在创作过程中对于自然的艺术认识总是和他的世界观、艺术观相联系的，以他自己对自然的态度把风景丰富起来，去发现并评价它的典型的本质的方面而创造美的自然，这是容易明白的。因此，我们向古典作品学习的是理解当时对现实的艺术认识和在艺术创作中怎样运用艺术创作的全部财富（过去的和当时的）表现出来的。

任何时代的进步艺术都是在发现和评价自然和生活本身中的美，它不但表现为作品的内容，也表现为艺术形式一切因素的综合——结构、主题、布局、手法等等。所以在现实主义的园林作品中，通过生动的艺术形象，表现了中华民族对祖国壮丽河山的热爱，对自然风景的爱好，对美的生活的理想，表现了中华民族性格的典型特征。所以园林艺术的继承关系：表现在过去时代卓越的园林作品中的"虽由人作，宛自天开""妙极自然"，有自然之理，虽种竹引泉亦"不伤穿凿"等——真实性；表现在布局构图上的"相地合宜，构园得体""景从境出，取势为主""巧于因借，精在体宜""起结开合，多样统一"等以及艺术形式的种种因素，掇山叠石理水的技巧，藉累而成，布列上下，回廊曲院的园林建筑处理，得其性情的植物题材处理，以及造景的各种手法——艺术性；表现在总结和发展历代劳动人民匠师们所创造和积累的丰富经验传统——人民性。我们所要的继承关系正是这些进步的现实主义创作的全部财富。

但是在创作新型园林，即社会主义内容的民族形式的园林时，还必须吸取世界的园林艺术的优秀传统，学习世界各国的花园、公园艺术。新的时代对新型园林所赋予的新任务和要求是过去园林创作上从来不曾有过的。学习和吸取世界各国的园林艺术及其建设经验是十分必要的，同时还必须结合中国的实际创造性地运用。既要扬我之长，继承我国古代园林之优良传统，又要兼收域外之长，吸取世界各国园林艺术之精华。我们创作的总方向——民族的形式社会主义的内容是应当肯定的。我们也必须把园林作为内容和形式统一的艺术作品同时又是物质生活境域的建设来看待，实用、经济、美观三者的统一。

虽然在本书最后结束语中，我们还缺少实际创作的较优的新型园林作品来分析评价，但一般的原则和趋向是可以研究的。没有疑问，我们在创作新型园林时，必须从内容出发，根据一个公园的任务和要求出发，不仅是这一个公园的而且是该城市总体组成的总任务要求下（也是园林系统总任务要求下）的特殊任务要求，结合自然特点、周围环境等条件来进行园林的规划设计。我们时代的新型园林必须面向劳动人民的生活，因此体验他们的生活，了解他们的物质生活和精神生活上对园林的需求是首要的。深入到人民的生活中去观察研究生活，向生活学习，只有这样，才能在园林作品中历史地真实地反映现实。同时这种反映必须以现代科学技术上的一切成就，并以我们民族所特有的独创的风格来创作构成适宜于人民劳动、休息和文化生活境域，并用生动的艺术形象鼓舞人民为创造共产主义的美好生活而斗争的热情！

后记

　　《中国古代园林史纲要》和《外国园林史纲要》两书的前身，最早是汪菊渊先生在新中国成立初期创建造园专业时，为满足教学需要编写的《园林史》讲义的一部分。该讲义分为两部分，即第一部分"中国古代园林史纲要"、第二部分"外国园林形式简介"。现今能找到的最初版本是汪菊渊先生自己保存的油印本，即三册一套的《园林史》的上册和中册"中国古代园林部分"（北京林学院，1964年2月，油印版）；两册一套的《园林史》的第二册"外国园林部分"（北京林学院，1962年11月，油印版）。

　　从两套书的目录中可以看出，该书的两部分各有附录在后。第一部分"中国古代园林史纲要"附录有：一、北海；二、圆明园；三、颐和园；四、热河避暑山庄；五、苏州宅园，共五章。这部分内容虽未能保存下来，但后来汪先生在不断的改写过程中已补充到正文里。第二部分"外国园林史纲要"部分的附录有：一、古代埃及巴比伦、亚述、波斯的庭园；二、古代希腊的绿化；三、中世纪欧罗巴的园林，共三章，可惜未能保存下来。

　　到了20世纪90年代，为解决当时教学急需，在征得汪先生同意后，北京林业大学将《园林史》讲义分辑成《中国古代园林史纲要》和《外国园林史纲要》（北京林学院，1981年12月，铅印版）两册书印行，供教师授课、同学参考之用。其中第一章第一节采用汪先生于1965年《园艺学报》第四卷第二期所发表之《我国园林最初形式的探讨》一文，第五章第三节增加汪先生于1962年《园艺学报》第二卷第二期所发表之《苏州明清宅园风格的分析》一文。

　　本次《中国古代园林史纲要》正式出版，是在中国风景园林学会的大力支持下，由贾建中副理事长亲自出面组织精锐的技术力量，邀请了一批老专家、行业精英为本书审校，并在中国建筑工业出版社的全力配合下进行的。

刘家麒老先生年近九旬，不顾年老体弱，有病在身仍坚持对全书内容进行了认真的校勘；付熹年、沈国舫老先生不辞辛苦，在百忙之中专门撰写推荐信，对本书进行推荐和宣传；中国建筑工业出版社编审马红、杜洁克服重重困难，找寻和比对书中涉及的古籍善本，不厌其烦地对本书引用的古籍资料进行核对校勘。她们还将书中大量的插图与相关文献资料一一对比确认，确保插图和文字的相得益彰……他们以辛勤的劳动为本书的成功出版做出了巨大的贡献。

在此，对所有在本书出版过程中尽过力、给予过帮助的人表示衷心地感谢。

汪原平

2023 年 10 月 18 日